JIANSHE XIANGMU GONGCHENG JIESUAN
BIANSHEN YU CHOUHUA ZHINAN

建设项目工程结算编审与筹划指南

苗曙光 编著

中国电力出版社
CHINA ELECTRIC POWER PRESS

本书详尽介绍了建设工程项目结算的编制方法、审核方法，提出了竣工结算筹划的理念，并讲述了工作实战中的冲突化解策略。书中详尽地、多角度围绕工程结算进行了阐述，并对定额计价与工程量清单计价两种计价模式下结算编审与筹划方法均作了较详尽的介绍。

本书可供施工单位、建设单位、造价咨询单位、审计单位、财政投资评审部门等单位造价人员、工程管理人员工作中参考，也可供大中专院校师生学习参考。

图书在版编目（CIP）数据

建设项目工程结算编审与筹划指南/苗曙光编著. —北京：中国电力出版社，2009.5（2020.3重印）

ISBN 978 – 7 – 5083 – 8629 – 4

Ⅰ．建… Ⅱ．苗… Ⅲ．建筑经济定额 – 指南 Ⅳ．TU723.3 – 62

中国版本图书馆 CIP 数据核字（2009）第 042552 号

中国电力出版社出版发行
北京市东城区北京站西街19号　100005　http：//www.cepp.sgcc.com.cn
责任编辑：梁　瑶　　联系电话：010 – 58383355
责任印制：蔺义舟　　责任校对：王瑞秋
三河市航远印刷有限公司印刷·各地新华书店经销
2009 年 5 月第 1 版·2020 年 3 月第 9 次印刷
710mm×1000mm　1/16·23 印张·449 千字
定价：48.00 元

版 权 专 有　侵 权 必 究

本书如有印装质量问题，我社营销中心负责退换

前言：谋事靠天　成事在人

人常说"谋事在人，成事在天"，我今天却要反过来说，建设项目竣工结算却是"谋事靠天，成事在人"。这个"天"是指什么？当然是指客观事实——建立在法律证据（工程资料等）基础上的事实（可能并非真正的事实，这里存在着博弈风险的问题）。

一份工程结算，假设 A 或 A 团队负责结算，得出竣工结算总额为 1000 万元，假设又换 B 或 B 团队做同样的事情，你认为 B 的结算额仍是 1000 万元吗？相信许多业内人士都很明白，这绝对不会相同，新的结果只能是或多或少，这就是工程造价作为一门科学的同时又带有艺术性的一面。

现在的竣工结算程序，只是到了最终要结算的时刻，甲乙双方才想起这件事来，乙方匆忙提交结算书报甲方审核，结算没有全过程筹划，只是当作做一件事情终了的工作。其实，这时大多木已成舟，结算筹划的空间已经很小了。事实上，会投标是徒弟，会结算才是师父，许多超额利润或投资就是在甲乙双方不经意间付之东流。

市场经济条件下，甲乙双方是博弈的两端，甲方技高一筹就能大幅节省投资，乙方技高一筹就能谋得超额利润。结算中先机一步，谋得超额利润靠的是什么？是实力，是自己、是团队的实力，靠的是竣工结算筹划的思想。没有事前筹划，先机一步的思想，在这场市场经济的博弈中你只能是输家。

本书是在《建筑工程竣工结算编制与筹划指南》（第1版）一书的基础上大幅修订、充实新的内容完成的。变化主要有：

1. 依据新版《建设工程工程量清单计价规范》（GB 50500—2008）、新版行业标准《建设项目工程结算编审规程》（CECA/GC3—2007），对原书中相关不适内容进行了大幅修改，并补充增加了大量的结算实例。

2. 根据作者最新的研究成果，增加了工程结算冲突化解策略、工程结算纠纷分析等相关内容。

本书就是向您灌输竣工结算筹划的思想，助您在工作的实战中抢得先机一步。本书没有过多的理论阐述，大量篇幅是来自实际工作总结与实战示例。相信您读完本书，定会有所斩获，并带着一份对结算工作的自信投入到甲乙双方的实战博弈之中,如果您在阅读本书中有什么好的建议,新的设想,欢迎致邮jiesuan100@sina.com。本书编写工作分工如下:第2章、第4章、第5章、第10章由苗曙光编写,第1章、第6章由克红娟编写,第3章、第5章由张杨编写,第7章由刘智民编写,第8章、第9章由王斌编写,全书由苗曙光负责统稿。因本书作者知识水平与实践经验有限,本书难免会出现这样那样的错误或不当之处,也欢迎读者来邮指正。

编者著

目　　录

前言

编　制　篇

第1章　工程结算编制的基本方法 ... 2
1.1　工程结算的基本知识 ... 2
1.1.1　工程结算的分类 ... 2
1.1.2　工程合同类型与结算计价方式的关系 ... 3
1.1.3　竣工结算的编制依据 ... 5
1.2　工程结算的编制依据 ... 6
1.2.1　合同 ... 6
1.2.2　书证 ... 6
1.2.3　物证 ... 7
1.2.4　权威资料 ... 7
1.2.5　编制要求 ... 7
1.3　编制程序 ... 8
1.3.1　准备阶段 ... 8
1.3.2　编制阶段 ... 8
1.3.3　定稿阶段 ... 9
1.4　编制方法 ... 9
1.4.1　遵从合同 ... 9
1.4.2　定额计价 ... 10
1.4.3　工程量清单计价 ... 14
1.5　成果文件形式 ... 17
1.5.1　成果文件形式 ... 17
1.5.2　相关表式 ... 18
1.5.3　成果文件实例 ... 29
1.6　甲方供料结算 ... 58
1.6.1　甲供材料一般流转程序 ... 58
1.6.2　定额计价模式下甲供材的结算方式 ... 59

1.6.3　工程量清单计价模式下甲供材的结算方式 ………… 61
第2章　工程签证的艺术 ……………………………………… 62
2.1　工程签证的分类 …………………………………………… 62
 2.1.1　工程签证的构成要件 ……………………………… 62
 2.1.2　签证的一般分类 …………………………………… 64
 2.1.3　设计修改变更通知单 ……………………………… 65
 2.1.4　工程联系单 ………………………………………… 66
 2.1.5　现场经济签证 ……………………………………… 67
2.2　各种形式变更、签证、索赔间关系 ……………………… 77
 2.2.1　设计变更、洽商、签证、技术核定单、工程联系单、
    索赔的关系 ………………………………………… 77
 2.2.2　洽商 ………………………………………………… 78
 2.2.3　技术核定单 ………………………………………… 78
 2.2.4　索赔 ………………………………………………… 79
2.3　签证的艺术 ………………………………………………… 81
 2.3.1　签证形式选择的艺术 ……………………………… 81
 2.3.2　乙方填写工程签证的技巧 ………………………… 82
 2.3.3　甲方签批工程签证的技巧 ………………………… 84
 2.3.4　中介方审核签证的技巧 …………………………… 87

审　查　篇

第3章　工程结算审查的基本方法 ……………………………… 90
3.1　结算编制依据的审查 ……………………………………… 90
 3.1.1　合同 ………………………………………………… 90
 3.1.2　书证 ………………………………………………… 90
 3.1.3　物证 ………………………………………………… 90
 3.1.4　权威资料 …………………………………………… 90
3.2　审查程序 …………………………………………………… 90
 3.2.1　准备阶段 …………………………………………… 90
 3.2.2　审查阶段 …………………………………………… 91
 3.2.3　审定阶段 …………………………………………… 91
3.3　审查方法 …………………………………………………… 91
 3.3.1　审查文件组成 ……………………………………… 91
 3.3.2　审查内容 …………………………………………… 92

3.3.3　审查方法 ································· 93
3.4　成果文件形式 ···································· 93
　　3.4.1　成果文件形式 ····························· 93
　　3.4.2　相关表式 ································· 94
　　3.4.3　成果文件实例 ····························· 97

第4章　工程资料的效力 ······························ 126
4.1　工程资料与证据 ·································· 126
　　4.1.1　工程资料的分类 ··························· 126
　　4.1.2　证据的种类 ······························· 130
　　4.1.3　各类工程资料的证明力强弱 ················· 134
4.2　取证的禁忌与方法 ································ 137
　　4.2.1　取证策略的禁忌 ··························· 137
　　4.2.2　取证常用的方法 ··························· 138

筹　划　篇

第5章　招投标阶段竣工结算的筹划 ···················· 142
5.1　招投标阶段竣工结算筹划程序 ······················ 144
　　5.1.1　乙方的筹划程序 ··························· 145
　　5.1.2　甲方的筹划程序 ··························· 149
　　5.1.3　中介方的筹划程序 ························· 153
5.2　招投标程序中的机会点筹划 ························ 155
　　5.2.1　踏勘现场中的机会点 ······················· 155
　　5.2.2　标书答疑中的机会点 ······················· 156
5.3　工程量清单的机会点筹划 ·························· 158
　　5.3.1　分部分项工程量清单的机会点 ··············· 158
　　5.3.2　措施费工程量清单的机会点 ················· 163
　　5.3.3　其他项目费工程量清单的机会点 ············· 165
5.4　不平衡报价的实战价值 ···························· 165
　　5.4.1　乙方攻略 ··································· 165
　　5.4.2　甲方对策 ··································· 168

第6章　合同签订阶段竣工结算的筹划 ·················· 170
6.1　合同签订阶段竣工结算筹划程序 ···················· 170
　　6.1.1　乙方的筹划程序 ··························· 170
　　6.1.2　甲方的筹划程序 ··························· 176

6.1.3 中介方的筹划程序 ······ 179
6.2 合同阶段的竣工结算筹划 ······ 180
　6.2.1 合同谈判策略 ······ 180
　6.2.2 合同交底 ······ 181
　6.2.3 合同的跟踪 ······ 184
6.3 合同条款竣工结算筹划 ······ 185
　6.3.1 词语定义条款的筹划 ······ 186
　6.3.2 双方权利义务条款的筹划 ······ 187
　6.3.3 施工组织设计和工期条款的筹划 ······ 188
　6.3.4 质量与检查条款的筹划 ······ 189
　6.3.5 安全施工条款的筹划 ······ 190
　6.3.6 合同价款与支付条款的筹划 ······ 190
　6.3.7 材料设备供应条款的筹划 ······ 193
　6.3.8 工程变更条款的筹划 ······ 193
　6.3.9 违约、争议、索赔条款的筹划 ······ 193
　6.3.10 其他条款的筹划 ······ 194

第7章 工程实施阶段竣工结算的筹划 ······ 196
7.1 工程实施阶段竣工结算筹划程序 ······ 196
　7.1.1 乙方的筹划程序 ······ 196
　7.1.2 甲方的筹划程序 ······ 200
　7.1.3 中介方的筹划程序 ······ 209
7.2 图纸会审的竣工结算筹划 ······ 213
　7.2.1 乙方合理增加工程量的技巧 ······ 213
　7.2.2 乙方合理转移风险的技巧 ······ 214
7.3 施工组织设计的竣工结算筹划 ······ 214
　7.3.1 乙方变更施工组织设计增加预算法 ······ 214
　7.3.2 甲方对施工组织设计变更的审查 ······ 215
7.4 工程签证的竣工结算筹划 ······ 216
　7.4.1 工程签证常发生的情形 ······ 216
　7.4.2 工程量签证 ······ 218
　7.4.3 材料价格签证 ······ 222
　7.4.4 综合单价签证 ······ 226
7.5 设计变更的竣工结算筹划 ······ 230
　7.5.1 乙方利用变更创利的方法 ······ 230
　7.5.2 甲方对设计变更的控制 ······ 231

         7.5.3 中介对设计变更的审核 ………………………………… 232
    7.6 工程索赔的竣工结算筹划 ……………………………………… 234
         7.6.1 乙方索赔的机会点 …………………………………… 234
         7.6.2 甲方索赔审查的筹划 ………………………………… 240
         7.6.3 甲方反索赔的筹划 …………………………………… 241
    7.7 工程竣工清理和交接的结算筹划 ……………………………… 243
第8章 竣工结算阶段竣工结算的筹划 …………………………………… 244
    8.1 竣工结算阶段筹划程序 ………………………………………… 244
         8.1.1 乙方的筹划程序 ……………………………………… 244
         8.1.2 甲方的筹划程序 ……………………………………… 246
         8.1.3 中介方的筹划程序 …………………………………… 260
    8.2 乙方快速编制结算的方法 ……………………………………… 262
         8.2.1 一般项目的结算 ……………………………………… 262
         8.2.2 附属、零星项目结算 ………………………………… 264
         8.2.3 不规范乙方常用结算灌水手法 ……………………… 265
    8.3 甲方审核工程结算的方法 ……………………………………… 269
         8.3.1 甲方审核结算的常用方法 …………………………… 269
         8.3.2 一般工程审核的方法 ………………………………… 273
         8.3.3 维修、零星工程的审核方法 ………………………… 282
         8.3.4 停缓建工程的审核方法 ……………………………… 284
         8.3.5 复建工程的审核方法 ………………………………… 287
    8.4 结算核对的技巧 ………………………………………………… 288
         8.4.1 乙方对结算的技巧 …………………………………… 288
         8.4.2 中介方审核结算的方法 ……………………………… 290
         8.4.3 结算的复审 …………………………………………… 296

策 略 篇

第9章 公共关系筹划方法 ………………………………………………… 300
    9.1 市场众生相 ……………………………………………………… 300
         9.1.1 不合格市场参与者众生相 …………………………… 300
         9.1.2 合格市场参与者的标准 ……………………………… 304
    9.2 公共关系筹划方法 ……………………………………………… 308
         9.2.1 甲方、乙方的博弈之道 ……………………………… 308
         9.2.2 甲方、中介的合作之法 ……………………………… 309

9.2.3　乙方、中介的制衡之术 …… 309
第10章　工程结算冲突化解策略 …… 313
　10.1　冲突化解的意义 …… 313
　　10.1.1　冲突的定义 …… 313
　　10.1.2　冲突化解的意义 …… 313
　　10.1.3　冲突的起因 …… 314
　　10.1.4　冲突的种类 …… 315
　10.2　冲突化解的策略依据 …… 315
　　10.2.1　冲突化解模型 …… 315
　　10.2.2　冲突模型应用说明 …… 320
　　10.2.3　解决问题思路实用表格 …… 322
　10.3　冲突模型在工程结算中的应用 …… 326
　　10.3.1　最佳冲突解决方案的选择 …… 326
　　10.3.2　工程造价纠纷化解策略的应用 …… 327
　10.4　"四步法"分析工程造价纠纷 …… 331
　　10.4.1　工程造价纠纷种类 …… 331
　　10.4.2　应用"四步法"分解工程造价纠纷 …… 333
附录 …… 344
　1.《建设工程价款结算暂行办法》 …… 344
　2.《最高人民法院关于审理建设工程施工合同纠纷案件适用法律问题的解释》 …… 351
主要参考文献 …… 356

编 制 篇

第1章　工程结算编制的基本方法

本书中出现的以下称呼的含义是：

"甲方"指业主、建设单位、招标人，是建筑工程的投资人；

"乙方"指承包商、施工单位、投标人，是建筑产品的生产人；

"中介（方）"指造价咨询单位，是受雇于业主，尽量将恰当的风险分摊给承包商，从而协助业主将所承受的风险减至最低者。

1.1 工程结算的基本知识

1.1.1 工程结算的分类

工程结算是指建设项目、单项工程、单位工程或专业工程施工已完工、结束、中止，经发包人或有关机构验收合格且点交后，按照施工发承包合同的约定，由承包人在原合同价格基础上编制调整价格并提交发包人审核确认后的过程价格。它是表达该工程最终工程造价和结算工程价款依据的经济文件，包括竣工结算、分阶段结算、专业分包结算和合同中止结算。另外按财务口径还有竣工决算之说。

（1）按月结算：即实行按月支付进度款，竣工后清算的办法。合同工期在两个年度以上的工程，在年终进行工程盘点，办理年度结算。

（2）竣工结算：建设项目完工并经验收合格后，对所完成的建设项目进行的全面的工程结算。

（3）分阶段结算：在签订的施工发承包合同中，按工程特征划分为不同阶段实施和结算。该阶段合同工作内容已完成，经发包人或有关机构中间验收合格后，由承包人在原合同分阶段的价格基础上编制调整价格并提交发包人审核签认的工程价格，它是表达该工程不同阶段造价和工程价款结算依据的工程中间结算文件。

（4）专业分包结算：在签订的施工发承包合同或由发包人直接签订的分包工程合同中，按工程专业特征分类实施分包和结算。分包合同工作内容已完成，经总包人、发包人或有关机构对专业内容验收合格后，按照合同的约定，由分包人在原合同价格基础上编制调整价格并提交总包人、发包人审核签认的工程价格，它是表达该专业分包工程造价和工程价款结算依据的工程分包结算文件。

(5) 合同中止结算：工程实施过程中合同中止，对施工承发包合同中已完成且经验收合格的工程内容，经发包人、总包人或有关机构点交后，由承包人在原合同价格或合同约定的定价条款，参照有关计价规定编制合同中止价格，提交发包人或总包人审核签认的工程价格。它是表达该工程合同中止后已完成工程内容的造价和工程价款结算依据的工程经济文件。

(6) 竣工决算：亦称工程决算，是甲方在全部工程或某一期工程完工后编制的，它是反映竣工项目的建设成果和财务情况的总结性文件。它是办理竣工工程交付使用验收的依据，是交工验收文件的组成部分。竣工决算包括竣工工程概算表、竣工财务决算表、交付使用财产总表、交付使用财产明细表和文字说明等。它综合反映建设计划的执行情况，工程的建设成本，新增的生产能力以及定额和技术经济指标的完成情况等。小型工程项目上的竣工决算，一般只作竣工财务决算表。

1.1.2 工程合同类型与结算计价方式的关系

（1）工程合同类型。一般，工程合同分为固定价格合同（固定单价、固定总价）、可调价格合同、成本加酬金合同。

1）固定总价合同。适用于合同工期较短、工程量不大而且能够准确计算、风险不大、技术简单的项目。

2）固定单价合同。甲乙双方在合同中约定综合单价包含的风险范围和风险费用的计算方法，在约定的风险范围内综合单价不再调整。风险范围以外的综合单价调整方法在合同中约定。该合同形式适应范围广，但为避免在计量支付与结算中产生争议，甲方应根据项目特点在招标文件中对工程量清单各分项进行详细的描述，否则极易引起争议。为便于计量控制及鼓励乙方节约成本。对于施工中必须采取的措施及不构成工程实体的项目一般采用合同包干。采用单价合同时，招标文件应对不平衡报价加以限制。

3）可调价格合同。双方应在合同中约定价格的调整方法，一般常见的风险调整因素有：

① 法律、行政法规和国家有关政策变化影响合同价款；

② 工程造价管理机构发布的价格调整；

③ 经批准的设计变更；

④ 一周内非乙方原因停水、停电、停气造成停工累计超过 8 小时；

⑤ 甲方更改经审定批准的施工组织设计（修正错误除外）造成费用增加；

⑥ 双方约定的其他因素。

可调价格合同有点类似传统意义上的按实结算制度。这种按实结算形式常常发生在直接发包的工程上。由于确定了乙方以后才谈判施工方案和预算造价，乙方必然会狮子开大口提出高价预算书，然后再视情形慢慢回降造价，建设双方经常会因此发生激烈冲突。甲方内部也会出现矛盾，一方面，工程技术人员既要服从单位领导的发包决定，又要把好施工方案审查关，控制住工程造价，经常感到左右为难；另一方面，有关领导往往不懂业务，经常误解下属维护企业利益的行为，甚至以为下属故意刁难乙方，更难办的是，乙方可能是上级单位领导和关系户推荐过来的，本单位得罪不起。乙方也会充分利用甲方内部的分歧，拉上打下，制造矛盾，甚至越级告"御状"，从中浑水摸鱼。另外，有些直接发包工程的甲方急于开工，不理智的采用了"暂定造价"的施工合同，边开工，边审查施工方案和预算造价，这种"打死狗讲价"的方法根本无法有效控制工程造价。

招投标发包时，乙方一般都采用"低价中标、高价索赔"的策略，首先采用尽可能便宜的施工方案投标，中标后再提出尽可能昂贵的施工方案进行"按实结算"索赔，以填补投标降价的损失。

【实例1-1-1】 某基础土方工程，采用可调价格合同，按实结算。承包人A采用挖基槽方案中标，中标后，A想方设法以种种理由变更投标施工方案，尽可能修改为大开挖方案。

分析： 对于一般多层建筑工程，如果采用挖基槽方案，基础土方工程造价通常只占工程总造价的2%左右，由于挖方量少，准备回补的土方一般都可以堆放到现场而无需倒运，但是，如果采用大开挖方案，挖方量将会增加5~10倍，大量的土方将无法堆放在现场，需要运到场外临时堆土点，基础施工完成后再倒运回现场，这样一来，大开挖方案的基础土方工程造价（按定额计价）就可能会比挖基槽方案高出5~15倍，从原来占工程总造价的2%左右上升到10%~30%。

4）成本加酬金合同。

成本加酬金合同一般在国内不常用，因为这种合同必须在一个非常信用的环境下进行，但目前国内的信用体系还没有完全建立。对成本加酬金合同而言，要注意成本支出合理性、可靠性依据的收集，有利于工程的顺利结算。目前成本加酬合同主要适用于抢险救灾项目、风险较大、工期较短、技术简单的项目。"非典"时间小汤山医院工程建设即采用成本加酬金合同类型，参加施工的单位仅用6天就完成了占地面积60亩，建筑面积2万 m^2 以上，病床1000个，及连接公路的道路一条的主体工程的小汤山医院的建设。此种合同适合在招标时没法确定实际工作范围或高风险的工程使用。招标的时间比较短，但造价控制比较困难，而且因乙方不需承受风险，因而失去提高效率及防止浪费的意愿，因而导致工程造价偏高。

（2）工程结算计价方式。目前国内的计价体系分为两种：定额计价、清单计价，虽然国家全力推行工程量清单计价，但在一定时间内，两者仍会长期并存。

（3）工程合同类型与计价方法的关系。工程合同类型与结算计价方式的对应关系如图1-1-1所示。

从图1-1-1中我们可知，合同类型与计价方式不存在一一对应关系，每种合同类型均可选择定额、清单两种不同的计价方式之一，反之，定额、清单任一种计价方式可选取用任一合同类型。

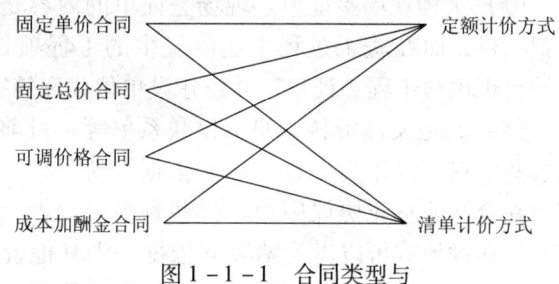

图1-1-1 合同类型与计价方式关系图

（4）如何选择清单计价的合同类型

1）甲乙双方按计价规范签订施工合同时，宜采用固定单价合同方式，若采用固定总价合同方式，投标人应在开标前复核工程量清单中工程量的准确性，招标人应提供合理的复核时间。

2）招标人和投标人在开标前，对工程量清单中工程量的准确性不能确认时，应在合同中约定清单中工程量出现差异时的调整办法。

招标人清单所列工程量，不是投标人的风险范围。因此合同和补充协议要注意，合同如未签，在签约时一定要明确是"单价合同"还是"暂定总价合同"，暂定总价合同要明确可调价条款。不对清单量负责，这是任何中标人都应该坚持的，最多只是在计量允许误差（如约定±2%）同意不调；否则利用清单招标后采用固定总价合同（如施工图定额预算包干合同），不给调量，中标人在签约时可以不接受。

1.1.3 竣工结算的编制依据

为了使竣工结算符合实际情况，避免多算或少算、重复和漏项，结算编制人员必须在施工过程中经常深入现场，了解工程情况，随时了解和掌握工程修改和变更情况，为竣工结算积累和收集必备的原始资料。常见竣工结算的编制依据主要有以下几个方面：

（1）设计单位修改或变更设计的通知单。

（2）甲方有关工程的变更、追加、削减和修改的通知单。

（3）乙方、设计单位、甲方会签的图纸会审记录。

（4）经签证的隐蔽工程检查验收证书。

（5）零部件、加工品的加工订货计划。

（6）其他材料代用、调换及现场决定工程变更等项目的原始记录。

（7）工程现场签证单。现场签证单的内容是：凡属施工图预算未能包括的工程项目，而在施工过程中实际发生的工程项目，按实际耗用的人工、材料、机械台班填写工程签证单，并经建设单位代表签字加盖公章。

（8）其他文件资料。如工程联系单等。目前工程领域的资料种类繁多，究竟哪些资料可以作为工程结算的依据，尚无统一的说法或规定，这些都要甲乙双方在合同或补充协议中约定哪些资料可以做为结算的依据。如约定只有变更和签证两种形式可以做为结算的依据，则其他资料（如涉及追加费用的隐蔽工程记录、技术核定单）不可再作为结算的依据，要想做为结算的依据，只有重新办理签证，将其变更为签证的形式。如约定其他种类资料可做为结算依据则遵从双方的约定。

【实例1-1-2】 某造价咨询公司负责人要求公司的造价师在工程结算审核中（尤其是财政审计工程），隐蔽记录不能作为结算依据。负责人说原因有二：一是隐蔽记录属技术资料范围，仅对工程质量负责；二是隐蔽记录的任何做法都必须依据施工图施工，如果不按施工图施工，应由设计部门出具设计文件，或者在竣工图中体现。施工单位在报审的结算资料中，将隐蔽记录作为结算资料上报，均被造价咨询公司退回，施工方因此提出异议。

分析： ①隐蔽资料仅仅证明隐蔽了什么，也就是起到一个证明看不见的东西的作用，至于隐蔽的东西是否合理，是否符合设计，质量是否合格，是否符合合同要求，是否应该进入结算，是否能作为竣工资料交城建档案，都还是未定的事情。②隐蔽工程验收记录仅是工程结算的辅助资料，如果图纸工程量和合同明确规定要计算，而隐蔽工程验收记录又证明其符合合同要求，就应该计算。比如说地下排水管道就属于隐蔽工程，如果图纸有并且验收合格，合同又规定应计算，就应该计算其工程量，反之缺一条件都不可计算。③甲方、乙方、监理三方要事前协商好，合同中事先约定哪些文件可以作为结算的依据。如果事先不说明，乙方施工时可能只办理隐蔽工程记录而没办理签证，工程完工结算时甲方又声明隐蔽工程记录不能结算，乙方难免会产生抵触情绪，激发矛盾。

1.2 工程结算的编制依据

1.2.1 合同

包括：施工发承包合同、专业分包合同及补充合同，有关材料、设备采购合同。

1.2.2 书证

（1）招投标文件，包括招标答疑文件、投标承诺、中标报价书及其组成内容。

(2) 工程竣工图或施工图、施工图会审记录，经批准的施工组织设计，以及设计变更、工程洽商和相关会议纪要。

(3) 经批准的开、竣工报告或停工、复工报告。

(4) 工程预算书。

(5) 双方确认的工程量。

(6) 双方确认追加（减）的工程价款。

(7) 双方确认的索赔、现场签证事项及价款。

(8) 影响工程造价的相关资料。

(9) 结算编制委托合同。

1.2.3 物证

工程结算的标的建筑物本身即为物证。

1.2.4 权威资料

(1) 国家有关法律、法规、规章制度和相关的司法解释。

(2) 国务院建设行政主管部门以及各省、自治区、直辖市和有关部门发布的工程造价计价标准、计价办法、有关规定及相关解释。

(3) 建设工程工程清单计价规范或工程预算定额、费用定额及价格信息、调价规定等。

1.2.5 编制要求

(1) 工程结算一般经过发包人或有关单位验收合格且点交后方可进行。

(2) 工程结算应以施工发承包合同为基础，按合同约定的工程价款调整方式对原合同价款进行调整。

(3) 工程结算应核查设计变更、工程洽商等工程资料的合法性、有效性、真实性和完整性。对有疑义的工程实体项目，应视现场条件和实际需要核查隐蔽工程。

(4) 建设项目由多个单项工程或单位工程构成的，应按建设项目划分标准的规定，将各单项工程或单位工程竣工结算汇总，编制相应的工程结算书，并撰写编制说明。

(5) 实行分阶段结算的工程，应将各阶段工程结算汇总，编制工程结算书，并撰写编制说明。

(6) 实行专业分包结算的工程，应将各专业分包结算汇总在相应的单项工程或单位工程结算内，并撰写编制说明。

（7）工程结算编制应采用书面形式，有电子文本要求的应一并报送与书面形式内容一致的电子版本。

（8）工程结算应严格按工程结算编制程序进行编制，做到程序化、规范化、结算资料必须完整。

1.3 编制程序

工程结算应按准备、编制和定稿三个工作阶段进行，并实行编制人、校对人和审核人分别署名盖章确认的内部审核制度。

1.3.1 准备阶段

（1）收集与工程结算编制相关的原始资料。

（2）熟悉工程结算资料内容，进行分类、归纳、整理。

（3）召集相关单位或部门的有关人员参加工程结算预备会议，对结算内容和结算资料进行核对与充实完善。

（4）收集建设期内影响合同价格的法律和政策性文件。

1.3.2 编制阶段

（1）根据竣工图及施工图以及施工组织设计进行现场踏勘，对需要调整的工程项目进行观察、对照、必要的现场实测和计算，做好书面或影像记录。

（2）按既定的工程量计算规则计算需调整的分部分项、施工措施或其他项目工程量。

（3）按招标文件、施工发承包合同规定的计价原则和计价办法对分部分项、施工措施或其他项目进行计价。

（4）对于工程量清单或定额缺项以及采用新材料、新设备、新工艺的，应根据施工过程中的合理消耗和市场价格，编制综合单价或单位估价分析表。

（5）工程索赔应按合同约定的索赔处理原则、程序和计算方法，提出索赔费用，经发包人确认后作为结算依据。

（6）汇总计算工程费用，包括编制分部分项费、施工措施项目费、其他项目费或直接费、间接费、利润和税金等表格，初步确定工程结算价格。

（7）编写编制说明。

（8）计算主要技术经济指标。

（9）提交结算编制的初步成果文件待校对、审核。

1.3.3 定稿阶段

（1）由结算编制受托人单位的部门负责人对初步成果文件进行检查、校对。

（2）由结算编制受托人单位的主管负责人审核批准。

（3）在合同约定的期限内，向委托人提交经编制人、校对人、审核人和受托人单位盖章确认的正式结算编制文件。

1.4 编制方法

1.4.1 遵从合同

（1）工程结算的编制应区分施工发承包合同类型，采用相应的编制方法。

1）采用总价合同的，应在合同价基础上对设计变更、工程洽商以及工程索赔等合同约定可以调整的内容进行调整。

2）采用单价合同的，应计算或核定竣工图或施工图以内的各个分部分项工程量，依据合同约定的方式确定分部分项工程项目价格，并对设计变更、工程洽商、施工措施以及工程索赔等内容进行调整。

3）采用成本加酬金合同的，应依据合同约定的方法计算各个分部分项工程以及设计变更、工程洽商、施工措施等内容的工程成本，并计算酬金及有关税费。

（2）工程结算中涉及工程单价调整时，应当遵循以下原则：

1）合同中已有适用于变更工程、新增工程单价的，按已有的单价结算。

2）合同中有类似变更工程、新增工程单价的，可以参照类似单价作为结算依据。

3）合同中没有适用或类似变更工程、新增工程单价的，结算编制受委托人可商洽承包人或发包人提出适当的价格，经对方确认后作为结算依据。

（3）工程结算编制中涉及的工程单价应按合同要求分别采用综合单价或工料单价。工程量清单计价的工程项目应采用综合单价；定额计价的工程项目可采用工料单价。

1）综合单价。把分部分项工程单价综合成综合单价（直接费、管理费、利润）、全费用单价（直接费、管理费、利润、规费、税金）。各分项工程量乘以综合单价或全费用价的合价汇总后，生成工程结算价。

2）工料单价。把分部分项工程量乘以单价形成直接工程费，加上按规定标准计算的措施费，构成直接费。直接工程费由人工、材料、机械的消耗量及其相应价格确定。直接费汇总后另计算间接费、利润、税金，生成工程结算价。

1.4.2 定额计价

工程结算采用定额计价的应包括：套用定额的分部分项工程量、措施项目工程量和其他项目，以及为完成所有工程量和其他项目并按规定计算的人工费、材料费和设备费、机械费间接费、利润和税金。

竣工结算的编制大体与施工图预算的编制相同，但竣工结算更加注意反映工程实施中的增减变化，反映工程竣工后实际经济效果。工程实践中，增减变化主要集中在以下几个方面：

（1）工程量量差。这种工程量量差是指按照施工图计算出来的工程数量与实际施工时的工程数量不符而发生的差额。量差造成的主要原因有施工图预算错误、设计变更与设计漏项、现场签证等。

（2）材料价差。这种价差是指合同规定的开工至竣工期内，因材料价格变动而发生的价差。一般分为主材的价格调整和辅材的价格调整。主材价格调整主要是依据行业主管部门、行业权威部门发布的材料信息价格或双方约定认同的市场价格的材料预算价格或定额规定的材料预算价格进行调整，一般采用单项调整。辅材价格调整，主要是按照有关部门发布的地方材料基价调整系数进行调整。

（3）费用调整。费用调整主要有两种情况，一个是从量调整，另一个是政策调整。因为费用（包括间接费、利润、税金）是以直接费（或人工费，或人工费和机械费）为基础进行计取的，工程量的变化必然影响到费用的变化，这就是从量调整。在施工期间，国家可能有费用政策变化出台，这种政策变化一般是要调整的，这就是政策调整。

（4）其他调整。比如有无索赔事项，乙方使用甲方水电费用的扣除等。

定额计价模式下竣工结算的编制格式大致可分为三种：

（1）增减账法

竣工结算的一般公式为，竣工结算价＝合同价＋变更＋索赔＋奖罚＋签证。以中标价格或施工图预算为基础，加增减变化部分进行工程结算，操作步骤：

1）收集竣工结算的原始资料，并与竣工工程进行观察和对照。结算的原始资料是编制竣工结算的依据，必须收集齐全。在熟悉时要深入细致，并进行必要的归纳整理，一般按分部分项工程的顺序进行。根据原有施工图纸、结算的原始资料，对竣工工程进行观察和对照，必要时应进行实际丈量和计算，并作好记录。如果工程的作法与原设计施工要求有出入时，也应作好记录。在编制竣工结算时，要本着实事求是的原则，对这些有出入的部分进行调整（调整的前提是取得相应的签证资料）。

2）计算增减工程量，依据合同约定的工程计价依据（预算定额）套用每项工程的预算价格。合同价格（中标价）或经过审定的原施工图预算基本不再变动,作为结算的基础依据。根据原始资料和对竣工工程进行观察的结果,计算增加和减少的原合同约定工作内容或施工图外工程量,这些增加或减少的工程量或是由于设计变更和设计修改而造成的,或是其他原因造成的现场签证项目等。套用定额子目的具体要求与编制施工图预算定额相同,要求准确合理。

计算的方法是:可按变更与签证批准的时间顺序分别计算每个单据的增减工程量,如表 1-4-1 所示:

【实例 1-4-1】 某住宅工程的变更、签证直接费计算表(局部)如下:

表 1-4-1　　　　　　　　　直接费计算表

序号	定额编号	定额名称	单位/m³	工程量	单价/元	合价/元
…						
2008 年 9 月 1 日变更单						
10	5-26	C20 现浇钢筋混凝土构造柱	10	-0.259	8152.27	-2111.44
11	5-30	C20 现浇钢筋混凝土圈梁	10	0.017	6288.29	106.9
12	3-6	M5.0 混合砂浆混水砖墙	10	0.202	1536.18	310.31
		小计				-1694.23
2008 年 9 月 10 日签证						
…						

分析: 序号 10~12 对应的变更内容是:"结施 05,12/E、28/E 构造柱取消"。在计算变更或签证时,一定要注意内容的关联性,特别是变更,一项内容的变更均有可能引起其他关联项目的变化,本例中,构造柱取消后,其空出的空间必然被砖墙和圈梁(圈梁与构造柱交接处,根据梁断柱不断的界定原则,交接处按构造柱计算,但当构造柱取消后,此交接处只有按圈梁计算了)所代替。

也可根据变更与签证的编号或事后编号,按编号顺序分别计算增减工程量,如表 1-4-2 所示:

【实例 1-4-2】 某住宅工程的变更、签证直接费计算表(局部)如下:

表 1-4-2　　　　　　　　　直接费计算表

序号	定额编号	定额名称	单位/m³	工程量	单价/元	合价/元
…						
2 号变更单						
10	5-26	C20 现浇钢筋混凝土构造柱	10	-0.259	8152.27	-2111.44
11	5-30	C20 现浇钢筋混凝土圈梁	10	0.017	6288.29	106.9
12	3-6	M5.0 混合砂浆混水砖墙	10	0.202	1536.18	310.31
		小计				-1694.23
3 号变更单						

3）调整材料价差。根据合同约定的方式，按照材料价格签证、地方材料基价调整系数调整材差。

4）计算工程费用。常用两种方法，一是集中计算费用法，步骤如下：

① 计算原有施工图预算的直接费用；

② 计算增加或减少工程部分的直接费；

竣工结算的直接费用等于上述①、②的合计。

③ 然后以此为基准，再按合同规定取费标准分别计取间接费、利润、税金，计算出工程的全部税费，求出工程的最后实际造价。

另一种方法是分别取费法。主要适合于工程的变更、签证较少的项目，其步骤是：

① 先将施工图预算与变更、签更等增减部分合计计算直接费；

② 再按取费标准计取用间接费、利润、税金，汇总合计，即得出了竣工工程结算最终工程造价。

目前竣工结算的编制基本已实现了电算化，上机套价已基本普及，编制时相对容易些。编制时可根据工程特点和实际需要自行选择以上方式之一或双方约定其他方式。

5）如果有索赔与奖罚、优惠等事项亦要并入结算。

（2）竣工图重算法

该法是以重新绘制的竣工图为依据进行工程结算。竣工图是工程交付使用时的实样图。

1）竣工图的内容。

① 工程总体布置图、位置图，地形图并附竖向布置图。

② 建设用地范围内的各种地下管线工程综合平面图（要求注明平面、高程、走向、断面，跟外部管线衔接关系，复杂交叉处应有局部剖面图等）。

③ 各土建专业和有关专业的设计总说明书。

④ 建筑专业：设计说明书；总平面图（包括道路、绿化）；房间做法名称表；各层平面图（包括设备层及屋顶、人防图）；立面图、剖面图、较复杂的构件大样图；楼梯间、电梯间、电梯井道剖面图、电梯机房平、剖面图；地下部分的防水防潮、屋面防水、外墙板缝的防水及变形缝等的做法大样图；防火、抗震（包括隔震）、防辐射、防电磁干扰以及三废治理等图纸。

⑤ 结构专业：设计说明书；基础平、剖面图；地下部分各层墙、柱、梁、板平面图、剖面图以及板柱节点大样图；地上部分各层墙、柱、梁、板平面图、大样图，及预制梁、柱节点大样图；楼梯剖面大样图，电梯井道平、剖面图、墙板连接大样图；钢结构平、剖面图及节点大样图；重要构筑物的平、剖面图。

⑥ 其他专业（略）。

2）对竣工图的要求：

① 工程竣工后应及时整理竣工图纸，凡结构形式改变、工程改变、平面布置改变、项目改变以及其他重大改变，或者在原图纸上修改部分超过40%或者修改后图面混乱不清的个别图纸需要重新绘制。对结构件和门窗重新编号；

② 凡在施工中，按施工图没有变更的，在原施工图上加盖竣工图标志后可做为竣工图；

③ 对于工程变化不大的，不用重新绘制，可在施工图上变更处分别标明，无重大变更的将修改内容如实地改绘在蓝图上，竣工图标记应具有明显的"竣工图"字样，并包括有编制单位名称、制图人、审核人和编制日期等基本内容；

④ 变更设计洽商记录的内容必须如实地反映到设计图上，如在图上反映确有困难，则必须在图中相应部分加文字说明（见洽商××号），标注有关变更设计洽商记录的编号，并附该洽商记录的复印件；

⑤ 竣工图应完整无缺，分系统装订（基础、结构、建筑、设备）、内容清晰；

⑥ 绘制施工图必须采用不褪色的绘图墨水进行，文字材料不得用复写纸、一般圆珠笔和铅笔等。

在竣工图的封面和每张竣工图的图标处加盖竣工图章。竣工图绘制后要请建设单位、监理单位人员在图签栏内签字，并加盖竣工图章。竣工图是其他竣工资料的纲领性总图，一定要如实地反映工程实况。

以重新绘制的竣工图为依据进行工程结算就是以能准确反映工程实际竣工效果的竣工图为依据，重新编制施工图预算的过程，所不同的是编制依据不是施工图，而是竣工图了。按竣工图为依据编制竣工结算主要适用于设计变更、签证的工程量较多且影响又大时，可将所有的工程量按变更或修改后的设计图重新计算工程量。

（3）包干法

常用的包干法包括按施工图预算加系数包干方式和按平方米造价包干方式。

1）施工图预算加系数包干法。这种方法是事先由甲乙双方共同商定包干范围，按施工图预算加上一定的包干系数作为承包基数，实行一次包死。如果发生包干范围以外的增加项目，如增加建筑面积，提高原设计标准或改变工程结构等，必须由双方协商同意后方可变更，并随时填写工程变更结算单，经双方签证作为结算工程价款的依据，实际施工中未发生超过包干范围的事项，结算不做调整。采用包干法时，合同中一定要约定包干系数的包干范围，常见的包干范围一般包括：

① 正常的社会停水、停电即每月1天以内（含1天，不含正常节假日双休日）的停窝人工、机械损失；

② 在合理的范围内钢材每米实际重量与理论重量在±5‰内的差异所造成的

损失；

③ 由乙方负责采购的材料，因规格品种不全发生代用（五大材除外）或因采购、运输数量亏吨、价格上扬而造成的量差和价差损失；

④ 甲乙双方签订合同后，施工期间因材料价格频繁变动而当地造价管理部门尚未及时下达政策性调整规定所造成的差价损失；

⑤ 乙方根据施工规范及合同的工期要求或为局部赶工自行安排夜间施工所增加的费用；

⑥ 在不扩大建筑面积、不提高设计标准、不改变结构形式、不变更使用用途、不提高装修档次的前提下，确因实际需要而发生的门窗移位、墙壁开洞、个别小修小改及较为简单的基础处理等设计变更所引起的小量赶工费用（额度双方约定）；

⑦ 其他双方约定的情形。

2）建筑面积平方米包死法。由于住宅工程的平方米造价相对固定、透明，一般住宅工程较适合按建筑面积平方米包干结算。实际操作方法是：甲方双方根据工程资料，事先协商好包干平方米造价，并按建筑面积计算出总造价。计算公式是：工程总造价＝总建筑面积×约定平方米造价。合同中应明确注明平方米造价与工程总造价，在工程竣工结算时一般不再办理增减调整。除非合同约定可以调整的范围，并发生在包干范围之外的事项，结算时仍可以调整增减造价。

【实例1-4-3】甲公司（房地产开发商）与乙公司（建筑公司）签订建筑工程承包合同，约定由乙公司承包甲公司某开发项目的工程建设，工程总造价1200万元，图纸范围内一次性总包。施工过程中，甲公司进行了部分设计变更，使该项目某些部分工程量增加，某些部分工程量减少，总体比较工程量有所减少。至2000年1月工程竣工时，甲公司付款789万元，余款未再支付，并要求调差工程价款。乙公司遂提起诉讼，称合同约定价款1200万元，一次性包死，即使价格不再变更，而甲公司仅付789万元，故甲公司应付款411万元。后法院委托有关部门对设计变更进行审价，确定工程款应调减97万元。最终法院判决甲公司支付工程款314万元。

分析：合同约定的一次性包死，是指工程款在原设计范围内或约定变更范围内的一次包死，若设计不变，价款不变，若发生设计变更或超出约定的变更范围，仍应对变更部分进行结算，工程量增加部分相应增加价款，工程量减少部分相应减少价款。

1.4.3 工程量清单计价

工程结算采用工程量清单计价时的结算方式是：

（1）工程项目的所有分部分项工程量以及实施工程项目采用的措施项目工

程量；

为完成所有工程量并按规定计算的人工费、材料费和设备费、机械费、间接费、利润和税金。

分部分项工程量费应依据双方确认的工程量、合同约定的综合单价计算；如发生调整的，以发、承包双方确认调整的综合单价计算。

措施项目费应依据合同约定的项目和金额计算；如发生调整的，以发、承包双方确认调整的金额计算。

(2) 分部分项和措施项目以外的其他项目所需计算的各项费用。

其他项目费用应按下列规定计算：

1) 计日工应按发包人实际签证确认的事项计算。

2) 暂估价中的材料单价应按发、承包双方最终确认价在综合单价中调整；专业工程暂估价应按中标价或发包人、承包人与分包人最终确认价计算。

3) 总承包服务费应依据合同约定金额计算，如发生调整的，以发、承包双方确认调整的金额计算。

4) 索赔费用应依据发、承包双方确认的索赔事项和金额计算。

5) 现场签证费用应依据发、承包双方签证资料确认的金额计算。

6) 暂列金额应减去工程价款调整与索赔、现场签证金额计算，如有余额归发包人。

(3) 采用工程量清单或定额计价的工程结算还应包括：

1) 设计变更和工程变更费用。

2) 索赔费用。

3) 合同约定的其他费用。

总体看，工程量清单计价模式下竣工结算的编制方法和传统定额计价结算的大框架差不多，清单更明了，对变更，在变更发生时就知道对造价的影响（清单可采用已有或类似单价，不像定额方式，到结算时业主可能才知造价是多少，才知道不该随意变，但为时已晚）。

清单计价模式下，工程项目结算的格式主要有：

(1) 增减账法

一般中小型的民用项目，结构简单、施工图纸清晰齐全、施工周期短的工程，增加投标方核标答疑工作时间时，一般可采用：工程结算价 = 中标价 + 变更 + 索赔 + 奖罚 + 签证。该法以招标时工程量清单位报价为基础，加增减变化部分进行工程结算。

以分部分项工程量清单为例：

【实例1-4-4】某写字楼工程的变更、签证分部分项工程量清单计价表（局部）如表1-4-3所示：

表1-4-3 分部分项工程量清单与计价表

工程名称：××写字楼（设计变更及签证） 标段：1

序号	项目编码	项目名称	项目特征描述	计量单位	工程数量	综合单价	合价	其中：暂估价	备注
		土建部分							
1	010301001001	砖基础	(1) 砖基础 (2) 人工挖沟槽、基坑三类土深度在2m内 (3) 垫层混凝土 (4) 商品混凝土碎石粒径20，C15	m³	1.000	683.71	683.71		2008.12.13 修改通知
…									
3	010407001001	压顶C20	(1) 现浇混凝土压顶 (2) 商品混凝土碎石粒径20，C20	m³	14.040	337.99	4745.38		2009.12.02 修改通知
…									
12	010416001004	现浇混凝土钢筋	制安现浇构件圆钢 Φ10内	t	0.600	4677.40	2806.44		2008.10.28 签证
24	020102002001	电梯门口黑色抛光砖	(1) 陶瓷块料楼地面（每块周长）2600mm以内水泥砂浆混凝土或硬基层上 21mm (2) 找平层楼地面水泥砂浆	m²	25.400	136.69	3471.93		2008.10.29 签证
…									
29	010416001007	现浇混凝土钢筋（漏计）	(1) 制安现浇构件圆钢 Φ10内 (2) 制安现浇构件螺纹钢 Φ25内 (3) 制安现浇构件箍筋 Φ10内	t	67.070	4764.54	319 557.70		补充合同
…									
		合计					2 318 792.52		

相应的《工程量清单综合单价分析表》略。

（2）竣工图重算法

该法是以重新绘制的竣工图为依据进行工程结算，工程结算编制的方法同工程量清单报价的方法，所不同的是依据的图纸由施工图变为竣工图。该法不再详细介绍，有关内容可参考本书1.2.2节。

（3）工程量清单计价结算应注意的问题

各种合同类型下清单的结算方法，我们将其做成表式，以方便读者理解与对比，如表1-4-4所示：

表1-4-4　　　　　　　　　结算方法归纳表

合同类型 清单内容	固定单价合同	固定总价合同	可调价格合同	成本加酬金合同
分部分项清单	∑实际工程量×计划单价	∑计划工程量×计划单价	按合同约定调整方法	∑实际工程量×（单位成本+单位利润）
措施项目清单	一般不调，除非合同约定可调	一般不调，除非合同约定可调	按合同约定调整方法	∑实际工程量×（单位成本+单位利润）
其他项目清单	按实结算	事前确定	按合同约定调整方法	∑实际工程量×（单位成本+单位利润）
规费、税金	随以上调整	一般固定	随以上调整	一定比率

工程量清单报价中的任何算术性错误，招标人一般按下列原则予以调整：

大写金额和小写金额不一致，以大写金额为准；合价金额与单价金额和工程量的乘积不一致的，以单价金额为准，但单价金额小数点有明显错误的除外；合价累计金额与小计（合计）金额不一致的，以合价累计金额为准，并修改小计（合计）金额及总报价；综合单价和综合单价分析表价格不一致，以综合单价为准；综合单价分析表和材料表价格不一致，以综合单价分析表为准。

1.5　成果文件形式

1.5.1　成果文件形式

（1）工程结算成果文件的形式一般包括：

1）工程结算书封面，包括工程名称、编制单位和印章、日期等。

2) 签署页，包括工程名称、编制人、审核人、审定人姓名和执业（从业）印章、单位负责人印章（或签字）等。

3) 目录。

4) 工程结算编制说明。

5) 工程结算相关表式。

6) 必要的附件。

(2) 工程结算相关表式：

1) 工程结算汇总表。

2) 单项工程结算汇总表。

3) 单位工程结算汇总表。

4) 分部分项（措施、其他）结算汇总表。

5) 必要的相关表格。

结算编制受委托人应向结算编制委托人及时递交完整的工程结算成果文件。

(3) 结算编制文件组成。工程结算文件一般由工程结算汇总表、单项工程结算汇总表、单位工程结算汇总表和分部分项（措施、其他）工程结算表及结算编制说明等组成。

工程结算汇总表、单项工程结算汇总表、单位工程结算汇总表应当按表格所规定的内容详细编制。

工程结算编制说明可根据委托工程的实际情况，以单位工程、单项工程或建设项目为对象进行编制，并应说明以下内容：

1) 工程概况；

2) 编制范围；

3) 编制依据；

4) 编制方法；

5) 有关材料、设备、参数和费用说明；

6) 其他有关问题的说明。

工程结算文件提交时，受委托人应当同时提供与工程结算相关的附件，包括所依据的发承包合同调整条款、设计变更、工程洽商、材料及设备定价单、调价后的单价分析表等与工程结算相关的书面证明材料。

1.5.2 相关表式

(1)《建设工程工程量清单计价规范》（GB 50500—2008）规定格式

第1章 工程结算编制的基本方法

_____工程

竣工结算总价

中标价（小写）：_____ （大写）：_____
结算价（小写）：_____ （大写）：_____

发包人：_____ 承包人：_____ 工程造价咨询人：_____
（单位盖章）　　（单位盖章）　　　（单位盖章）

法定代表人　　　法定代表人　　　　法定代表人
或其授权人：_____　或其授权人：_____　或其授权人：_____
（盖章或签字）　　（盖章或签字）　　　（盖章或签字）

编制人：_____　核对人：_____
（造价人员签字盖专用章）　（造价人员签字盖专用章）

编制时间： 年 月 日　　核对时间： 年 月 日

图 1-5-1 封面

表1-5-1　　　　　　　　　　　总　说　明

工程名称：　　　　　　　　　　　　　　　　　　　　　　　　第　页　共　页

表1-5-2　　　　　　　　工程项目竣工结算汇总表

工程名称：　　　　　　　　　　　　　　　　　　　　　　　　第　页　共　页

序号	单项工程名称	金额/元	其中	
			安全文明施工费/元	规费/元
	合　计			

表1-5-3　　　　　　　　　单项工程竣工结算汇总表

工程名称：　　　　　　　　　　　　　　　　　　　　　　　第　页　共　页

序号	单位工程名称	金额/元	其中	
			安全文明施工费/元	规费/元
	合　计			

表1-5-4　　　　　　　　　单位工程竣工结算汇总表

工程名称：　　　　　　　　　　　　　　　　　　　　　　　第　页　共　页

序号	汇　总　内　容	金额/元
1	分部分项工程	
1.1		
1.2		
1.3		
1.4		
1.5		
2	措施项目	
2.1	安全文明施工费	
3	其他项目	
3.1	专业工程结算价	
3.2	计日工	
3.3	总承包服务费	
3.4	索赔与现场签证	
4	规费	
5	税金	

注：如无单位工程划分，单项工程也使用本表汇总。

表1–5–5 分部分项工程量清单与计价表

工程名称：　　　　　　　　　　标段：　　　　　　　　　第　页　共　页

序号	项目编码	项目名称	项目特征描述	计量单位	工程量	金额/元		
						综合单价	合价	其中：暂估价
					本页小计			
					合　计			

表1–5–6　　　　　　　措施项目清单与计价表（一）

工程名称：　　　　　　　　　　标段：　　　　　　　　　第　页　共　页

序号	项目名称	计算基础	费用（％）	金额/元
1	安全文明施工费			
2	夜间施工费			
3	二次搬运费			
4	冬雨期施工			
5	大型机械设备进出场及安拆费			
6	施工排水			
7	施工降水			
8	地上、地下设施、建筑物的临时保护设施			
9	已完工程及设备保护			
10	各专业工程的措施项目			
11				
12				
	合　计			

注：本表适用于以"项"计价的措施项目。

表1-5-7　　　　　　　　措施项目清单与计价表（二）

工程名称：　　　　　　　　　标段：　　　　　　　　第　页　共　页

序号	项目编码	项目名称	项目特征描述	计量单位	工程量	金额/元	
						综合单价	合价
					本页小计		
				合　计			

注：本表适用于以综合单价形式计价的措施项目。

表1-5-8　　　　　　　　其他项目清单与计价汇总表

工程名称：　　　　　　　　　标段：　　　　　　　　第　页　共　页

序号	项　目　名　称	计量单位	金额	备　注
1	暂列金额			
2	暂估价			
2.1	材料暂估价			
2.2	专业工程暂估价			
3	计日工			
4	总承包服务费			
5	索赔与现场签证			
	合　计			

注：材料暂估单价进入清单项目综合单价，此处不汇总。

表1-5-9　　　　　　　　　专业工程暂估价表

工程名称：　　　　　　　　　标段：　　　　　　　　　第　页 共　页

序号	工程名称	工程内容	金额/元	备注
	合　计			

表1-5-10　　　　　　　　　　计 日 工 表

工程名称：　　　　　　　　　标段：　　　　　　　　　第　页 共　页

编号	项目名称	单位	暂定数量	综合单价	合价
一	人工				
1					
2					
3					
4					
	人工小计				
二	材料				
1					
2					
3					
4					
5					
6					
	材料小计				
三	施工机械				
1					
2					
3					
4					
	施工机械小计				
	总　计				

第1章 工程结算编制的基本方法

表1-5-11　　　　　　　　　　　总承包服务费计价表

工程名称：　　　　　　　　　标段：　　　　　　　　　第 页 共 页

序号	项 目 名 称	项目价值/元	服务内容	费率（%）	金额/元
1	发包人发包专业工程				
2	发包人供应材料				
		合　　计			

表1-5-12　　　　　　　　　　　索赔与现场签证计价汇总表

工程名称：　　　　　　　　　标段：　　　　　　　　　第 页 共 页

序号	签证及索赔项目名称	计量单位	数量	单价/元	合价/元	索赔及签证依据
		本页小计				
		合　　计				

注：签证及索赔依据是指经双方认可的签证单和索赔依据的编号。

表1-5-13　　　　　　　规费、税金项目清单与计价表

工程名称：　　　　　　　　　标段：　　　　　　　　　　第 页 共 页

序号	项目名称	计算基础	费率（%）	金额/元
1	规费			
1.1	工程排污费			
1.2	社会保障费			
(1)	养老保险费			
(2)	失业保险费			
(3)	医疗保险费			
1.3	住房公积金			
1.4	危险作业意外伤害保险			
1.5	工程定额测定费			
2	税金	分部分项工程费+措施项目费+其他项目费+规费		
	合计			

(2)《建设项目工程结算编审规程》（CECA/GC3—2007）规定格式

（工程名称）

工　程　结　算

档　案　号

（编制单位名称）
（工程造价咨询单位执业章）
　年　月　日

图1-5-2　工程结算封面格式

（工程名称）

工　程　结　算

档　案　号

编制人：_____ ［执业（从业）印章］ _____

审核人：_____ ［执业（从业）印章］ _____

审定人：_____ ［执业（从业）印章］ _____

单位负责人：_____

图 1-5-3　工程结算签署页样式

表 1-5-14　　　　　工程结算汇总表

工程名称：　　　　　　　　　　　　　　　　　　　第　页　共　页

序号	单项工程名称	金额/元	备注
	合　计		

编制人：　　　　　　　　　　审核人：　　　　　　　审定人：

表 1-5-15　　　　　　　　单项工程结算汇总表

单项工程名称：　　　　　　　　　　　　　　　　　　　第　页　共　页

序号	单位工程名称	金额/元	备注
	合　　计		

编制人：　　　　　　　　　审核人：　　　　　　　　审定人：

表 1-5-16　　　　　　　　单位工程结算汇总表

单位工程名称：　　　　　　　　　　　　　　　　　　　第　页　共　页

序号	专业工程名称	金额/元	备　注
1	分部分项工程费合计		
2	措施项目费合计		
3	其他项目费合计		
4	规费		
5	税金		
	合　　计		

编制人：　　　　　　　　　审核人：　　　　　　　　审定人：

表 1-5-17　　　分部分项（措施、零星、其他）工程结算表

工程名称：

序号	项目编码或定额编码	项目名称	计量单位	工程数量	金额/元 单价	金额/元 合价	备注
		合计					

编制人：　　　　　　　　　审核人：　　　　　　　　　审定人：

1.5.3　成果文件实例

【实例 1-5-1】某别墅工程部分合同条款（商务标）说明

该工程采用《建设工程施工合同示范文本》（GF—91—0201），以下是该工程合同的部分条款：

第二部分　通　用　条　款

23. 合同价款及调整

23.1　招标工程的合同价款由发包人承包人依据中标通知书中的中标价格在协议书内约定。非招标工程的合同价款由发包人承包人依据工程预算书在协

议书内约定。

23.2 合同价款在协议书内约定后，任何一方不得擅自改变。下列三种确定合同价款的方式，双方可在专用条款内约定采用其中一种：

（1）固定价格合同。双方在专用条款内约定合同价款包含的风险范围和风险费用的计算方法，在约定的风险范围内合同价款不再调整。风险范围以外的合同价款调整方法，应当在专用条款内约定。

（2）可调价格合同。合同价款可根据双方的约定而调整，双方在专用条款内约定合同价款调整方法。

（3）成本加酬金合同。合同价款包括成本和酬金两部分，双方在专用条款内约定成本构成和酬金的计算方法。

23.3 可调价格合同中合同价款的调整因素包括：

（1）法律、行政法规和国家有关政策变化影响合同价款。

（2）工程造价管理部门公布的价格调整。

（3）一周内非承包人原因停水、停电、停气造成的停工累计超过8小时。

（4）双方约定的其他因素。

23.4 承包人应当在23.3款情况发生后14天内，将调整原因、金额以书面形式通知工程师，工程师确认调整金额后作为追加合同价款，未修改意见，视为已经同意该项调整。

第三部分 专 用 条 款

23. 合同价款及调整

23.2 本合同价款采用<u>固定价格</u>方式确定。

（1）采用固定价格合同，合同价款中包括的风险范围：

1) <u>因工程量清单有错、漏，导致工程招标控制价不准确</u>。

2) <u>地质勘查结果与实际有误差，导致设计图纸不周全，发生签证及设计变更且造价变化在该分部工程合同价的3%以内（含3%）</u>。

3) <u>因市场变化、政策性调整导致人工、机械和材料价格变化（但对钢材、水泥价格上涨或下降幅度在10%以外的部分除外）</u>。

4) <u>因天气、地形、地质等自然条件的变化，采取的临时措施</u>。

5) <u>按合同工期完工所采取的赶工措施</u>。风险费用的计算方法：<u>综合上述风险因素并根据工程大小、技术复杂程度、施工难易程度、施工自然条件，发包人按规定已考虑3%的风险包干系数计入在工程预算价中。承包人在投标报价时已考虑了上述风险因素，其风险范围内的所有费用已全部计入在合同总价内，施工过程和竣工结算时不再计算调整</u>。

风险费用的计算方法：<u>综合上述风险因素并根据工程大小、技术复杂程</u>

度、施工难易程度、施工自然条件、发包人按规定已考虑3%的风险包干系数计入在工程预算价中。承包人在投标报价时已考虑了上述风险因素，其风险范围内的所有费用已全部计入在合同总价内，施工过程和竣工结算时不再计算调整。

风险范围以外合同价款调整方法：
采用固定价格合同，出现以下几种情况合同价款可进行调整。

1) 非承包人原因造成的变更，且变更程序符合相关规定的项目。

2) 发包人提供的地质勘察结果与实际有误差，导致设计图纸不周全，发生签证及设计变更且造价变化在该分部工程合同价的3%，对超出部分工程量给予调整。合同价款可按以下方式进行调整：

① 增减工程量清单按规定程序按实核增核减；

② 增减工程量的单价确定：在实物工程量清单之内的项目，按承包人投标书中的工程量清单的综合单价计算。不在工程量实物清单之内的项目，分部分项工程量清单综合单价按中标价的综合单价编制原则确定其综合单价（参考当地定额）；其他措施费、规费及税金按中标人在投标报价中所计取的费率标准计取相应的费用；

③ 材料变更时价格确定：承包人在投标文件中价格明细表已有的材料，按承包人材料价格明细表所列的材料单价计算。承包人材料价格明细表中没有的材料，参照《××市建设工程信息》在投标期间公布的材料单价按中标价的综合单价编制原则计算。《××市建设工程信息》没有公布的材料，由承包人提出适当的价格，发包人审定；

④ 钢筋、水泥以及特殊主要材料由于市场价格变动因素及政策性调整导致的价格变化，由于不可预见原因造成施工工期延后，延后工期在2年以内（含2年）的，均不进行调整；延后工期在2年以上的项目钢筋、水泥以及特殊主要材料涨（跌）幅度超过10%（含10%）时，根据市场价格变动情况，由审核中心会同有关部门共同研究确定进行价差调整；因承包人的原因造成工期拖延的，在拖延期间价格上涨引起的价差由承包人承担。

设计变更及洽商、签证按实调整（工程量按签证计算、单价投标单价中有的适用投标单价，没有的按本地定额计价）

(2) 采用可调价格合同，合同价款调整方法：＿＿＿＿＿＿＿＿＿＿＿

(3) 采用成本加酬金合同，有关成本和酬金的约定：＿＿＿＿＿＿＿

23.3 双方约定合同价款的其他调整因素：＿＿＿＿＿＿＿＿＿＿

【实例1-5-2】某别墅工程中标单位投标书（商务标）

（1）总价表

投 标 总 价

招 标 人：　　××房地产公司　　

工程名称：　　××花园别墅A标段　　

投标总价（小写）：　14 593 879.10 元　

　　　　（大写）：壹仟肆佰伍拾玖万叁仟捌佰柒拾玖元壹角

投 标 人：　　××建筑公司　　
　　　　　　（单位盖章）

法定代表人
或其授权人：　　赵××　　
　　　　　　（签字或盖章）

编 制 人：　　贾××　　
　　（造价人员签字盖专用章）

编 制 时 间：20××年×月×日

图1-5-4 封面

表1-5-18　　　　　　　　总　说　明

工程名称：××花园别墅A标段　　　　　　　　第×页　共×页

1) 工程概况：略。
2) 工程招标和分包范围：略。
3) 工程量清单编制依据：略。
4) 工程质量、材料、施工等的特殊要求：略。
5) 其他需要说明的问题：略。

表1-5-19　　　　　　　　　工程项目投标报价汇总表

工程名称：××花园别墅A标段　　　　　　　　　　　　　第×页　共×页

序号	单项工程名称	金额/元	其中		
			暂估价/元	安全文明施工费/元	规费/元
1	××花园别墅A标段	14 593 879.10			
	合　计	14 593 879.10			

（2）单项工程费汇总表

表1-5-20　　　　　　　　　单项工程投标报价汇总表

工程名称：××花园别墅A标段　　　　　　　　　　　　　第×页　共×页

序号	单位工程名称	金额/元	其中		
			暂估价/元	安全文明施工费/元	规费/元
1	建筑装饰工程	12 999 256.23			
2	电气工程	617 798.25			
3	给排水工程	976 824.62			
	合　计	14 593 879.10			

（3）单位工程汇总（建筑装饰工程）

表1-5-21　　　　　　　　　单位工程投标报价汇总表

工程名称：××花园别墅（建筑装饰工程）　　标段：A　　　　第×页　共×页

序号	项　目　名　称	金额/元	其中：暂估价/元
1	分部分项工程	9 886 233.61	
2	措施项目	1 319 918.95	

续表

序号	项目名称	金额/元	其中：暂估价/元
3	其他项目	765 499.00	
4	规费	598 582.58	
5	税金	429 022.09	
	投标报价合计	12 999 256.23	

表1-5-22　　　　　　　　分项工程量清单与计价表

工程名称：××花园别墅A标段（建筑装饰工程）　　　　标段：A　　第×页　共×页

序号	项目编码	项目名称	项目特征描述	计量单位	工程数量	金额/元 综合单价	合价	其中：暂估价
		第一章 土（石）方工程						
1	010101001001	平整场地	(1)…… (2)…… (项目特征略。为节省篇幅本书以下清单均同此)	m²	5220.84	0.94	4886.71	
2	010101003002	挖基础土方	……	m³	1268.67	25.79	32 716.48	
3	010103001001	土（石）方回填	……	m³	544.76	7.36	4006.40	
		小计		元			41 609.59	
		第三章 砌筑工程						
4	010301001001	砖基础	……	m³	990.72	213.40	211 414.62	
5	010302001001	实心砖墙	……	m³	2626.22	236.09	620 018.06	
6	010302006001	零星砌砖台阶	……	m²	135.47	53.24	7212.70	
7	010302006002	零星砌砖（花池等）	……	m³	36.41	240.13	8743.21	
8	010303002001	砖烟道（外墙装饰假烟囱）	……	m³	139.95	249.90	34 974.25	

续表

序号	项目编码	项目名称	项目特征描述	计量单位	工程数量	金额/元 综合单价	金额/元 合价	其中：暂估价
9	010303004001	砖水池、化粪池	……	座	5.50	13 157.52	72 366.36	
10	010306001001	砖散水、地坪	……	m²	1056.07	21.18	22 367.48	
		小计		元			977 096.67	
		第四章 混凝土及钢筋混凝土工程						
11	010401005001	桩承台基础	……	m³	567.49	332.72	188 816.44	
12	010402001001	矩形柱	……	m³	308.55	341.56	105 385.60	
13	010402002001	异形柱	……	m³	138.87	311.24	43 222.64	
14	010403001001	基础梁	……	m³	363.30	325.61	118 293.84	
15	010403002001	矩形梁（二至屋面层）	……	m³	640.94	337.09	216 056.22	
16	010405001001	有梁板	……	m³	1781.16	335.27	597 164.34	
17	010405007001	搁板、空调板、屋面挑檐板	……	m³	102.69	355.92	36 549.99	
18	010405008001	雨篷、阳台板	……	m³	294.35	353.39	104 018.63	
19	010406001001	直形楼梯	……	m²	201.74	69.59	14 038.99	
20	010416001001	现浇混凝土钢筋	……	t	724.81	4054.19	2 938 524.11	
		小计					4 362 070.81	
		第七章 屋面及防水工程	……					
21	010701001001	瓦屋面铺设在混凝土板上	……	m²	867.08	112.06	97 161.20	
22	010702002001	屋面涂膜防水	……	m²	5615.52	43.99	247 038.04	
23	010703002001	涂膜防水（阳台、厕所、厨房）	……	m²	2990.30	31.66	94 660.78	
		小计					438 860.03	

续表

序号	项目编码	项目名称	项目特征描述	计量单位	工程数量	金额/元 综合单价	金额/元 合价	其中：暂估价
		第八章 防腐、隔热、保温工程						
24	010803001001	保温隔热屋面	……	m²	5505.02	69.73	383 875.78	
		小计					383 875.78	
		装饰 第一章 楼地面工程						
25	020101001001	水泥砂浆楼地面（阳台）	……	m²	359.08	8.20	2943.05	
26	020101001002	水泥砂浆楼地面(厅、房)	……	m²	11 043.07	8.20	90 508.96	
27	020101001003	水泥砂浆楼地面（厨房厕所）	……	m²	1555.23	8.20	12 746.70	
28	020102002001	块料楼地面（厨房厕所防滑砖）	……	m²	1555.23	51.64	80 306.06	
29	020102002002	块料楼地面（阳台仿古砖）	……	m²	361.53	67.34	24 346.61	
30	020107001001	金属扶手带栏杆、栏板	……	m	1897.62	125.30	237 779.78	
		小计					448 631.15	
		装饰 第二章 墙、柱面工程						
31	020201001001	墙面一般抹灰（内墙面）	……	m²	29 495.51	13.90	409 869.56	
32	020201001002	墙面一般抹灰（外墙面）	……	m²	28 467.79	7.56	215 216.52	
33	020203001001	零星项目一般抹灰	……	m²	363.00	18.29	6638.54	

续表

序号	项目编码	项目名称	项目特征描述	计量单位	工程数量	金额/元 综合单价	金额/元 合价	其中:暂估价
34	020204001001	石材墙面（勒脚石）	……	m²	685.43	219.71	150 593.93	
35	020204003001	块料墙面（厨房厕所阳台栏板内侧）	……	m²	7235.05	68.69	496 961.25	
		小计					1 279 279.81	
		装饰第三章 顶棚工程						
36	020301001001	顶棚抹灰	……	m²	15 950.22	5.16	82 303.14	
37	020302001001	顶棚吊顶（厨房厕所）	……	m²	1630.67	126.22	205 816.19	
38	020401005001	夹板装饰门（防盗门）	……	m²	188.76	746.70	140 947.09	
39	020402001001	金属平开门	……	m²	46.46	264.00	12 266.50	
40	020402002001	金属推拉门	……	m²	998.91	264.00	263 712.24	
41	020406001001	金属推拉窗	……	m²	1651.52	264.00	436 000.75	
		小计					1 141 045.91	
		装饰第五章 油漆、涂料、裱糊工程						
42	020507001001	刷喷涂料	……	m²	28 135.81	26.63	749 200.38	
		小计					749 200.38	
		市政第五章 市政管网工程						
43	040504001001	砌筑检查井（污水检验井）	……	座	169.40	1267.46	214 708.40	
44	040504001002	砌筑检查井（雨水井）	……	座	169.40	1225.26	207 559.04	
45	040504003001	雨水进水井	……	座	163.90	495.16	81 156.07	
		小计					503 423.51	
		合计					9 886 233.61	

工程量清单综合单价分析表：因内容较长，本书从略。

表 1-5-23　　　　措施项目清单与计价表（一）

工程名称：××花园别墅标段（建筑装饰工程）　　　标段：A　　　第×页　共×页

序号	项目名称	计算基础	费用（%）	金额/元
1	安全文明施工费	人工费	10.06	279 508.4
2	夜间施工费	工日	0.68	43 750.00
3	二次搬运费			
4	冬雨期施工			
5	大型机械设备进出场及安拆费	项		12 350.25
6	施工排水	项		6250.00
7	施工降水			
8	地上、地下设施、建筑物的临时保护设施	项		34 375.00
9	已完工程及设备保护	项		6250.00
10	各专业工程的措施项目			
11				
12				
	合　　计			382 483.6

注：本表适用于以"项"计价的措施项目。

表 1-5-24　　　　措施项目清单与计价表（二）

工程名称：××花园别墅标段（建筑装饰工程）　　　标段：A　　　第×页　共×页

序号	项目编码	项目名称	项目特征描述	计量单位	工程量	金额/元 综合单价	合价
1	Y011231	混凝土、钢筋混凝土模板及支架	（本书略）	m^2	6988.89	68	475 189.68
2	Y011261	脚手架	（本书略）	m^2	6988.89	45	314 499.81
3	Y011281	混凝土泵送增加费	（本书略）	m^2	6988.89	5	36 354.55
4	Y011271	垂直运输	（本书略）	m^2	6988.89	16	111 391.29
		本页小计					937 435.35
		合　　计					937 435.35

注：本表适用于以综合单价形式计价的措施项目。

表1-5-25　　　　　　　　其他项目清单与计价汇总表

工程名称：××花园别墅标段（建筑装饰工程）　　　　　　　第×页　共×页

序号	项目名称	金额/元	序号	项目名称	金额/元
1	暂列金额	600 000.00	4	总承包服务费	157 249.00
2	暂估价		5		
2.1	材料暂估价				
2.2	专业工程暂估价			合　计	765 499.00
3	计日工	8250.00			

暂列金额明细表：本书从略。

表1-5-26　　　　　　　　　　　计　日　工　表

工程名称：××花园别墅标段建筑装饰工程　　　标段：A　　　　第×页　共×页

编号	项目名称	单位	暂定数量	综合单价/元	合价/元
一	人工				
1	木工	工日	10	80.00	800.00
2	搬运工	工日	15	60.00	900.00
	人工小计				1700.00
二	材料				
1	茶色玻璃5mm	m²	100	28.00	2800.00
2	镀锌薄钢板20号	m²	10	40	400.00
	材料小计				3200.00
三	施工机械				
1	载重汽车4t	台班	10	250	2500.00
2	点焊机100kVA	台班	5	170	850.00
3	（以下略）	—	—	—	—
	施工机械小计				3350.00
	总　　计				8250.00

表1-5-27　　　　　　　　总承包服务费计价表

工程名称：××花园别墅标段（建筑装饰工程）　　　标段：A　　　第×页　共×页

序号	项目名称	项目价值/元	服务内容	费用（%）	金额/元
1	发包人发包专业工程	3 931 225		4	157 249
2	发包人供应材料				
	合　计				157 249

(4) 单位工程汇总（电气工程）

表1-5-28　　　　　　　　　单位工程投标报价汇总表

工程名称：××花园别墅标段（电气工程）　　　　标段：A　　　　第×页　共×页

序号	项目名称	金额/元	其中：暂估价/元	序号	项目名称	金额/元	其中：暂估价/元
1	分部分项工程费合计	551 300.96		5	税金	20 389.56	
2	措施项目费合计	17 659.70					
3	其他项目费合计	0.00					
4	规费	28 448.03			合　计	617 798.25	

表1-5-29　　　　　　　　　分项分项工程量清单与计价表

工程名称：××花园别墅标段（电气工程）　　　　标段：A　　　　第×页　共×页

序号	项目编码	项目名称	项目特征描述	计量单位	工程数量	综合单价	合价	其中：暂估价
1	030204018001	配电箱MX1	(1)…… (2)…… （项目特征略。为节省篇幅本书以下清单均同此）	台	75	1094.51	82 088.10	
2	030204018002	配电箱MX2	……	台	75	1016.99	76 274.10	
3	030213004002	荧光灯支架 1×40W	……	套	201	11.29	2269.69	
4	030213001001	吸顶灯	……	套	922	13.09	12 070.82	
5	030213001002	壁灯（防水型）	……	套	51	7.38	376.38	
6	030204031003	单相插座 单相五孔	……	个	1072	17.74	19 012.99	
7	030204031006	单相插座（抽油烟机）	……	个	72	11.04	794.88	
8	030204031005	单相插座（排气扇）	……	个	249	15.65	3896.35	
9	030204031009	单相插座（热水器）	……	个	205	76.54	15 689.88	
10	030204031008	单相插座（电冰箱）	……	个	75	15.65	1173.60	

续表

序号	项目编码	项目名称	项目特征描述	计量单位	工程数量	综合单价	合价	其中：暂估价
11	030204031002	单相插座（洗衣机）	……	个	75	18.68	1401.30	
12	030204031004	单相插座 单相五孔 防水	……	个	205	21.90	4489.50	
13	030204031001	空调插座	……	个	276	22.16	6117.26	
14	030204031010	板式暗开关	……	个	482	12.70	6119.47	
15	030204031011	板式暗开关	……	个	276	15.79	4358.59	
16	030204031012	板式暗开关	……	个	75	18.61	1395.90	
17	030204031013	单联双控暗开关	……	个	262	14.58	3819.96	
18	030212001002	电气配管 PC20	……	m	17 430	7.42	129 260.88	
19	030212001005	电气配管 PC25	……	m	2008	10.90	21 879.17	
20	030212001001	电气配管 PC32	……	m	601	13.58	8163.98	
21	030212003001	电气配线 ZRBV-2.5	……	m	46 852	2.21	103 449.22	
22	030212003002	电气配线 ZRBV-4	……	m	6211	2.50	15 502.66	
23	030212003003	电气配线 ZRBV-6	……	m	7932	4.00	31 696.27	
		合 计					551 300.96	

工程量清单综合单价分析表：本书从略。

表 1-5-30　　　　措施项目清单与计价表（一）

工程名称：××花园别墅标段（电气工程）　　　标段：A　　　第×页　共×页

序号	项目名称	计算基础	费用（%）	金额/元	序号	项目名称	计算基础	费用（%）	金额/元
1	安全文明施工费	人工费	10.06	12 354.14	3	二次搬运费			
2	夜间施工费				4	冬雨期施工			

续表

序号	项目名称	计算基础	费用(%)	金额/元	序号	项目名称	计算基础	费用(%)	金额/元
5	大型机械设备进出场及安拆费				10	各专业工程的措施项目			
6	施工排水				11				
7	施工降水				12				
8	地上、地下设施、建筑物的临时保护设施					合　　计			12 354.14
9	已完工程及设备保护								

注：本表适用于以"项"计价的措施项目。

表1-5-31　　　　　措施项目清单与计价表（二）

工程名称：××花园别墅标段（电气工程）　　标段：A　　　　第 x 页　共 x 页

序号	项目编码	项目名称	项目特征描述	计量单位	工程量	金额/元	
						综合单价	合价
	Y031511	脚手架	（本书略）	m²	117.9	45	5305.56
			本页小计				5305.56
			合　　计				5305.56

注：本表适用于以综合单价形式计价的措施项目。

其他项目清单与计价汇总表：本书略。此项金额为0。

（5）单位工程汇总（给排水工程）

第1章 工程结算编制的基本方法

表 1-5-32　　　　　单位工程投标报价汇总表

工程名称：××花园别墅标段（给排水）　　　标段：A　　　　第 × 页　共 × 页

序号	项目名称	金额/元	其中：暂估价/元	序号	项目名称	金额/元	其中：暂估价/元
1	分部分项工程费合计	868 600.42		5	税金	32 238.72	
2	措施项目费合计	31 005.20					
3	其他项目费合计	0.00					
4	规费	44 980.28			合　计	976 824.62	

表 1-5-33　　　　　分项分项工程量清单与计价表

工程名称：××花园别墅标段（给排水）　　　标段：A　　　　第 × 页　共 × 页

序号	项目编码	项目名称	项目特征描述	计量单位	工程数量	金额/元 综合单价	合价	其中：暂估价
		一、排水						
1	030801005019	塑料雨水排水管（UPVC）DN100	（1）…… （2）…… （项目特征略。为节省篇幅本书以下清单均同此）	m	841.12	50.58	42 539.64	
2	030801005020	塑料雨水排水管（UPVC）DN75	……	m	1051.68	30.64	32 220.85	
3	030801005021	塑料排水管（UPVC）DN100	……	m	3662.40	54.00	197 769.60	
4	030801005022	塑料管（UPVC）DN75	……	m	2723.84	33.40	90 976.26	
5	030801005023	塑料排水管（UPVC）DN50	……	m	636.16	24.64	15 673.39	
6	030801005024	塑料排水管（UPVC）DN32	……	m	555.52	19.31	10 728.48	
7	030801005025	塑料排水管（UPVC）DN25	……	m	1095.36	16.08	17 607.91	

续表

序号	项目编码	项目名称	项目特征描述	计量单位	工程数量	金额/元 综合单价	合价	其中：暂估价
8	030801005026	HDPE 塑料排水管 DN150	……	m	1486.24	170.54	253 459.65	
9	030604013001	防水套管 DN150	……	个	204.96	121.13	24 825.78	
10	030604013002	防水套管 DN100	……	个	80.64	88.63	7146.72	
11	030604013003	防水套管 DN75	……	个	194.88	76.13	14 835.24	
12	030804017001	地漏 DN50	……	个	385.28	38.88	14 977.76	
13	030804017002	地漏 DN75	……	个	178.08	34.35	6117.05	
14	030804017003	洗衣机地漏 DN50	……	个	72.80	38.88	2830.10	
		小计					731 708.43	
		二、给水						
15	030801005027	PP－R 塑料给水管 DN15	……	m	2069.76	15.39	31 848.43	
16	030801005028	PP－R 塑料给水管 DN20	……	m	1252.16	19.49	24 401.47	
17	030801005029	PP－R 塑料给水管 DN25	……	m	760.48	27.30	20 761.10	
18	030801005030	PP－R 塑料给水管（热水）DN15	……	m	1023.68	15.58	15 943.82	
19	030801005031	PP－R 塑料给水管（热水）DN20	……	m	398.72	19.54	7789.99	

续表

序号	项目编码	项目名称	项目特征描述	计量单位	工程数量	金额/元 综合单价	金额/元 合价	其中：暂估价
20	030803010001	水表 DN25	……	组	72.80	204.21	14 866.67	
21	030804016001	洗衣机水龙头	……	个	72.80	26.00	1892.80	
22	030804016002	水龙头	……	个	191.52	20.95	4012.34	
23	030803001001	检修闸阀 DN20	……	个	145.60	29.60	4309.76	
24	030803001002	角阀 DN20（热水器）	……	个	145.60	27.58	4014.92	
25	030803001003	角阀 DN15（淋浴器）	……	个	291.20	24.21	7050.68	
		小　计		元			136 891.99	
		合　计					868 600.42	

工程量清单综合单价分析表：本书从略。

表1-5-34　　　　　措施项目清单与计价表（一）

工程名称：××花园别墅（给排水）　　标段：A　　　　　　第×页　共×页

序号	项目名称	计算基础	费用（％）	金额/元	序号	项目名称	计算基础	费用（％）	金额/元
1	安全文明施工费	人工费	10.06	24 415.85	8	地上、地下设施、建筑物的临时保护设施			
2	夜间施工费				9	已完工程及设备保护			
3	二次搬运费				10	各专业工程的措施项目			
4	冬雨期施工				11				
5	大型机械设备进出场及安拆费				12				
6	施工排水					合　计			24 415.85
7	施工降水								

注：本表适用于以"项"计价的措施项目。

表1-5-35　　　　　　　　措施项目清单与计价表（二）

工程名称：××花园别墅标段（给排水）　　　标段：A　　　　　第×页　共×页

序号	项目编码	项目名称	项目特征描述	计量单位	工程量	金额/元	
						综合单价	合价
1	Y031511	脚手架	（本书从略）	m²	146.43	45	6589.35
			本页小计				6589.35
			合　　计				6589.35

注：本表适用于以综合单价形式计价的措施项目。

其他项目清单与计价汇总表：本书从略。本项金额为0。

【实例1-5-3】某别墅工程结算书（施工单位编）

（一）汇总表

表1-5-36　　　　　　　　工程项目竣工结算汇总表

工程名称：××花园别墅A标段　　　　　　　　　　　　第×页　共×页

序号	单项工程名称	金额/元	其中	
			安全文明施工费/元	规费/元
1	××花园别墅A标段	15 052 320.28		
	合　计			

表1-5-37　　　　　　　　　单位工程竣工结算汇总表

工程名称：××花园别墅A标段　　　　　　　　　　　　　第×页 共×页

序号	汇总内容	金额/元	序号	汇总内容	金额/元
1	分部分项工程	11 306 135	3.3	总承包服务费	157 249
2	措施项目	1 368 584	3.4	索赔与现场签证	1 020 850.77
2.1	安全文明施工费		4	规费	693 120.94
3	其他项目		5	税金	496 780.57
3.1	专业工程结算价	0	合　　计		1 505 232.28
3.2	计日工	9600（按实结）			

注：如无单位工程划分，单项工程也使用本表汇总。

（二）固定总价部分

同《投标书》部分。

（三）索赔与签证调整部分

1. 索赔与签证

表1-5-38　　　　　　　　　单位工程竣工结算汇总表

工程名称：××花园别墅　　　　　　标段：A　　　　　　　　第×页 共×页

序号	汇总内容	金额/元	备注
1	分部分项工程	412 759.44	
2	措施项目		
3	其他项目		
4	规费	20 637.92	5%
5	税金	14 791.85	3.413%
	合　计	448 189.27	

表 1-5-39　　索赔与现场签证计价汇总表

工程名称：××花园别墅　　　标段：A　　　　　　　　　第 × 页　共 × 页

序号	签证及索赔项目名称	计量单位	数量	单价/元	合价/元	索赔及签证依据
一	土建装饰工程					
签证编号：1	承台以上回填石屑					
（1）	土（石）方回填	m³	50.300	22.94	1153.88	
	小计				1153.88	
签证编号：2	样板房外墙脚手架					
（1）	单排脚手架	m²	1707.550	2.17	3705.38	投标单价
（2）	综合脚手架	m²	161.190	10.89	1755.36	投标单价
	小计				5460.74	
签证编号：3	修补别墅采光棚与围护墙缝隙					
（1）	墙柱面抹灰面铲除	m²	35.900	1.56	56.00	
（2）	变形缝	m	179.520	4.52	811.43	
（3）	砖砌体	m³	4.040	196.74	794.83	投标单价
（4）	密封胶（涂膜防水）	m	179.520	5.93	1064.55	
（5）	墙面一般抹灰	m²	53.860	11.58	623.70	投标单价
（6）	喷刷涂料	m²	53.860	27.50	1481.15	甲定单价
	小计				4831.67	
签证编号：4	拆除后花园钢筋混凝土					
（1）	拆除混凝土结构	m³	0.520	267.48	139.09	
	小计				139.09	
签证编号：5	第二次补强加固别墅首层入户平台板					
（1）	室外飘板陶粒混凝土拆除	m³	37.800	50.46	1907.39	
（2）	有梁板混凝土	m³	10.840	271.58	2943.93	
（3）	钢筋植筋	根	405.000	95.15	38 535.75	
（4）	现浇混凝土钢筋	t	0.944	3577.00	3376.69	
（5）	模板的制作、安装	m²	9.810	17.15	168.24	投标单价
	小计				46 931.99	
签证编号：6	人工凿除窗台水泥砂浆					
（1）	凿除水泥砂浆结合层	m²	149.565	2.43	363.44	
	小计				363.44	

第1章　工程结算编制的基本方法

续表

序号	签证及索赔项目名称	计量单位	数量	单价/元	合价/元	索赔及签证依据
签证编号：7	入户防盗门改尺寸后修补缝隙					
(1)	混凝土（平板）	m³	1.560	416.05	649.04	
(2)	模板	m²	17.160	51.78	888.54	投标单价
(3)	现浇混凝土钢筋	t	0.064	3378.49	216.22	投标单价
(4)	零星项目一般抹灰	m²	31.200	27.40	854.88	
	小计				2608.69	
签证编号：8	修补别墅采光棚与分户墙缝隙					
(1)	墙面一般抹灰	m²	22.100	11.58	255.92	投标单价
(2)	变形缝	m	73.600	11.03	811.81	
(3)	喷刷涂料	m²	11.040	27.50	303.60	甲定单价
(4)	内墙涂料	m²	11.040	11.45	126.41	审定单价
(5)	脚手架	m²	81.900	10.89	891.89	投标单价
	小计				2389.63	
签证编号：9	厨房改门后修复吊顶顶棚及墙面砖					
(1)	顶棚铲（拆）除	m²	155.820	2.50	389.55	
(2)	墙面铲（拆）除	m²	172.480	2.88	496.74	
(3)	墙面一般抹灰	m²	172.480	11.58	1997.32	投标单价
(4)	轻钢龙骨条形扣板顶棚吊顶（拆除重新安装增补量）	m²	46.760	76.54	3579.01	审定单价
(5)	墙面重新镶贴瓷片（330mm×330mm）甲供主材	m²	187.700	37.46	7031.24	审定单价
(6)	建筑垃圾清理	套	28.000	20.00	560.00	签证单价
	小计				14 053.86	
签证编号：10	改楼梯地面砖					
(1)	楼地面铲（拆）除	m²	27.680	5.21	144.21	
(2)	块料楼地面铺贴（楼梯）	m²	27.680	62.49	1729.72	审定单价
(3)	场地清理	工日	8.000	50.00	400.00	市场价
	小计				2273.94	

续表

序号	签证及索赔项目名称	计量单位	数量	单价/元	合价/元	索赔及签证依据
签证编号：11	别墅改内庭院沉池					
（1）	凿除水泥砂浆结合层	m³	4.875	2.43	11.85	
（2）	水泥砂浆楼地面	m²	112.120	11.17	1252.38	
（3）	场地清理	工日	2.000	50.00	100.00	市场价
	小计				1364.23	
签证编号：12	修补采光井护栏墙面洞孔					
（1）	墙面修补	m³	0.280	235.46	65.93	
（2）	场地清理及垃圾外运	工日	8.400	50.00	420.00	市场价
	小计				485.93	
签证编号：13	清运门前地坪					
（1）	地面平整	工日	3.000	50.00	150.00	市场价
	小计				150.00	
签证编号：14	栏杆安装后修补外墙涂料	m²	169.800	27.50	4669.50	甲定单价
	小计				4669.50	
	土建装饰工程直接费合计				86 726.53	
二	给排水、电气安装工程					
签证编号：15	样板房临时水电安装					
（1）	电缆沟土方挖填	m³	3.560	31.71	112.89	
（2）	电气配管	m	17.800	16.06	285.87	
（3）	立电杆	根	5.000	64.17	320.85	
（4）	导线架设	m	347.100	2.27	787.92	
（5）	电气配线	m	57.600	8.78	505.73	
（6）	配电箱安装	台	1.000	464.22	464.22	
（7）	控制开关安装	个	1.000	66.81	66.81	
（8）	空气漏电开关安装	个	2.000	171.44	342.88	
（9）	电度表安装	套	1.000	142.9	142.90	
（10）	PP-R 给水管 DN25	m	72.000	21.84	1572.48	投标单价
（11）	水表 DN25	组	1.000	163.37	163.37	投标单价
（12）	水龙头	个	4.000	16.76	67.04	投标单价
	小计				4832.95	

续表

序号	签证及索赔项目名称	计量单位	数量	单价/元	合价/元	索赔及签证依据
签证编号：16	更换地下排水、排污管道					
(1)	挖土方	m³	1058.060	35.54	37 603.45	
(2)	余土弃置	m³	1091.320	7.50	8184.90	
(3)	凿混凝土	m³	33.260	177.67	5909.30	
(4)	石方弃置	m³	33.260	10.53	350.23	
(5)	管道拆除	m	3160.200	4.93	15 579.79	
(6)	塑料雨水排水管（UPVC）DN50	m	66.000	20.86	1376.76	
(7)	塑料雨水排水管（UPVC）DN75	m	1045.100	27.87	29 126.94	
(8)	塑料雨水排水管（UPVC）DN100	m	2049.100	43.45	89 033.40	
(9)	管箍安装 DN50	套	60.000	6.72	403.20	
(10)	管箍安装 DN75	套	1033.000	13.71	14 162.43	
(11)	管箍安装 DN100	套	2013.000	21.32	42 917.16	
(12)	潜水泵	台班	65.000	63.30	4114.50	指导价
(13)	模板	m²	302.400	41.69	12 607.06	投标单价
(14)	楼板混凝土	m³	33.260	296.60	9864.92	投标单价
(15)	现浇混凝土钢筋	t	1.080	3378.49	3648.77	投标单价
	小计				274 882.79	
签证编号：17	更改室外排水管及污水、雨水井					
(1)	塑料排水管拆除	m	101.000	11.34	1145.34	
(2)	HDPE塑料排水管	m	101.000	59.29	5988.29	扣除投标单价中的主材费
(3)	砌筑检查井（污水检查井）	座	11.000	1056.00	11 616.00	投标单价
(4)	砌筑检查井（雨水井）	座	11.000	1021.00	11 231.00	投标单价
	小计				29 980.63	
签证编号：18	更改室外水表					
(1)	土方挖填	m³	7.800	31.71	247.34	
(2)	PP－R给水管 DN25	m	45.500	21.84	993.72	投标单价
	小计				1241.06	

续表

序号	签证及索赔项目名称	计量单位	数量	单价/元	合价/元	索赔及签证依据
签证编号：19	更改室外电缆					
(1)	电缆沟土方挖填	m	41.560	31.71	1317.87	
(2)	电缆拆除	m	327.600	0.29	95.00	
(3)	电气配管	m	316.800	16.06	5087.81	
(4)	电力电缆（含主材）	m	180.000	45.07	8112.60	
(5)	更换电力电缆（不含主材）	m	171.600	2.81	482.20	扣除上项主材费
	小计				15 095.48	
	安装工程直接费合计				326 032.91	
	合　　计				412 759.44	

2. 设计变更调整部分

表1-5-40　　　　　　　　　　　单位工程结算汇总表

单位工程名称：××花园别墅　　　　标段：A　　　　　　第 x 页　共 x 页

序号	专业工程名称	金额/元	备　注
1	分部分项工程	608 091.33	
2	措施项目		
3	其他项目		
4	规费	30 404.57	5%
5	税金	21 791.86	3.413%
	合　　计	660 287.79	

表1-5-41　　　　　　　设计变更计价汇总表

工程名称：××花园别墅　　　　　标段：A　　　　　　　第×页　共×页

序号	签证及索赔项目名称	计量单位	数量	单价/元	合价/元	索赔及签证依据
一	土建装饰工程					
设计变更编号：1	别墅改L1、L2					
(1)	矩形梁	m^3	3.74	280.91	1050.60	投标单价
	小计				1050.60	
设计变更编号：2	楼梯设计变更（增宽120mm）					
(1)	直形楼梯	m^2	16.850	57.99	977.13	投标单价
(2)	现浇混凝土钢筋	t	0.382	3378.49	1290.58	投标单价
(3)	直形楼梯模板	m^2	40.430	51.79	2093.75	投标单价
	小计				4361.46	
设计变更编号：3	屋面飘板钢管支架					
(1)	钢管柱制作、安装	t	0.46	7413.67	3442.17	
	小计				3442.17	
设计变更编号：4	别墅天窗增加反梁					
(1)	矩形梁	m^2	12.030	280.91	3379.35	投标单价
	小计				3379.35	
设计变更编号：5	别墅改烟囱					
(1)	拆除120mm厚砖墙	m^3	2.770	31.92	88.42	
(2)	砖烟道（外墙装饰假烟囱）	m^3	2.770	208.25	576.85	投标单价
(3)	墙面一般抹灰（外墙面）	m^2	50.690	6.30	319.35	投标单价
(4)	现浇混凝土钢筋	t	0.043	3378.49	145.28	投标单价
	小计				1129.89	
设计变更编号：6	屋面女儿墙钢筋混凝土					
(1)	女儿墙混凝土 C25	m^3	85.53	306.57	26 220.93	
(2)	墙模板的制作、安装	m^2	1443.87	18.68	26 971.49	
(3)	现浇混凝土钢筋	t	6.99	3593.72	25 110.11	
	小计				78 302.54	
设计变更编号：7	别墅连排位改设计					
(1)	实心砖墙	m^3	4.700	197.98	930.51	投标单价

续表

序号	签证及索赔项目名称	计量单位	数量	单价/元	合价/元	索赔及签证依据
(2)	矩形梁	m³	0.940	280.91	264.06	投标单价
(3)	现浇混凝土钢筋	t	0.110	3378.49	371.63	投标单价
(4)	矩形梁模板	m²	11.700	17.91	209.55	投标单价
(5)	墙面一般抹灰	m²	58.500	11.58	677.43	投标单价
(6)	刷喷涂料	m²	29.250	27.50	804.38	甲定单价
	小计				3257.55	
设计变更编号：8	别墅改楼梯间已砌好的砖墙					
(1)	拆除120mm厚砖墙	m³	3.720	31.92	118.74	
(2)	实心砖墙1/2砖	m³	3.720	196.74	731.87	投标单价
	小计				850.62	
设计变更编号：9	连排别墅变形缝					
(1)	屋面变形缝	m	20.850	123.25	2569.76	
(2)	外墙变形缝	m	25.350	36.03	913.36	
	小计				3483.12	
设计变更编号：10	别墅改二层改墙					
(1)	拆除120mm厚砖墙	m³	5.94	31.92	189.60	
(2)	实心砖墙	m³	5.86	196.74	1152.90	投标单价
(3)	墙面一般抹灰	m²	76.56	11.58	886.56	投标单价
	小计				2229.07	
设计变更编号：11	卫生间沉箱回填陶粒混凝土					
(1)	厕所沉箱陶粒混凝土	m³	290.27	448.23	130 107.72	
	小计				130 107.72	
设计变更编号：12	卫生间刚性防水					
(1)	厕所沉箱细石混凝土	m²	894.07	20.95	18 730.77	
(2)	现浇混凝土钢筋	t	0.93	3593.72	3342.16	
	小计				22 072.93	
设计变更编号：13	别墅入口平台回填陶粒混凝土					
(1)	陶粒混凝土	m³	29.38	443.54	13 031.21	
	小计				13 031.21	

第1章 工程结算编制的基本方法

续表

序号	签证及索赔项目名称	计量单位	数量	单价/元	合价/元	索赔及签证依据
设计变更编号：14	别墅首层斜屋面增加钢支架					
（1）	钢支撑制作、安装	t	0.441 0	5059.48	2231.23	
	小计				2231.23	
设计变更编号：15	内墙挂纤维网					
（1）	墙面抹灰	m²	4932.83	7.85	38 722.72	
	小计				38 722.72	
设计变更编号：16	外墙装饰抹灰分格					
（1）	装饰抹灰分格	m²	25 879.81	2.11	54 606.41	
	小计				54 606.41	
设计变更编号：17	别墅增加勒脚石					
（1）	石材墙面	m²	105.840	183.09	19 378.25	审定单价
	小计				19 378.25	
设计变更编号：18	别墅砌砖封下水管道					
（1）	砖砌体	m³	7.740	196.74	1522.77	投标单价
（2）	墙面一般抹灰	m²	128.940	11.58	1493.13	投标单价
	小计				3015.89	
设计变更编号：19	别墅砖封排水管					
（1）	砖砌体	m³	20.37	196.74	4007.59	投标单价
（2）	墙面一般抹灰（内墙面）	m²	174.52	11.58	2020.94	投标单价
	小计				6028.54	
设计变更编号：20	别墅改内庭院沉池					
（1）	砖砌体	m³	2.69	196.74	529.23	投标单价
（2）	墙面一般抹灰（内墙面）	m²	22.40	11.58	259.39	投标单价
（3）	庭院沉池回填陶粒混凝土	m³	12.99	448.23	5822.51	
	小计				6611.13	
	土建装饰工程直接费合计				397 292.37	

续表

序号	签证及索赔项目名称	计量单位	数量	单价/元	合价/元	索赔及签证依据
二	给排水工程					
设计变更编号：21	所有别墅增加检修阀门及止回阀					
（1）	检修闸阀 DN25	个	65.00	38.75	2518.75	
（2）	止回阀 DN25	个	65.00	38.75	2518.75	
	小计				5037.50	
设计变更编号：22	别墅屋顶增加排水					
（1）	塑料雨水排水管（UPVC）DN50	m	28.80	19.71	567.65	投标单价
（2）	防水套管 DN75	个	24.00	60.9	1461.60	投标单价
（3）	侧出式地漏 DN50	个	24.00	31.1	746.40	投标单价
	小计				2775.65	
设计变更编号：23	别墅WC2改给水管					
（1）	砖墙剔槽及水泥砂浆补槽	m	50.88	6.13	311.89	
（2）	PP-R给水管 DN20	m	50.88	15.59	793.22	投标单价
	小计				1105.11	
设计变更编号：24	别墅增加地漏及改动排水管					
（1）	塑料雨水排水管（UPVC）DN75	m	44.40	24.51	1088.24	投标单价
（2）	防水套管 DN100	个	24.00	70.99	1703.76	投标单价
（3）	侧出式地漏 DN50	个	24.00	31.10	746.40	投标单价
	小计				3538.40	
设计变更编号：25	别墅增加自动排气阀					
（1）	自动排气阀安装 DN100	个	24.00	345.99	8303.76	
	小计				8303.76	
	给排水工程直接费合计				20760.43	
三	电气安装工程					
设计变更编号：26	更改配电箱 MX1					
（1）	配电箱 MX1	台	65.00	2166.09	140795.85	审定单价
	小计				140795.85	

续表

序号	签证及索赔项目名称	计量单位	数量	单价/元	合价/元	索赔及签证依据
设计变更编号：27	别墅首层到二层楼平台增加吸顶灯					
（1）	砖墙剔槽及水泥砂浆补槽	m	206.40	6.13	1265.23	
（2）	吸顶灯	套	24.00	10.91	261.84	投标单价
（3）	扳式暗开关	个	48.00	13.16	631.68	投标单价
（4）	电气配管	m	206.40	6.18	1275.55	投标单价
（5）	电气配线 ZRBV-2.5	m	835.20	1.84	1536.77	投标单价
	小计				4971.07	
设计变更编号：28	别墅卫生间改热水器插座位置					
（1）	砖墙剔槽及水泥砂浆补槽	m	254.40	6.13	1559.47	
（2）	单相插座（热水器）	个	48.00	13.04	625.92	投标单价
（3）	电气配管	m	254.40	6.18	1572.19	投标单价
（4）	电气配线 ZRBV-4	m	907.20	2.08	1886.98	投标单价
	小计				5644.56	
设计变更编号：29	卫生间增加镜前灯					
（1）	砖墙剔槽及水泥砂浆补槽	m	715.40	6.13	4385.40	
（2）	镜前灯安装	套	195.00	6.15	1199.25	投标单价
（3）	扳式暗开关	个	195.00	13.16	2566.20	投标单价
（4）	电气配管	m	715.40	6.18	4421.17	投标单价
（5）	电气配线 ZRBV-2.5	m	3535.80	1.84	6505.87	投标单价
	小计				19 077.90	
设计变更编号：30	厨房移动和增加插座					
（1）	砖墙剔槽及水泥砂浆补槽	m	212.10	6.13	1300.17	
（2）	单相插座（热水器）	个	53.00	5.05	267.65	投标单价
（3）	单相插座（抽油烟机）	个	53.00	5.05	267.65	投标单价
（4）	单相插座 单相五孔防水（旧）	个	12.00	5.3	63.60	投标单价

续表

序号	签证及索赔项目名称	计量单位	数量	单价/元	合价/元	索赔及签证依据
(5)	单相插座 单相五孔防水（新增）	个	118.00	18.25	2153.50	投标单价
(6)	电气配管	m	212.10	6.18	1310.78	投标单价
(7)	电气配线 ZRBV-4	m	831.30	2.08	1729.10	投标单价
	小计				7092.46	
	电气安装工程直接费合计				210798.93	
	合　计				608091.33	

1.6 甲方供料结算

"甲供材料"是指经合同双方协议，由甲方采购、付款、提货并送至乙方指定仓库（或甲方仓库由乙方到库提货）、现场（或加工厂）的材料（或成品、半产品），称为"甲供材料"。

甲乙双方应对工程所用的"甲供材料"的结算标准、提供方式、料款的结算等，以书面形式明确确定。在工程实施过程中，"甲供材料"的供应情况均应作详细的记录、签证，如："甲供材料"的交接品种、品质、规格、批量、提供时间、供货地点、加工程度、运杂费的开支、发生情况……具体的记录内容应按不同材料有所不同，如：螺纹钢的供货方式涉及理论重量差的计算、木材提供原木（原材）时涉及出材率、加工费等问题，双方均应在"甲供材料"提交验收过程中做好记录，必要时（如双方确定不按照造价站发布信息价作组价依据结算的）尚应及时对有关的费用进行签证，以保证"甲供材料"的结算时减少扯皮、纠纷。

1.6.1 甲供材料一般流转程序（如图1-6-1所示）

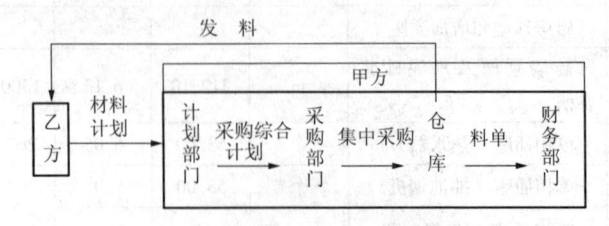

图1-6-1 甲供材料流转程序

(1) 双方在工程承包合同中明确界定甲方供应材料范围（一般仅限于主要材料）及材料结算方式。计入建筑安装工程直接费的材料费包括主要材料费、辅助材料费、消耗材料费，一般安装定额基价中包含了大部分辅助材料和所有的消耗材料，建筑工程定额基价中则包含了所有的材料费用。在一些工程的承包合同中，只填列主要材料由甲方提供的字样，而对主要材料范围没有明确的界定，结算时很容易发生争议。

(2) 乙方根据施工预算和甲方供应材料范围，按照单位工程报送材料计划。

(3) 甲方计划部门审批材料计划，并按建设项目汇总，形成建设项目材料采购综合计划。

(4) 甲方采购部门按照有关设计和技术规范要求，根据同期综合材料采购计划进行汇总，同时结合现有库存情况进行集中采购，由仓库保管人员验收入库（经批准的涉及变更中的甲供材料的报送、审批及采购与上同）。

(5) 乙方根据已审批的材料计划填写工程领料单，内容包括工程项目名称（写到单位工程）、工程项目编号、材料名称、规格和数量，加盖乙方公章和领料人签名方可提料。

(6) 甲方仓库保管部门根据批准的材料计划发料，并及时登记入账。

(7) 甲方财务人员及时对料单进行稽核、分配、开具发票，并根据合同规定的结算方式及时入账。

(8) 甲方财务部门将已入账的工程材料费用合计与工程费用管理部门批准的甲供材料计划进行核对，确定已入账工程材料费用的准确性。

(9) 在甲供材料转账结算方式下，甲方工程费用管理部门在审批工程预算时，甲供材料按材料预算价格进入预算书，审批工程结算时，按甲方转给乙方的料单实际价格和图示用量及追加用量进行价差结算。在甲供材料直接入账结算方式下，甲供材料费不计入工程结算书，但工程费用管理部门应核实实际发出量与实际用量的差异，衡量其合理性，并作相应调整。

1.6.2 定额计价模式下甲供材的结算方式

甲供材料与乙方购买的材料一样，都必须列入直接费并参与计取各种费用和税金，乙方应在含税造价中将已扣除采保运杂费等费用后的甲供材料总值退还给甲方。甲供数量 = 实用数量是最理想状态，但实际上，甲供数量与定额含量之间往往存在量差，当甲供数量 > 定额含量，说明乙方管理有问题，实际损耗过大，一般这个量差要由乙方承担，当甲供数量 < 定额含量，说明乙方管理到位，实际损耗较小，一般这个量差要由乙方分享。一般办理退款以甲方实供数量为准，以避免乙方过度浪费。

具体操作我们下面通过实例讲解：

【实例1-6-1】 某工程承发包合同规定该工程材料均按2005年×月信息价结算，双方协议确定工程所用钢筋由甲方提供（即"甲供材料"），料款结算按××省造价管理办法执行。按照该省文件规定，该省钢筋采购保管费率为2.8%，甲供材料运至工地乙方指定堆放处或仓库，甲方收取采购保管费60%，乙方收取40%（具体采保费率与双方分享比例读者应根据当地文件规定）。同时双方达成如下签证：线材委托乙方提运：运杂费28元/t；其余由甲方提运至现场，乙方承担卸车及搬运至工地加工场：卸车及搬运费5元/t；冷拔钢丝加工由乙方承担，加工费参信息价组价标准计算。

该工程结算书，甲供材料列入直接费中计取了各项费用及税金，结算书中甲供材料价差调差表如表1-6-1所示：

表1-6-1　　　　　　　　　调　差　表

材料名称	单位	定额含量	预算单价/元	信息单价/元	价差/元	金额/元
冷拔钢丝	t	15	2967	2702	-265	-3975
综合圆钢	t	50	2802	2571	-231	-11 550
HRB335 螺纹钢筋	t	80	3193	2551	-642	-51 360
合价及差价	元		合价=440 045	合价=373 160		差价=-66 885

该工程甲乙方核对后的退款表如表1-6-2所示，乙方按合计退款金额将此款项返还甲方：

表1-6-2　　　　　　　　　退　款　表

名　称		单位	实供数量	信息价/（元/t）	退料价/（元/t）	退料款额/元
线材	冷拔钢丝	t	15	2702	2494.56	37 418.4
线材	圆钢内综合	t	23	2571	2514.99	57 844.77
	综合圆钢	t	25	2571	2537.99	63 449.75
	HRB335 螺纹钢	t	79	2551	2518.21	198 938.59
	合　计					357 651.51

表中退料价单价的计算方法是：

（1）冷拔钢丝用线材：2702/1.028×(1+2.8%×60%)-150-28=2494.56（元/t）

（2）圆钢内综合线材：2571/1.028×(1+2.8%×60%)-28=2514.99（元/t）

（3）综合圆钢：2571/1.028×(1+2.8%×60%)-5=2537.99（元/t）

（4）Ⅱ级螺纹钢：2551/1.028×(1+2.8%×60%)-5=2518.21（元/t）

（注：式中，28元为签证的运杂费；5元为签证的卸车及搬运费；150元为

冷拔钢丝加工费）

本例中，退款表中计算的项目均是以综合数量考虑的，实际甲方供材时应是分规格供料的，如Ⅱ级螺纹钢，可能供有 $\Phi12$、$\Phi14$、$\Phi16$、$\Phi18$、$\Phi20$、$\Phi22$、$\Phi25$，在编制退款表时也可以按规格不同分别编制，也可以按以上加权综合编制。

分析：大家可以注意到，在结算书中甲供材料的总价值是 373 160 元，而在甲供材料退料表中，甲供材料的总价值为 357 651.51 元。中间存在的差额一个是价差，如在办理退款时，应给乙方留下一定的采保费，另外，甲供材料与实供数量与定额数量之间存在着一个量差，这个量差一般应由乙方分担或分享。

1.6.3　工程量清单计价模式下甲供材的结算方式

材料费是建筑安装工程费的组成部分，无论是甲方还是乙方采购供应的材料都应该进入建筑安装工程费，并计取相应的费、利润和税金。根据建设部《清单计价规范》等文件有关条文规定，由甲方自行负责采购供应的材料费，按以下三步处理。

（1）投标人根据招标人在其清单"总说明"中填写的招标人自行采购材料的名称、规格型号、数量和自行采购材料的金额数量（即材料购置费，以下简称"甲供材费"），将其填写在报价人的"材料暂估价表"中。不论招标人确定的甲供材料在招标文件中确定的数量多少，施工过程中，甲方应按工程施工要求供应甲供材料的全部数量。若甲方不按所需品种、规格和数量供应，影响施工的，视为违约。施工过程中，若甲方要求乙方采购已在招标中确定为甲供材料的材料，材料价格由甲乙双方按照市场价格另行签订补充协议。

（2）投标人将"甲供材费"进入综合单价中计取相应的费、利润后再将"甲供材费"从综合单价中扣除。甲供材料的采保费应计入综合单价。甲乙双方必须在合同中约定甲供材料采购保管费的承担办法。

（3）投标人将按"甲供材费"计取的规费和税金计入报价人的"单位工程投标报价汇总表"中的规费和税金中。

第2章 工程签证的艺术

2.1 工程签证的分类

2.1.1 工程签证的构成要件

讲工程签证前我们要先说明一下"签证"与"鉴证"两词的区别。笔者发现许多读者对两者的意义理解不清,实际工作中常常将两者混用,其实两者是有本质区别的,"签证"是一种互证,是一方对另一方提出请求证明的事实的一种确认。"鉴证"是第三方(一般为本领域专家或专业人士)以公平、公正的原则做的第三方证明,比如我们经常说的"工程造价鉴证"。

(1) 合同鉴证

合同鉴证是指工商行政管理机关对合同进行审查和鉴定,确认其有效性和合法性的一种证明和监督活动。合同鉴证的作用一是对不符合规定的,可以在生效之前予以纠正,对非法的经济活动,可以及时予以制止和取缔。二是可以使条款不完备、内容不具体、文字解决不清楚的合同,通过对其合同鉴证中的辅导和督促,促使当事人进一步协商,进行补充和完善。这样可有助于合同的履行,防止发生合同纠纷。三是可以增强合同的严肃性,促使当事人认真履行。

工商行政管理部门对经过鉴证的合同应予以存档,这样可便于监督检查已鉴证合同的履行情况。我国对合同一般采取自愿鉴证的原则,但国家另有规定的应按规定办理。

合同鉴证应根据合同当事人的申请实施。这里包括两层意思:一是申请必须应是双方(多方)当事人的申请,一方当事人申请不能予以鉴证;二是经济合同管理机关不应主动对合同进行鉴证,而是应依据当事人申请。鉴证主要是对其合同内容的有效性和合法性进行审查。

合同的鉴证,应由当事人双方到工商行政管理局办理。如果需要委托他人代办鉴证的,代理人必须持有委托证明。委托证明应载明授权范围、委托期限等。

工商行政管理局在办理合同鉴证时,需要委托外地工商行政管理局协助调查的,应当提出明确的项目和要求。受委托的工商行政管理局,应当认真办理,及时回复。工商行政管理局发现自己做出的合同鉴证有错误时，应立即予以撤销，不得拖延，以防止给当事人造成损失。

合同鉴证的范围，根据《合同法》及有关法律、法规规定，对经济合同鉴证的范围主要包括法人、公民、其他组织及他们之间订立的建设工程施工、加工承揽、货物运输、供用电、仓储保管、财产租赁、借款、财产保险、科技协作、联营、企业承包、企业租赁等合同。

鉴证合同应审查的主要内容有：

1）合同的主体是否合格。
2）合同内容是否违反法律、法规。
3）合同的标的是否为国家禁止买卖或者限制经营。
4）合同当事人的意思表示是否真实。
5）合同签字是否具有合法身份和资格，代理人的代理行为是否合法有效。
6）合同主要条款是否齐全，文字表达是否准确，手续是否完备。

（2）工程签证的构成要件

具有中国特色的工程签证目前被业主和承包商广泛地运用着。在工程索赔与工程签证交融的今天，大家更多的选择还是工程签证。工程签证是造价工程师遇到的数量最多的工程造价文件。大部分现有的工程签证单都比较简洁，具有上百份工程签证单的工程比比皆是。在现状中人们对工程签证的内涵本质是明确的，外延形式是不严格的，业务联系单、技术核定单、工程签证单，甚至设计修改通知等都被俗称为工程签证在使用着，起着不能被替代的作用，现实中人们对工程签证的认识都是从它的作用上去认识的。

中国建设工程造价管理协会于2002年发布的《工程造价咨询业务操作指导规程》中，将工程签证定义为："按承发包合同约定，一般由承发包双方代表就施工过程中涉及合同价款之外的责任事件所作的签认证明。"

现场签证以书面形式记录了施工现场发生的特殊费用，直接关系到投资人与施工单位的切身利益。特别是对一些投标报价包干的工程，结算时更是只对设计变更和现场签证进行调整。

在形式上工程签证采用共同签认的方式，由施工发承包双方作为主体，有关的工程监理，工程造价咨询者共同（流转）签认。作为它的附件还会有设计等方的签认。对于原合同价款之外的追加款项，依据合同约定或施工发承包惯例，通过一种平和的签认，淡化了发承包双方经济利益对抗，倡导了共同完成施工发承包合同标的同一性。

签证在权利行使上强调由发承包双方法人代表的委托代理人（通常是承包方的项目经理，发包方的驻施工现场代表）来行使这个签认的权利，将权利集中地下放了，这样可以快速地决断应对施工中可能发生的大量的需要快速应对或解决的问题。而工程签证由于涉及合约经济的核心——价款问题，牵涉面自然很广，许多问题解决的终点往往归结于此。集中授权在合同中明确显得十分必要，尽管古往今来，以前合同可以很简单，这种授权总不会遗漏的。在运用上具有涉及面宽、参与面广，可以从内在的约束上去规范工程签证行为的特点。诸如技术核定、业务联系等众多施工发承包行为除价款已包含在先前的发承包合同中或系承包方责任外，一般均要通过工程签证的形式去处理。包括先签证、后实施、再确认，先实施、后签证两种处理方式下附加的承包内容。也包括应发包方的要求，代为部分履职（原属于发包方责任的工作）的耗费，施工现场的发包方所用点工等，事无巨细，涉款金额少至几十元，多到上百万元甚至更多，只要构成合同价款之外的责任事件都会用上它。诸如点工之类的小额签证，甚至可由作业班组确认累积后由委托代理人平台签认。工程签证不仅涉及面宽，参与面也很广，具有广泛的实施基础。

对工程签证的约定和处理更多的是惯例的约束，如果合同中有明确的约定则按约定处理，如无约定则按惯例处理。

工程签证是双方协商一致的结果，是双方法律行为。工程签证的法律后果是基于双方意思表示的内容而发生。工程签证涉及的利益已经确定或者在履行后确定，可直接或者与签证对应的履行资料一起作为工程进度款支付与工程结算的凭据。其构成要件是：

1）签证主体必须为乙方与甲方双方当事人，只有一方当事人签字不是签证，签证是一种互证。

2）双方当事人必须对行使签证权利的人员进行必要的授权，缺乏授权的人员签署的签证单往往不能发生签证的效力。如工程承包合同授权监理师有签证权，这时，随便一个甲方的代表签证反而并不产生法律效力。因此要注意承、发包人、工程师在签证单中签字人的签证权限是否符合约定，有无委托手续等。

3）签证的内容必须涉及工期顺延和（或）费用的变化等内容。比如，乙方承诺让利的范围内事项（同样可能有所谓"签证"）是不能计价的。因乙方失误引起的返工或增加补救内容（同样有所谓验收"签证"），这些都是不能给予经济结算的，不是真正意义上的签证。

4）签证双方必须就涉及工期顺延和（或）费用的变化等内容协商一致，通常表述为双方一致同意、甲方同意、甲方批准等。

2.1.2　签证的一般分类

从签证的表现形式来分，施工过程中发生的签证主要有三类：设计修改变更通知、现场经济签证和工程联系单。这三类签证的内容、主体（出具人）和客体（使用人）都不一样，其所起的作用和目的也不一样，而在结算时的重要程度（可信度）更不一样。一般不允许直接签出金额（这是审价人员最讨厌的），因为金额是由他们或监理工程师或造价工程师按照签证或洽商去计算得来的，如果都签的是金额还要他们干什么？此外，这三类签证所能够或可以涉及的内容也有要求。

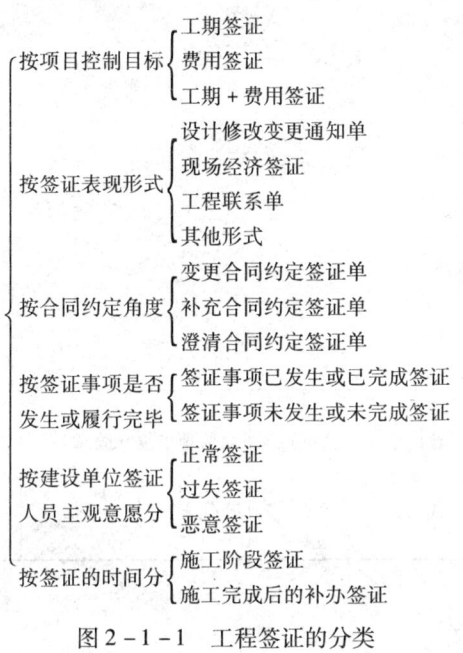

```
           ┌ 按项目控制目标 ┬ 工期签证
           │                ├ 费用签证
           │                └ 工期 + 费用签证
           │
           │ 按签证表现形式 ┬ 设计修改变更通知单
           │                ├ 现场经济签证
           │                ├ 工程联系单
           │                └ 其他形式
           │
           │ 按合同约定角度 ┬ 变更合同约定签证单
           │                ├ 补充合同约定签证单
           │                └ 澄清合同约定签证单
           │
           │ 按签证事项是否 ┬ 签证事项已发生或已完成签证
           │ 发生或履行完毕 └ 签证事项未发生或未完成签证
           │
           │ 按建设单位签证 ┬ 正常签证
           │ 人员主观意愿分 ├ 过失签证
           │                └ 恶意签证
           │
           └ 按签证的时间分 ┬ 施工阶段签证
                            └ 施工完成后的补办签证
```

图 2-1-1　工程签证的分类

2.1.3　设计修改变更通知单

它是由原设计单位出具的针对原设计所进行的修改和变更，一项工程的施工图，犹如设计人员的一部作品，由于受各种条件、因素的限制，往往会存在某些不足，这就要在施工过程中加以修改、完善，所以要下发设计变更通知单。但一般要求设计变更不可以对规模（如建筑面积、生产能力等）、结构（如砖混结构改框架结构等）、标准（如提高装修标准、降低或提高抗震、防洪标准等）做出修改和变更，否则要重新进入设计审查程序。同时，作为对设计质量的考核，对设计变更单一般设计单位会十分谨慎或尽量不出。原因是从工程实践来看，一般业主会要求如果设计修改和变更而引起的造价达到或超过该项概算金额的一定百分比（如5%），将按其每超 ×% 抵扣相应金额 ×% 的设计费。从造价中介机构的角度来看，往往审价时对设计修改变更通知单最为信任。另外，有些管理较严格的公司，要求设计变更也要重新办理签证，设计变更不能直接作为费用结算的依据，当合同有此规定时应从合同规定。设计变更单参考格式如表 2-1-1 所示。

表2-1-1　　　　　　　　　　　　设计变更通知单

设计单位		设计编号	
工程名称			
内容:			
设计单位（公章）： 代表：	建设单位（公章）： 代表：	监理单位（公章）： 代表：	施工单位（公章）： 代表：

2.1.4　工程联系单

联系单，甲方、乙方、丙方都可以使用，作为工程参与各方联系工作事宜使用，其较其他指令形式缓和，易于被对方接受。常见的有设计联系单、工程联系单两种：

（1）设计联系单：主要指设计变更、技术修改等内容。设计联系单需经甲方审阅后再下发乙方、监理方。其传递流程是：设计院→业主→监理单位→施工单位。

（2）工程联系单：一般是在施工过程中由甲方提出的，亦可由乙方提出，主要指无价材料、土方、零星点工签证等内容。主要是解决因甲方提出的一些需要更改或变化的事项。工程联系单的签发要慎重把握，应按甲方内控程序逐级请示领导。其传递流程有两种：

1）业主→监理单位→施工单位；

2）施工单位→监理单位→业主→施工单位。

联系单的签发和管理要做到规范化，甲方联系单应统一基本格式并编号，做好部门会签，需回复的按合同规定时间及时回复；乙方联系单应及时提交甲方、监理方，未按时提交的不再认可，乙方联系单应按工种进行编号，甲方、监理方各留档一份；联系单的签发经办人要签名并注明日期。参考格式如表 2-1-2 所示：

表 2-1-2　　　　　　　　　　工 程 联 系 单

工程名称		施工单位	
主送单位		联系单编号	
事由		日期	
内容：			
建设单位： 　　年　月　日	施工单位： 　　年　月　日	监理单位： 　　年　月　日	

2.1.5　现场经济签证

它是由乙方提出的，针对在施工过程中，现场出现的问题和原施工内容、方法出入的，以及额外的零工或材料二次倒运等，经甲方（或监理）、设计单位同意后作为调价依据。工程量清单计价的现场签证，是指非工程量清单项目的用工、材料、机械台班、零星工程等数量及金额的签证。定额计价的现场签证，是指预算定额（或估价表）、费用定额项目内不包括的及规定可以另行计算（或按实计算）的项目和费用的签证。

现场签证应由甲乙双方现场代表及工程监理人员签字（盖章）的书面材料为有效签证。凡由甲乙双方授权的现场代表及工程监理人员签字（盖章）的现场签证（规定允许的签证），应在工程竣工结算中如实办理，不得因甲乙双方现场代表及工程监理人员的中途变更而改变其有效性。

施工现场签证单参考格式见表 2-1-3、表 2-1-4：

表 2-1-3　　　　　　　　施工现场签证单（格式1）

施工单位：

单位工程名称		建设单位名称	
分部分项名称			

内容：
施工单位负责人：　　　　　　　　　　　　　　　　　　　　年　月　日
建设单位意见：
建设单位负责人：　　　　　　　　　　　　　　　　　　　　年　月　日

表 2-1-4　　　　　　　　施工现场签证单（格式2）

工程名称：　　　　　　　　　标段：　　　　　　　　　编号：

施工部位		日期	

致：

　　根据＿＿＿＿＿＿（指令人姓名）＿＿＿＿年＿＿＿月＿＿＿日的口头指令或你方＿＿＿＿＿＿（或监理人）＿＿＿＿年＿＿＿月＿＿＿日的书面通知，我方要求完成此项工作应支付价款金额为（大写）＿＿＿＿＿＿元，（小写）＿＿＿＿＿＿，请予核准。

　　附：1. 签证事由及原因：
　　　　2. 附图及计算式：

承包人(章)
承包人代表＿＿＿＿＿＿
日　　期＿＿＿＿＿＿

复核意见： 你方提出的此项签证申请经复核： □不同意此项签证，具体意见见附件。 □同意此项签证，签证金额的计算，由造价工程师复核。 　　　　　造价工程师＿＿＿＿＿＿ 　　　　　日　　期＿＿＿＿＿＿	复核意见： □此项签证按承包人中标的计日工单价计算，金额为（大写）＿＿＿＿＿＿元，（小写）＿＿＿＿＿＿元。 □此项签证因无计日工单价，金额为（大写）＿＿＿＿＿＿元，（小写）＿＿＿＿＿＿元。 　　　　　造价工程师＿＿＿＿＿＿ 　　　　　日　　期＿＿＿＿＿＿
审核意见： □不同意此项签证。 □同意此项签证，价款与本期进度款同期支付。 　　　　　　　　　　　　　　　　　　　　　　　　发包人(章) 　　　　　　　　　　　　　　　　　　　　　　　　发包人代表＿＿＿＿＿＿ 　　　　　　　　　　　　　　　　　　　　　　　　日　　期＿＿＿＿＿＿	

注：2008 版《清单计价规范》格式。

材料价格签证单参考格式如表2-1-5所示：

表2-1-5　　　　　　　　　　材料价格签证单

工程名称：

序号	材料名称	部位	规格	数量	单位	购买日期	购买申报价	签证价格

施工单位意见	监理单位意见	建设单位意见
签字（盖章）	签字（盖章）	签字（盖章）
日期	日期	日期

现场签证应当准确，避免失真、失实，在审核工程结算时，经常会发现现场签证不规范的现象，不该签的内容盲目签证，有些乙方正是利用了甲方管理人员不了解工程结算方面的知识来达到虚报、多报工程量而增加造价的目的。在工程建设过程中，设计图纸以及施工图预算中没有包含而现场又实际发生的施工内容很多。对于这些因素所发生的费用，称为"现场签证"费用。在签证过程中要坚持以下原则：

（1）准确计算原则。工程量签证要尽可能做到详细，准确计算工程量，凡是可明确计算工程量套综合单价（或定额基价）的内容，一般只能签工程量而不能签人工工日和机械台班数量。签证必须达到量化要求，工程签证单上的每一个字、每一个字母都必须清晰。

【实例2-1-1】某工程，屋面保温层签证是10cm厚的现浇水泥珍珠岩，经现场勘测实际使用建筑废料做成,仅此一些多出造价 2 万余元。

分析:变更工程量增减签证应计量准确合理,实事求是。签证工程量要做到准确合理,其最有效的办法是工程建设有关单位应深入施工现场勘测,特别是对隐蔽工程、重点部位和关键技术,要进行现场跟踪监督,及时组织验收,做好相关记录,经有关单位签字认可后形成档案资料,切不可主观臆断,无中生有。

【实例 2-1-2】 某工程挖土方按坑上作业 1:0.75 放坡系数计算,且工程量有建设单位现场代表签字,即施工单位的土方量已被建设单位认可。但施工单位的挖土机械与施工图要求的挖土深度决定了施工单位不能坑上作业,经查施工日记也证实为坑内作业,因此放坡系数按坑内作业 1:0.33 才符合实际情况。此签证不准确在于建设单位现场代表工作疏忽,没有了解实际情况。

分析:"准确"指数字计量无误、文字表述清楚、与实际情况相符。现场签证表述不清,很容易引起纠纷。有的签证仅表述变更的工程内容,没有记录变更的工程量,或者没有准确表述有关量,留下了竣工结算的漏洞。在竣工结算审核时,如果遇到上述情况怎么办?依从施工单位的工程量结算显然是不认真不负责任的,应本着实事求是的原则,造价工程师同施工单位代表、监理工程师实地测量,使之尽量地与实际工程量接近。如果现场签证没有记录隐蔽工程的工程量,则应根据设计变更图纸计算工程量,然后计算出工程变更价款。这种漏洞的责任方是施工单位,因为他们没有及时提出工程价款报告,应该无条件服从造价工程师的审核。

(2) 实事求是原则。凡是无法套用综合单价(或定额)计算工程量的内容,可只签所发生的人工工日或机械台班数量,实际发生多少签多少,从严把握工程零工的签证数量。凡涉及现场临时的签证,施工单位必须以招投标文件、施工合同和补充协议为依据,研究合同的细枝末节,熟悉合同单价或当地定额及有关文件的详细内容,善打"擦边球",将在施工现场即将发生或已经发生,而在合同条款以及定额文件中没有明确规定的工作内容,及时以签证的形式和建设单位、监理人员交换意见。在沟通过程中要实事求是,有理有据,以理服人,征得他们的同意。在办理签证过程中,施工单位人员要对现场情况了如指掌,对施工做法、工作内容以及材料使用情况要实测实量,心中有数,防止那种不了解情况的假报和冒报。这种情况相关人员的用意可能是好的,但产生的后果是很坏的,一是办不成签证,二是使建设或监理单位觉得此人不可信,责任心不强,业务能力差,给今后的签证工作带来困难,还对施工单位人员甚至企业的其他管理工作造成被动。

【实例 2-1-3】 某工程,监理工程师签署一份现场签证:"配合预埋风管支架用工5个，吊支架用角钢1800kg。"此签证反映了一个施工事实，施工单位却要据此追加人工工资和材料费，造价工程师没有核准此项费用。《人防工程预算定额》（第3册）的工作内容中含埋设吊托支架，材料费中含有风管加固框及吊托支架的费用。根据此规定可以确定现场签证是不合理的，造价工程师不能核准该项费用。"现场经济技术签证"称谓体现了技术含义，因此现场签证就要符合现行技术规范和技术标准，如果违背了技术要求，则现场签证即便签发程序符合规定，也同样是不合理的。

分析：现场签证不合理方面主要有：不符合现行的施工规范；不符合施工图引用的标准图；不符合当地现行的材料调价文件；不符合国家的工程量计算规则；不符合国家定额中的内涵。工程监理单位不按照委托监理合同约定履行监督义务，对应当监督检查的项目不检查或者不按照规定检查，给建设单位造成损失的，应当承担相应的赔偿责任。由此可见，造价工程师和监理工程师责任重大，必须遵守相应的规则。

（3）及时处理原则。现场签证费用不论是施工单位，还是建设单位均应抓紧时间及时处理，以免由于时过境迁而引起不必要的纠纷。施工单位对在工程施工过程中发生的有关现场签证费用要随时做出详细的记录并加以整理，即分门别类、尽量做到分部分项或以单位工程、单项工程分开；现场签证多的要进行编号，同时注明签署时间、施工单位名称并加盖公章。建设单位或监理公司的现场监理人员要认真加以复核，办理签证应注明签字日期，若有改动部分要加盖私章，然后由主管复审后签字，最后盖上公章。

【**实例2-1-4**】某工程的一份现场签证是监理工程师对镀锌钢管价格的确认，却没有标明签署时间，也没有施工发生的时间。按照当地造价信息公布的市场指导价，一、二月份 $DN20$ 镀锌钢管单价与三、四月份的单价相差150元。因此，造价工程师在竣工结算审核时，注意现场签证时间是必要的。

分析：工程造价遵从时间价值理论，现场签证作为竣工结算依据，具有时间性。作为结算证据，现场签证应该表明事情发生的时间及签署时间。

（4）避免重复原则。在办理签证单时，必须注意签证单上的内容与设计图纸、定额中所包含的工作内容是否有重复，对重复项目内容不得再计算签证费用。要求管理人员首先要熟悉整个基建管理程序以及各项费用的划分原则，把握住哪些属于现场签证的范围，哪些已经包含在施工图预算或设计变更预算中，不属于现场签证范围。

（5）废料回收原则。因现场签证中许多是障碍物拆除和措施性工程，所以，凡是拆除和措施性工程中发生的材料或设备需要回收的（不回收的需注明），应签明回收单位，并由回收单位出具证明。

【实例2-1-5】拆除工程旧材料回收签证参考格式：

表2-1-6　　　　　　　　　拆除工程旧材料回收签证单

工程名称	
分部分项工程名称及图号	
相应的工程签证编号	
工程内容： 　　　　　　　　　　　　　　　　　　　　　委托单位专业技术员：	
旧材料回收清单（材料名称、规格、型号、数量） 　　　　　　　　　　　　　　　　　　　　　委托单位材料员：	
委托单位	施工单位
商务经理：	劳务作业层名称：
项目经理：	劳务作业层负责人：
年　月　日	年　月　日

【实例2-1-6】某住宅楼小区工程，原一层户型设计有室内通往室外家庭后花园的钢踏梯，在施工单位刚刚开始制作后，建设单位发出施工变更：因钢踏梯刚度不够，现将钢踏梯取消，变更为混凝土踏梯。施工单位及时办理了拆除钢踏梯的工程签证，但未将踏梯交付给建设单位，竣工结算时施工单位要求计算钢踏梯制作与拆除费用，但中介审价人员认为施工单位未将拆除的钢踏梯交还给建设单位，所以无法判断施工单位是否制作了钢踏梯，故对此签证涉及的费用不予认可。

（6）现场跟踪原则。为了加强管理，严格控制投资，对单张签证的权力限制和对累积签证价款的总量达到一定限额的限制都应在合同条款中予以明确。如，凡是单张费用超过万元以上（具体额度标准由建设单位根据工程大小确定）的签证，在费用发生前，施工单位应与现场监理人员以及造价审核人员一同到现场察看。

(7) 授权适度原则。分清签证权限，加强签证的管理，签证必须由谁来签认，谁签认才有效，什么样的形式才有效等事项必须在施工合同时予以明确。

需注意的是设计变更与现场签证是有严格的划分的。属于设计变更范畴的应该由设计部门下发通知单，所发生的费用按设计变更处理，不能由于设计部门为了怕设计变更数量超过考核指标或者怕麻烦，而把应该发生变更的内容变为现场签证。

另外，工程开工前的施工现场"三通一平"、工程完工后的余土外运等费用，严格来说不属于现场签证的范畴，而是由于某些建设单位管理方法和习惯的不同而人为地划入现场签证范围以内。

此外，在工程实践中，工程签证的形式还可能有会议纪要、经济签证单、费用签证单、工期签证单等形式。其意义在于施工单位可以通过不同的表现形式实现签证，建设单位需要注意不要被不同的签证表现形式所迷惑而导致过失签证。

材料价格签证应根据工程进度签署，为按进度分楼层调整材料价差做准备。

【实例2-1-7】 某工程项目，甲乙双方约定的签证制度明确规定：所有涉及工程价款的工程签证，必须由驻工地的甲方代表签字确认，监理工程师证明，加盖甲方基建管理部门的印章后，以变更工程价款的金额按财务管理规定的审批权限逐级审批，两张以上签证的工程价款达到上一级签证权限时，合并上报审批。

分析：事前做好工程签证工作，在竣工结算时就可以方便的运用叠加法进行计算，就会大大的提高工程造价结算的准确性和工作效率。

工程中较普遍发生的承包人需办理签证的一般事件。

(1) 工程地形或地质资料变化。最常见的是土方开挖时的签证、地下障碍物的处理。开挖地基后，如发现古墓、管道、电缆、防空洞等障碍物时，乙方应将会同甲方、监理工程师的处理结果做好签证，如能画图表示的尽量绘图，否则，用书面表示清楚；地基如出现软弱地基处理时应做好所用的人工、材料、机械的签证并做好验槽记录；现场土方如为杂土，不能用于基坑回填时，土方的调配方案，如现场土方外运的运距，回填土方的购置及其回运运距均应签证；大型土方机械合理的进出场费次数等。工程开工前的施工现场"三通一平"、工程完工后的垃圾清运不应属于现场签证的范畴。

【实例2-1-8】 某工程，因人工成孔桩开挖对于持力层的要求，与图纸和预算不一样，在实际施工中，均在开挖后由甲方现场签证。即对于桩这部分的施工，是以实际施工中为准的，因为地质的因素，这里有不可预见的成分在里面，所以桩的施工是以施工签证为准。

分析：在这些签证中，乙方如果处理得好，利润会相当丰厚。

【实例2-1-9】 某工程，乙方低价中标，根据施工前测算，该项目很可能亏损，而且该工程业主要求乙方垫部分资金。实际施工中，乙方想尽办法，合理增加有利润空间的项目，从而扭亏为盈，如清淤及外调土是本标段的"大头"，项目累计签证清淤量达3.2万m³（而投标时仅为8700m³），同时，在签证增加清淤量时又自然增加了外调土方量，通过对合同外增加的外调土单价实行签证又增加了结算收入，仅此两项就创收近100万元。

分析：本例中乙方在施工中，采用一系列措施和办法，不仅走出了当初亏损几成定局的阴影，而且实现扭亏转盈，创造的经济效益还很可观。

(2) 地下水排水施工方案及抽水台班。地基开挖时，如果地下水位过高，排地下水所需的人工、机械及材料必须签证。另外甲方要注意，基础排雨水的费用一般已包括在现场管理费中，一些乙方通常仍然会报甲方签证重复骗取一定的费用。在这里要注意"来自天上的水"与"来自地下的水"的区别，如是来自天上的雨水，特别是季节性雨水造成的基础排水费用已考虑在现场管理费中，不应再签证，而来自地下的水的抽水费用一般可以签证，因为来自地下的水更带有不可预见性。

(3) 现场开挖管线或其他障碍处理（如甲方要求砍伐树木和移植树木）。

(4) 土石方因现场环境限制，发生场内转运、外运及相应运距。

(5) 材料的二次转堆。材料、设备、构件超过定额规定运距的场外运输（注意：一定要超过定额内已考虑的运距才可签证），待签证后按有关规定结算；特殊情况的场内二次搬运，经甲方驻工地代表确认后签证。

(6) 材料、设备、构件的场外运输。

(7) 备用机械台班的使用，如发电机等。

(8) 工程特殊需要的机械租赁。

(9) 无法按定额规定进行计算的大型设备进退场或二次进退场费用。

(10) 工程其他零星修改签证。

(11) 由于设计变更造成材料浪费及其他损失。工程开工后，工程设计变更给乙方造成的损失，如施工图纸有误，或开工后设计变更，而乙方已开工或下料造成的人工、材料、机械费用的损失，如设计对结构变更，而该部分结构钢筋已加工完毕等。工程需要的小修小改所需要人工、材料、机械的签证。

(12) 停工或窝工损失。停工损失：由于甲方责任造成的停水、停电超过定额规定的范围。在此期间工地所使用的机械停滞台班、人工停窝工以及周转材料的使用量都要签证清楚。

(13) 不可抗力造成的经济损失。工程实施过程中所出现的障碍物处理或各类工期影响，应及时以书面形式报告甲方或监理，作为工程结算调整的依据。

(14) 合同约定属发包人供应的材料、设备，如发生下列情况，承包人可办理签证。发包人要求承包人购买的；材料、设备的到货地不符合合同约定；材料、设备的到货时间不符合合同约定的，如早于合同约定时间的，由发包人承担因此产生的保管费用；迟于合同约定时间的，因此造成承包人的工期延误、经济损失；材料、设备的检测费用按合同约定由发包人支付而由承包人代为支付的费用；上述原因产生的费用支出、工期延误，承包人应办理签证。

(15) 合同约定属承包人采购的材料、设备，如发生下列情况，承包人可办理签证。招标时未确定品牌，在施工时发包人指定了品牌，差价部分承包人应办理签证；发包人提出对材料、设备的再次检验，检验合格的，承包人应办理签证。

(16) 土方运距、商品混凝土运距超出合同约定的运距应办理签证。

(17) 因政策、法规的改变，造成承包人损失和（或）导致工期延误的，承包人应办理签证。

(18) 续建工程的加工修理。甲方原发包施工的未完工程，委托另一乙方续建时，对原建工程不符合要求的部分进行修理或返工的签证。

(19) 因发包人原因（如未按合同约定提供施工所需的工地、支付预付款等）造成承包人不能在合同约定的开工日期开工，造成承包人损失和（或）导致工期延误的，承包人应办理签证。

(20) 按合同约定应由发包人承担的红线外临时占地、租用、占道、完工后的工程试车等费用，发包人要求承包人代为支付以及发包人委托承包人代为支付的其他费用，承包人应办理签证。

(21) 发包人要求承包人提供的施工场地办公和生活的房屋及设施等费用，合同价不含此价款的，承包人应办理签证。

(22) 施工场地内施工用水、施工用电的接驳地点超出合同约定范围的，承包人应办理签证。

(23) 安全文明施工措施费用发包人在招标时未提出标准，而在合同签订后，提出的具体要求超出安全文明施工管理规定的，可协商后办理签证。

(24) 由于拆迁或其他甲方、监理因素造成工期拖延的。

(25) 零星用工。施工现场发生的与主体工程施工无关的用工，如定额费用以外的搬运拆除用工等。

(26) 临时设施增补项目。临时设施增补项目应当在施工组织设计中写明，按现场实际发生的情况签证后，才能作为工程结算依据。

(27) 工程师要求对已经隐蔽的工程重新检验的，如验收合格，造成承包人损失和（或）导致工期延误的，承包人应办理签证。

(28) 工程项目以外的签证。甲方在施工现场临时委托乙方进行工程以外的项目的签证。

现场签证的主要问题如表 2-1-7 所示。

表 2-1-7　　　　　　　　　　　签 证 的 问 题

序号	问　　题	说　　明
1	应当签证的未签证（应办未办）	如零星工程、零星用工等，发生的时候就应当及时办理。有很多业主在施工过程中随意性较强，施工中经常改动一些部位，既无设计变更，也不办现场签证，到结算时往往发生补签困难，引起纠纷
2	违反规定的签证（不应办而办）	有些现场签证人员业务素质差，不了解定额费用的组成，一些不应办的签证却盲目地给办了。如基础填砂的人工费其实已包含在定额中，又如综合费已包含临时设施费，但现场人员又另签证此费
3	未经核实随意签证	如某工程，现场查看混凝土路面开挖厚度是 80mm，但签证却是 250mm，很显然是签证人员并未到过现场核实 一般情况下，现场签证需业主、监理、施工单位三方共同签字才能生效，缺少任何一方都属于不规范的签证，不能作为结算和索赔的依据
4	签增不签减	签证中往往只计增加工程量部分，而对那些因变更而减少的分部分项工程故意漏签，虚增工程量
5	未经设计人员同意而签证提高用料要求	如某业务大楼施工图只是要求基坑用素土回填，但现场签证却要求回填 3:7 砂石。在满足设计要求的前提下，工程用料并非越贵越好，还应考虑成本
6	同一工程内容签证重复	此类签证尤其在修改或挖运土方的工程中较为多见 施工单位利用建设单位的现场管理人员对工程方面的有关规定不了解，对投标包干的项目或者不应该签证的项目进行大量的签证，有的签证由施工单位填写，建设单位不认真核实就签字
7	现场签证日期与实际不符	当遇到问题时，双方只是口头商定而不及时签证，事后才突击补办签证。有些承包商任意把完成工程量的时间往后推，在签证日期上做文章，尽可能争取得到更多的不合理利润 签证要有顺序。规定工程签证必须按工程建设进程顺序进行签证，否则应为无效签证
8	签证不及时	遇到问题不及时办理签证，到竣工决算时再补签证。签证要及时。规定工程签证的时效，超过有效时间的签证应为无效签证
9	签证要素不齐全	签证单中要素要明确。如：建设项目名称、连续号码、基本联数（建设单位联、监理单位联、施工单位联、审核联）、填表时间、签证项目内容、数量、简明图形，建设单位、监理单位、施工单位的现场人员签字等 如挖运土石方 $50m^3$。是土方？石方？或者是土方、石方各占多少？人工挖还是机械挖？挖出的土石方如何处理？运距是多少均没有说清楚。如抽水费用 500 元，其水泵规格、数量、用了多少台班没有说明清楚

续表

序号	问题	说明
10	现场签证不真实	特别对一些隐蔽工程，施工单位往利用其隐蔽性高及求证难的特点，高估冒算，弄虚作假，从而抬高工程造价 如有一些基础土石方大开挖签证，施工单位往往把实际土石方量写在签证上，并要求业主代表和监理工程师签字确认

【实例2-1-10】 某工程合同签订后，乙公司进场施工，乙公司先后于2003年11月、12月将该工程交付甲公司使用。2004年12月28日，乙公司向甲公司提交结算报告，甲公司收到结算材料后未予答复。甲公司驻工地代表李某对工程外给排水进行了签证并提供了补充说明，但当其出具补充说明时已被解雇，甲公司李某认可的增项签证不具证明力。以下采用"四步法"对此实例分析如表2-1-8所示：

表2-1-8　　　　　　　　　"四步法"分析程序

遵从合同	合同第42条第（3）项补充条款约定本工程造价一次包死，不留活口（工程范围以外的增项、增量由甲方驻现场代表签证后按规定结算）
查阅书证	李某是甲公司驻工地代表，知悉当时的情况，其认可的工程外给排水，有签证及事后补充说明为证
调查物证	经实地查看，确认工程事实存在
诉诸权威	法律分析： 甲公司提供不出对该签证有异议的证据，李某出具补充说明时虽已被解雇，但他是施工时的知情人，故其事后出具的补充说明也应予以采信 技术分析： 如果发生工程款以外的增项、增量，经甲方驻现场代表签证认可后，在工程款之外结算。此条款已明确表明增项不在总造价中

2.2　各种形式变更、签证、索赔间关系

2.2.1　设计变更、洽商、签证、技术核定单、工程联系单、索赔的关系

设计变更、洽商、签证、技术核定单、工程联系单、索赔这几个工程用词大家经常听到、用到，甚至很多人耳朵都听出茧子了，但对它们的准确定义与区别相信很多人可能并不是很明白。从图2-2-1中，我们可以看出它们之间的关系。

$$\text{最终结算金额} \begin{cases} \text{合同内价款及调整} \begin{cases} (1)\ \text{合同价款：原合同金额} \\ (2)\ \text{变更增减金额：设计变更、设计变更洽商} \\ (3)\ \text{索赔增减金额} \\ (4)\ \text{工程奖惩金额} \end{cases} \\ \text{合同外项目价款：} (1)\ \text{经济洽商} \\ \text{签证增减金额：} (2)\ \text{工程签证：技术核定单、工程联系单、现场经济签证} \end{cases}$$

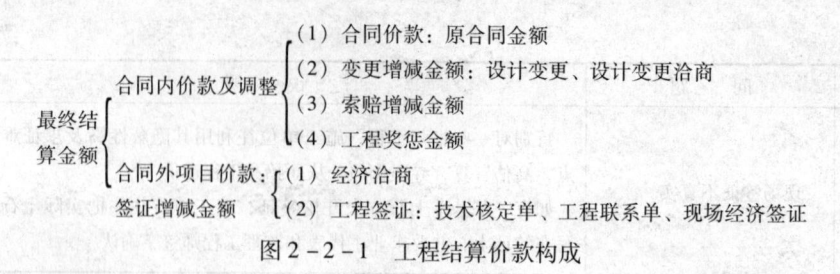

图 2-2-1　工程结算价款构成

2.2.2　洽商

洽商按其形式可分为设计变更洽商、经济洽商。

（1）设计变更洽商（记录），又称工程洽商，是指设计单位（或甲方通过设计单位）对原设计修改或补充的设计文件，洽商一般均伴随费用发生。一般有基础变更处理洽商、主体部位变更的结构洽商，有改变原设计工艺的洽商。工程洽商一般是由乙方提出的，必须经设计、甲方、乙方三方签字确认，有监理单位的项目，同时需要监理单位签字确认。参考格式示例如表 2-2-1 所示：

表 2-2-1　　　　　　　　　设计变更、洽商记录

年　月　日　　　　第　号

工程名称：		
记录内容：		
建设单位：	施工单位：	设计单位：

（2）经济洽商：是正确解决甲方、乙方经济补偿的协议文件。

2.2.3　技术核定单

说这个概念先要说一下技术核定制度。凡在图纸会审时遗留或遗漏的问题以及新出现的问题，属于设计产生的，由设计单位以变更设计通知单的形式通知有关单位（甲方、乙方、监理单位）；属甲方原因产生的，由甲方通知设计单位出具工程变更通知单，并通知有关单位。在施工过程中，因施工条件、材料规格、品种和质量不能满足设计要求以及合理化建议等原因，需要进行施工图修改时，由乙方提出技术核定单。技术核定单由项目内业技术人员负责填写，并经项目技术负责人审核，重大问题须报乙方总工审核，核定单应正确、填写

清楚、绘图清晰，变更内容要写明变更部位、图别、图号、轴线位置、原设计和变更后的内容和要求等。技术核定单由项目内业技术人员负责送设计单位、甲方办理签证，经认可后方生效。经过签证认可后的技术核定单交项目资料员登记发放施工班组、预算员、质检员（技术、经营预算、质检等部门），参考格式如表 2-2-2 所示。

表 2-2-2　　　　　　　　　技术核定单

工程名称：_____　地址：_____　第　页　共　页

建设单位		编号	
分部工程名称		图号	

核定内容	
核对意见	

复核单位：		技术负责人：	

建设（监理）单位	现场负责人： （公章） 年　月　日	施工单位	专职质检员： 项目经理： （公章） 年　月　日	设计单位	代表： （公章） 年　月　日

2.2.4　索赔

广义的索赔是指在经济合同的实施过程中，合同一方因对方不履行或未能正确履行或不能完全履行合同规定的义务而受到损失，向对方提出赔偿损失的要求。目前国内项目索赔未真正意义上推开，一般理解的索赔仅是指乙方在合同实施过程中，根据合同及法律规定，对应由甲方承担责任的干扰事件所造成的损失，向甲方提出请求给予经济补偿和工期延长的要求。索赔程序如图 2-2-2 所示。

参考表式如表 2-2-3 所示。

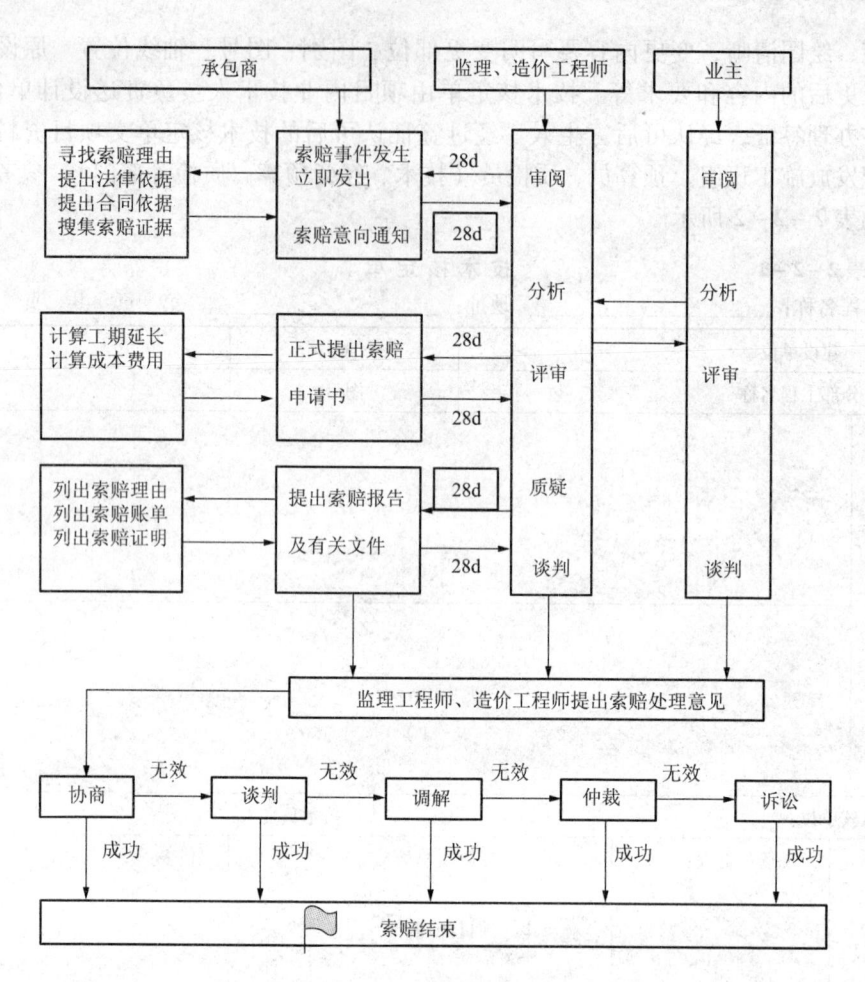

图 2-2-2 索赔程序图

表 2-2-3　　　　　　　　　费用索赔申请（核准）表

工程名称：　　　　　　　　标段：　　　　　　　　编号：

致：＿＿＿＿＿＿＿（发包人全称）
　　根据施工合同条款第＿＿＿＿条的规定，由于＿＿＿＿＿＿＿原因，我方要求索赔金额（大写）＿＿＿＿＿＿＿＿，（小写）＿＿＿＿＿＿＿，请予以核批准。
　1. 费用索赔的详细理由和与依据：
　2. 索赔金额的计算：
　3. 证明材料

承包人（章）
承包人代表＿＿＿＿
日　　期＿＿＿＿

续表

复核意见： 　　根据施工合同条款_____条的约定，你方提出的费用索赔申请经复核： □不同意此项索赔，具体意见见附件。 □同意此项索赔，索赔金额的计算，由造价工程师复核。 　　　　　　　　　　　　监理工程师_____ 　　　　　　　　　　　　日　　　　期_____	复核意见： 　　根据施工合同条款_____条的约定，你方提出的费用索赔申请经复核，索赔金额为（大写）_____元，（小写）_____元。 　　　　　　　　　　　造价工程师_____ 　　　　　　　　　　　日　　　　期_____
审核意见： □不同意此项索赔。 □同意此项索赔，与本期进度款同期支付。 　　　　　　　　　　　　　　　　　　　　发包人（章） 　　　　　　　　　　　　　　　　　　　　发包人代表_____ 　　　　　　　　　　　　　　　　　　　　日　　　　期_____	

注：2008版《清单计价规范》格式。

2.3　签证的艺术

2.3.1　签证形式选择的艺术

在施工过程中乙方最好把有关的经济签证通过艺术的、合理的、变通的手段变成由设计单位签发的设计修改变更通知单，实在不行也要成为甲方签发的工程联系单，最后才是现场经济签证。这个优先次序作为乙方的造价人员一定要非常清楚，他涉及您提供的经济签证的可信程度，换句话说，他涉及您的经济签证能否兑现为人民币，你说重要不重要？

设计单位、甲方出具的手续在工程审价时可信度要高于乙方发起出具的手续。现场经济签证多为乙方发起申请，因现在利用签证多结工程款的说法已深入人心，故站在中介审价人员的立场上，多对现场经济签证采用一种不信任的眼光看待，中介单位很多人的印象中认为现场经济签证多有猫腻。如图2-3-1所示。

```
设计变更（设计单位发出）      高
工程联系单（此处指甲方发出）   可信度
现场经济签证（乙方发起）      低
```

图 2-3-1 签证可信度示意图

2.3.2 乙方填写工程签证的技巧

如何填写签证单更有效呢？根据工作实践的经验，还是有许多技巧可以总结的。

（1）涉及费用签证的填写要有利于计价，方便结算。不同计价模式下填列的内容要注意：如果有签证结算协议，填列内容要与协议约定计价口径一致；如无签证结算协议，按原合同计价条款或参考原协议计价方式计价。再有，签证的方式要尽量围绕计价依据（如定额）的计算规则办理。

（2）各种合同类型签证内容。可调价格合同：至少要签到量；固定单价合同：至少要签到量、单价；固定总价合同至少要签到量、价、费；成本加酬金合同至少要签到工、料（材料规格要注明）、机（机械台班配合人工问题）、费。如能附图的附图尽量附图。另外签证中还要注明列入税前造价或税后造价。

同时要注意以下填写内容优先次序：
1）能够直接签总价的最好不要签单价。
2）能够直接签单价的最好不要签工程量。
3）能够直接签结果（包括直接签工程量）的最好不要签事实。
4）能够签文字形式的最好不只附图（草图、示意图）。

这个优先次序的核心意思是指：站在乙方角度，最好要签明确的，能明确具体的内容，能明确确定出价格最好，这样竣工结算时，甲方审减的空间就大大封闭了，乙方签证的成果能得到合理的固定，否则，乙方签证内容能否算到预期结果应有很大的不确定性。

【实例 2-3-1】 某工程网架安装单独发包，脚手架是由建筑主体施工单位提供的，而配合脚手架费用发生前，在招标、投标、合同等任何资料中均未予以落实，于是建筑施工单位分两次共报价格为 22.3 万元，现场业主代表分两次签证共 19 万元，报价和签证价格均无具体费用组成内容和依据，而按该省网架脚手架定额结合市场价格和投标费用计算应在 10 万元以内。

分析： 签证直接签金额就大大减少甲方事后审价审减的空间。但乙方仍应注意证据的保存，因为当甲方工作人员变动时，只有金额没有其他佐证很容易被继任者视为存在猫腻。

【实例 2-3-2】 某办公楼工程由乙方施工，该工程施工现场土质不好，需换填片石，换填完成后，乙方及时向甲方提交了签证单，乙方填写的签证内容为"现场土质不良，一致同意换填片石，挖土方××方，填片石××方"，现场业主代表签证"情况属实，片石××方"，但结算时工程审价人员却把挖土的子目扣减，填片石项目只给材料钱，说签证写得很清楚"片石××方"，所以本页签证只需补片石材料钱即可。

分析：乙方所报签证写的越详细越好，要把自己做的每一滴都写上。从签证内容的优先级别，能签金额最好，只签量，竣工结算时再套定额有些麻烦，造价事务所审价时容易不确认，不如直接按市场价协商好直接签证上金额稳妥。

【实例 2-3-3】 某工程，按常规大面积场地回填土采用的施工方案应该是机械碾压较为妥当，但现场无具体验收和记录资料，回填土取土点距离也不明确，结算造价按人工回填方案计价，且计算了机械挖土但又没有计算运土。现场出现暗浜部分有大量的砂石回填工程量，但只有总量的签证，而没有暗浜具体位置、尺寸、回填工程量是否包括基坑位置、对原投标报价中基坑开挖工程量的影响等均没有明确、齐全的验收资料。

分析：土方工程验收资料的不齐全、不完整，工程结算时土方工程调整依据就不充分，双方就容易发生纠纷。

【实例 2-3-4】 某工程对原招标为暂估价格的项目签证组价范围不明确。如：签证涂料每 m^2 成本价格时规定施工费率为"5.43%"，但对于签证单价的组成没有明细资料，且"施工费率"含义也不确切，但投标造价计算中没有"施工费率"，只有综合费率、配合费率等。

分析：签证费用应考虑有关计价依据，现场签证内容、价格组成不明确，竣工结算计算是否真实就难以确定，这样容易造成结算计价纠纷。

(3) 其他需要填列的内容。主要有：何时、何地、何因；工作内容；组织设计（人工、机械）；工程量（有数量和计算式，必要时附图）；有无甲供材料。签证的描述要求客观、准确，隐蔽签证要以图纸为依据，标明被隐蔽部位、项目和工艺、质量完成情况，如果被隐蔽部位的工程量在图纸上不确定，还要求标明几何尺寸，并附上简图。施工图以外的现场签证，必须写明时间、地点、事由、几何尺寸或原始数据，不能笼统地签注工程量和工程造价。签证发生后应根据合同规定及时处理，审核应严格执行国家定额及有关规定，经办人员不得随意变通。同时甲方要加强预见性，尽量减少签证发生。

签证单要分日期或编号分别列入结算。非一事一签的签证或图纸会审纪要，一张资料中涉及多个事项，在编制此单结算时，还要注明"第×条"，以便清楚。

乙方低价中标后必须注意勤签证；当发生诸如合同变更、合同中没有具体约定、合同约定前后矛盾、对方违约等情况时，需要及时办理费用签证、工期签证或者费用+工期签证；办理签证时需要根据合同约定进行（比如有时间限制等约定），且签证单必须符合工程签证的四个构成要件。

（4）如何对待甲方拒签。乙方所填的签证内容应使不在现场的人员通过看签证单也能知道具体事件发生的内容，最好使其如有一种身临其境的感觉，不会给别人造成模糊概念。在编制签证单之前，首先要熟悉合同的有关约定，针对重点问题展开签证理由。同时，应当站在对方的角度来考虑陈述理由和罗列签证内容，这样既容易获得签证，又使签证人又感觉不用承担风险，只有这样，对方才会容易接受并签证，否则，对方会不愿意接受而拒绝签证。如果遇到对方有意不讲道理地拒签，实践中可以采用收发文的形式送达甲方（叫一般工作人员去办理）。不需要逼迫他（甲方）在签证单上签字，只需要在收发文本上签字，这样就可以证明他（甲方）已收到我方的发文，如果他（甲方）不在签证单上签字，但超过法定时间，签证自动生效。

2.3.3 甲方签批工程签证的技巧

目前，在甲方签字环节令人担忧，姑且不论签字人员在文件资料上签字的对错，仅就签字的形式就五花八门：有的签字字迹潦草，辨认不清；有的签字评语文不对题，前后矛盾；有的与乙方报表混签，认不出谁是乙方人员签名，谁是甲方或中介人员签名；有的签字无时间记录或时间记录落笔与报表前后不一致；还有的用圆珠笔、铅笔、彩色笔等不能用于存档的墨迹代替可以用于存档的钢笔墨迹，甚至还有在草稿纸上签字作为原件的情况，除此之外，乱签字、代签字等现象也经常见到。

（1）甲方、中介方（包括监理、造价）签批签证时常常使用以下几种方法：

1）只签名。这种情况只能称阅过，相关人未发表同意与否的意见，在结算时这份签证的可信度就大打折扣了。

2）签名+"同意"。

【实例2-3-5】某工程，甲方委托监理公司进行计量控制，施工中发生了土方外运项目，乙方及时向甲方申报签证，在签证的内容栏乙方填写：土方工程量为"4290m^3"，签证单价为"20元/m^3"。甲方代表阅后在审批栏签名及签批"同意"二字。

分析："同意"二字看似简洁实则意思含糊：是同意乙方所报工程量属实呢，还是同意乙方所报送单价呢，亦或二者都同意呢？从乙方的角度出发，便认为是工程量及单价的报送数均被认可并可作为结算依据。但严格说，这张签证是不可以作为结算依据的。原因如下：① 甲方代表在本张签证上所签的任何文字都是毫无意义的，即甲方在委托监理工程师监管工程后是无权签署施工现场有效签证的（即无权直接下达指令）。而乙方往往认为甲方（即出钱者）都签名认可了，怎么还不算数呢？这种想当然的错误理解是乙方尤应引为注意的。② 一般，作为现场项目监理代表,他只有权签署关于确认工程量数量大小的签证,关于单价的确认,他应交给造价工程师进行审核(具体审核分工与权限按合同规定),核算后的单价送报项目总监理工程师再行核签后方能生效,才能作为凭证进入结算。因此,如果在合同中甲方授权监理管理工程的话,则仅有甲方签名的签证是无效的,如果还有监理签字,则该签证的处理结果可能是:工程量得到认可,单价经过审核后未必得到认可,造价审核人员也可能签按 10 元/m³ (假设)进入结算。

3)签名+"情况属实"。如果甲方签署意见为"情况属实",则充其量只能作为费用与工期索赔的证据,而并非签证。能否增加费用或者顺延竣工日期尚要结合合同约定以及其他证据材料综合认定。如是"以上情况属实",甲方及咨询公司根据合同的结算方式,审查结算内容的合法性,如有重复计价现象,甲方及中介咨询完全可以拒绝结算重复计价部分,因为"以上情况属实"只能说明事实的存在,并没有完全确认所列项目可以结算。

【实例 2-3-6】某监理工程师,在工程所有的经济签证单上签字栏写的都是"情况属实",按一般人理解应该就是同意了。笔者曾就经济签证问题咨询过他,所签"情况属实"应如何理解?他回答是自己仅仅是见证乙方做的事情属实,工程量和价钱由甲方自己核定,原因是怕管多了甲方会认为监理方为乙方说话。

以上签证方式,既无意图又无详细记载资料,含糊不清,是对是错无法分辨,签证方式很不规范,使人很难相信签证所表述的内容。

4)签名+"以上情况属实,同意结算"。如是"以上情况属实,同意结算",那就另当别论了,甲方既确认了事实的存在并同意支付事实的费用。如确属签证人员失误引起的重复计价,中介单位应将问题提交由甲乙双方协商解决,双方协商不成,中介方一般只能认为甲方愿意额外支付此项重复费用因某种理由补贴给乙方。

5)签名+复核后的描述性签证意见。签名要由合同规定有权之人签署,签证内容要有描述性,是认可乙方报送的量还是认可价,如经复核认为乙方填列的内容不实,签批上实际情况,及如何列入结算(如列入直接费,列入税前造价,该价即为税后造价等)。

因此,在签证单上签字的人员(监理师、甲方商务代表)首先要分清文件类型,明确自身职责权限,知道什么文件该签,什么文件不该签;什么时候可签,什么时候不可签。应当签的,义不容辞,并在规定的时间内完成,不能在手中形成一道无谓的关卡。不能签的,理当拒绝,但必须有充分的理由。要依据合同、设计文件、标准、规范等行使权力。

监理师、甲方现场商务代表一般是在工程项目的现场办公,主要对工程进度、质量、投资三个方面重点把关,而这三个方面都源自于合同的要求。因此,首先应对合同中的条款进行认真分析、理解,然后按合同确定的目标对进度、质量、投资三个方面设立控制要点,明确签字把关的基本原则。在实际运用中,对各种类型的文件分清主、次、轻、重、缓、急。在签署的批语或意见栏中,把握签字的度,坚持原则性和灵活性相结合的策略,能用文字说明的尽量用文字说明,做到内容简练,针对性强,表述恰当。同时,字迹清楚,格式正确,时间吻合。

签字就意味着责任,有时是要承担法律责任的,甲方代表、中介人员因此要慎重对待,同时注意自我保护,注意以下几点事项:

① 认真对待每一份文件,特别是重要文件,不要在文件上随便签字;对事后报上来的文字资料应慎重对待;不要轻率地代表他人签字,也不要轻易地委托他人为你代签;

② 有疑难问题陷入困境又不便直言陈述的,应在签字意见栏中用文字简述,留有余地,以防止今后说不清楚;

③ 签字的文件属较大事件的,应备存或记录在案;

④ 对无印章、无签字、无日期或日期不符、文字说明较为含糊、明显超报工程量或工程款项、夸大业绩的文件,均要问明原委,提出改正意见,经审核符合要求后再签字。

(2) 甲方如何防范乱签证。实践中甲方人员乱签证的形式主要有恶意签证与过失签证。

恶意签证是指由于甲方签证人员与乙方签证人员之间相互串通而签订的签证。实践中由于甲方很难提供证据证明恶意行为的存在,故法院一般是认可恶意签证的效力的。还有个别中介监理工程师、造价工程师却没有珍惜甲方的委托去认真履行自己的职责,签字关口上主观意愿太强且带有明显偏向,在工作中采用双重标准:对甲方时,过分讲求人际关系的和谐,对甲方代表百依百顺,叫签字就签字,从来不问原委,有时明知不对也不坚持己见,而以妥协为安;对乙方,则视其与甲方关系的程度和背景以及自身的需要而定,把签字当作了权衡利弊、用于交易的法码,讲私人感情,放弃工作原则。有时为了应付检查,在不符合程序和手续的文件上签字,甚至在伪造、编制的文件等书面材料上签字。有的则将签字权任意交给不具备资格的人签字。

过失签证是指因重大误解而形成的签证,因重大误解发生的行为必须在1年内申请撤销或者变更,否则,签证有效。事实上,工程竣工结算时,1年时间往往已到,一般无法行使撤销或者变更权。有个别中介监理工程师、造价工程师在工作中没有意识到本职工作的重要性,缺乏敬业精神,不去认真调查和了解事情的来龙去脉,从而造成过失签证。常见有的监理工作师由于现场工作较忙,收到的文件资料等,不问缘由,不看内容,提笔就签,等回到办公室细看时，却大呼上当。有的监理工程师不是及时处理手头待签字的文件资料，自己又不做好监理日记，等到工程到了一个阶段或工程收尾一并处理时，由于时间长了无法核实，与那些没有经过自己检查的内容也杂在一起，一时半刻无法分别开来，又不愿意下工夫搞清楚，只好违心地签字，遇到有些涉及工程中较大的问题发生后，才知道事态的严重性。还有的监理工程师干脆对报上来的文件资料长期留置，不闻不问，久拖不决，等到走人时，不是不予签字，就是随手涂鸦，有的竟然签得莫名其妙，文不对题。

如何防恶意与过失签证主要应采取以下措施：

1）选择诚实可靠的人员担任甲方代表（商务代表）、选择工作认真的中介机构协助管理工程。

2）设置签证前置程序，如签证首先要通过中介方造价工程师的审核，甲方代表才能签证。

3）对甲方代表的签证权利必须进行必要的限制，如签证的限额，中间结算、竣工结算的签证必须得到更高一级负责人的确认方能生效等。

4）甲方签证必须遵守一定的优先原则，这些优先原则依次是：

① 能够附图的（草图、示意图）尽量避免单纯的文字形式进行签证；签证应尽量做到有据可依，尽量把签证图纸化；

② 能够签事实的尽量避免直接签结果（包括直接签工程量）；

③ 能够签工程量的尽量避免直接签单价；

④ 能够签单价的尽量避免直接签总价。

作为乙方角度，填写签证的内容优先次序刚好与之相反（如前面所述）。

5）建立甲方代表每月汇报制度，有利于发现签证存在的问题。甲方代表除应按月向公司上报工程的进度、质量以外，还必须对工程造价的筹划情况进行汇报，如当月完成的工程量、当月发生的签证、当月发生的索赔等情况。公司在收到汇报时需要进行必要的审核，从而在第一时间发现问题，进而采取必要的补救措施。

6）通过设立合同条款来防范补签证的发生。如约定对于每月发生的签证或索赔，承包人必须在月进度款申请中列明，否则视为放弃要求增加价款和顺延工期的权利；同时约定，竣工日期以后进行的签证必须经过甲方法定代表人的同意，否则，不具有约束力。

7）对于费用签证必须经过索赔程序方能进行，避免直接进行费用签证。

2.3.4　中介方审核签证的技巧

签证虽然在法律层面上是一种补充协议，对甲乙双方均有法律约束力，从法律意义上讲，只有法院才有权撤销或否定其效力，但中介审价方可建议甲乙双方重新达成新的"协议",从而否决原先不实的签证。

作为造价咨询单位审核这些签证也有一些方法。

(1) 直接签总价或单价的签证审核。补充项目以单方造价或总价方式的签证,审价人员审核一般可以先运用工程量和材料价格签证的确认方法对工程量和材料价格予以确认,再参考国家定额标准和有关文件进行测算,签证的单方造价和总价低于测算结果(控制价),则对该结果予以确认,签证的单方造价和总价高于测算结果,如无特殊原因,则建议甲乙双方推翻原签证,达成新的签证(如按测算结果确认)。

(2) 直接签结果(包括工程量)的签证审核。可按工程量计算规则,复核所签工程量的真实性,如工程量不实,仍可建议甲乙双方达成新的"签证"。

(3) 仅签文字事实签证的审核。对既无明确的工程量,也无明确的价值量,仅仅从技术的角度陈述某一项目的实际施工情况的签证。审价人员审核这样一种签证要采取寻求一个切入点的方法进行:首先考虑这一项目是否需要作为增加项目?是不是重复计划?界定的方法:分析和证实甲方驻工地代表对于某一项内容是否知道施工过程中确实发生了,如发生了是否知道这项内容在原预算的某一个定额子目中有没有包含,分析证实后说明清楚,然后加以界定,准确计算。

(4) 签文字事实+附图(草图、示意图)签证的审核。这样较详细的签证,在审核内容真实的情况下,可按一般审核的方法进行即可。

审 查 篇

第3章 工程结算审查的基本方法

3.1 结算编制依据的审查

3.1.1 合同

应审查以下内容：工程结算审查委托合同和完整、有效的工程结算文件。施工发承包合同、专业分包合同及补充合同，有关材料、设备采购合同；招投标文件，包括招标答疑文件、投标承诺、中标报价书及其组成内容。

3.1.2 书证

应审核：工程竣工图或施工图、施工图会审记录，经批准的施工组织设计，以及设计变更、工程洽商和相关会议纪要。经批准的开、竣工报告或停、复工报告。工程结算审查的其他专项规定。影响工程造价的其他相关资料。

3.1.3 物证

工程即为物证，应到现场进行查勘。

3.1.4 权威资料

包括：国家有关法律、法规、规章制度和相关的司法解释。国务院建设行政主管部门以及各省、自治区、直辖市和有关部门发布的工程造价计价标准、计价办法、有关规定及相关解释。建设工程工程清单计价规范或工程预算定额、费用定额及价格信息、调价规定等。

3.2 审查程序

工程结算审查应按准备、审查和审定三个工作阶段进行，并实行编制人、校对人和审核人分别署名盖章确认的内容。

3.2.1 准备阶段

（1）审查工程结算手续的完备性、资料内容的完整性，对不符合要求的应退回限时补正。

(2) 审查计价依据及资料与工程结算的相关性、有效性。

(3) 熟悉招投标文件、工程发承包合同、主要材料设备采购合同及相关文件。

(4) 熟悉竣工图纸或施工图纸、施工组织设计、工程概况，以及设计变更、工程洽商和工程索赔情况等。

3.2.2 审查阶段

(1) 审查结算项目范围、内容与合同约定的项目范围、内容的一致性。

(2) 审查工程量计算的准确性、工程量计算规则与计价规范或定额保持一致性。

(3) 审查结算单价时应严格执行合同约定或现行的计价原则、方法。对于清单或定额缺项以及采用新材料、新工艺的，应根据施工过程中的合理消耗和市场价格审核结算单价。

(4) 审查变更签证凭据的真实性、合法性、有效性，核准变更工程费用。

(5) 审查索赔是否依据合同约定的索赔处理原则、程序和计算方法以及索赔费用的真实性、合法性、准确性。

(6) 审查取费标准时，应严格执行合同约定的费用定额标准及有关规定，并审查取费依据的时效性、相符性。

(7) 编制与结算相对应的结算审查对比表。

3.2.3 审定阶段

(1) 工程结算审查初稿编制完成后，应召开由结算编制人、结算审查委托人及结算审查受托人共同参加的会议，听取意见，并进行合理的调整。

(2) 由结算审查受托人单位的部门负责人对结算审查的初步成果文件进行检查、校对。

(3) 由结算审查受托人单位的主管负责人审核批准。

(4) 发承包双方代表人和审查人应分别在"结算审定签署表"上签认并加盖公章。

(5) 对结算审查结论有分歧的，应在出具结算审查报告前，至少组织两次协调会；凡不能共同签认的，审查受托人可适时结束审查工作，并做出必要说明。

(6) 在合同约定的期限内，向委托人提交经结算审查编制人、校对人、审核人和受托人单位盖章确认的正式的结算审查报告。

3.3 审查方法

3.3.1 审查文件组成

工程结算审查文件一般由工程结算审查报告、结算审定签署表、工程结算审查汇总对比表、分部分项（措施、其他）工程结算审查对比表以及结算内容审查说明等组成。

工程结算审查报告可根据该委托工程项目的实际情况，以单位工程、单项工程或建设项目为对象进行编制，并应说明以下内容：

（1）概述。
（2）审查范围。
（3）审查原则。
（4）审查依据。
（5）审查方法。
（6）审查程序。
（7）审查结果。
（8）主要问题。
（9）有关建议。

结算审定签署表由结算审查受托人填制，并由结算审查委托单位、结算编制人和结算审查受委托人签字盖章。当结算审查委托人与建设单位不一致时，按工程造价咨询合同要求或结算审查委托人的要求，确定是否增加建设单位在结算审定签署表上签字盖章。

工程结算审查汇总对比表、单项工程结算审查汇总对比表、单位工程结算审查汇总对比表应当按表格所规定的内容详细编制。

结算内容审查说明应阐述以下内容：

（1）主要工程子目调整的说明。
（2）工程数量增减变化较大的说明。
（3）子目单价、材料、设备、参数和费用有重大变化的说明。
（4）其他有关问题的说明。

3.3.2 审查内容

（1）审查结算的递交程序和资料的完备性：
1）审查结算资料的递交手续、程序的合法性，以及结算资料具有的法律效力。
2）审查结算资料的完整性、真实性和相符性。
（2）审查与结算有关的各项内容：
1）建设工程发承包合同及其补充合同的合法性和有效性。
2）施工发承包合同范围以外调整的工程价款。
3）分部分项、措施项目、其他项目工程量及单价。
4）发包人单独分包工程项目的界面划分和总包人的配合费用。
5）工程变更、索赔、奖励及违约费用。
6）取费、税金、政策性调整以及材料差价计算。

7）实际施工工期与合同工期发生差异的原因和责任，以及对工程造价的影响程度。

8）其他涉及工程造价的内容。

3.3.3 审查方法

一般不应采用抽样审查、重点审查、分析对比审查和经验审查的方法，避免审查疏漏现象发生。应审查结算文件和与结算有关的资料完整性和符合性。按施工发承包合同约定的计价标准或计价方法进行审查。对合同未作约定或约定不明的，可参照签订合同时当地建设行政主管部门发布的计价标准进行审查。对工程结算内多计、重列的项目应予以扣减，对少计、漏项的项目应予以调增。对工程结算与设计图纸或事实不符的内容，应在掌握工程事实和真实情况的基础上进行调整。工程造价咨询单位在工程结算审查时发现的工程结算与设计图纸或事实不符的内容应约请各方履行完善的确认手续。对由总承包人分包的工程结算，其内容与总承包合同主要条款不相符的，应按总承包合同约定的原则进行审查。工程结算审查文件应采用书面形式，有电子文本要求的应采用与书面形式内容一致的电子版本。结算审查的编制人、校对人和审核人不得由同一人担任。结算审查受托人与被审查项目的发承包双方有利害关系，可能影响公正的，应予以回避。

工程结算的审查应依据施工发承包合同约定的结算方法进行，根据施工发承包合同类型，采用不同的审查方法。

（1）采用总价合同的，应在合同价的基础上对设计变更、工程洽商以及工程索赔等合同约定可以调整的内容进行审查。

（2）采用单价合同的，应审查施工图以内的各个分部分项工程量，依据合同约定的方式审查分部分项工程价格，并对设计变更、工程洽商、工程索赔等调整内容进行审查。

（3）采用成本加酬金合同的，应依据合同约定的方法审查各个分部分项工程以及设计变更、工程洽商等内容的工程成本，并审查酬金及有关税费的取定。

除非已有约定，对已被列入审查范围的内容，结算应采用全面审查的方法。

对法院、仲裁或承发包双方合意共同委托的未确定计价方法的工程结算和审查或鉴定，结算审查受托人可根据事实和国家法律、法规和建设行政主管部门的有关规定，独立选择鉴定或审查适用的计价办法。

3.4 成果文件形式

3.4.1 成果文件形式

（1）工程结算审查成果文件的组成。

1) 审查报告封面，包括工程名称、审查单位名称、审查单位工程造价咨询单位执业章、日期等。

2) 签署页，包括工程名称、审查编制人、审定人姓名和执业（从业）印章、单位负责人印章（或签字）等。

3) 结算审查报告书。

4) 结算审查相关表式。

5) 有关的附件。

（2）工程结算审查相关表式：

1) 结算审定签署表。

2) 工程结算审查汇总对比表。

3) 单项工程结算审查汇总对比表。

4) 单位工程结算审查汇总对比表。

5) 分部分项（措施、其他）工程结算审查对比表。

6) 其他相关表格。

结算审查受托人应向结算委托人及时递交完整的工程结算审查成果文件。

3.4.2 相关表式

（工程名称）

工程结算审查书

档 案 号

（编制单位名称）
（工程造价咨询单位执业章）
年　月　日

图 3-4-1　工程结算审查书封面格式

第3章 工程结算审查的基本方法

（工程名称）

工程结算审查书

档　案　号

编制人：_____　［执业（从业）印章］_____
审核人：_____　［执业（从业）印章］_____
审定人：_____　［执业（从业）印章］_____
单位负责人：_____

图3-4-2　工程结算审查书签署页样式

工程结算审查报告

一、概述
二、审查范围
三、审查原则
四、审查依据
五、审查方法
六、审查程序
七、审查结果
八、主要问题
九、有关建议

图3-4-3　编制说明

表3-4-1　　　　　　　　　　结 算 审 定 签 署 表

工程名称			工程地址	
发包人单位			承包人单位	
委托合同书编号			审定日期	
报审结算造价			调整金额（+、-）	
审定结算造价	大写			小写
委托单位 （盖章）	建设单位 （盖章）		承包单位 （盖章）	审查单位 （盖章）
代表人（签章、字）	代表人（签章、字）		代表人（签章、字）	代表人（签章、字）

表3-4-2　　　　　　　　　工程结算审查汇总对比表

项目名称：　　　　　　　　　　　　　　　　　　　　　　　　　　金额单位：元

序　　号	单项工程名称	报审结算金额	审定结算金额	调整金额	备　　注
合　　计					

编制人：　　　　　　　　　　审核人：　　　　　　　　　　审定人：

表3-4-3　　　　　　　　　单项工程结算审查汇总对比表

项目名称：　　　　　　　　　　　　　　　　　　　　　　　　　　金额单位：元

序　　号	单位工程名称	原结算金额	审查后金额	调整金额	备　　注
合　　计					

编制人：　　　　　　　　　　审核人：　　　　　　　　　　审定人：

表3-4-4　　　　　　　单位工程结算审查汇总对比表

项目名称：　　　　　　　　　　　　　　　　　　　　　　金额单位：元

序　号	专业工程名称	原结算金额	审查后金额	调整金额	备　注
1	分部分项工程费合计				
2	措施项目费合计				
3	其他项目费合计				
4	规费				
5	税金				
	合　计				

编制人：　　　　　　　　　　审核人：　　　　　　　　　　审定人：

表3-4-5　　　分部分项（措施、其他）工程结算表审查对比表

序号	项目名称	结算报审金额					结算审定金额					调整金额	备注
		项目编码或定额号	单位	数量	单价	合价	项目编码或定额号	单位	数量	单价	合价		

编制人：　　　　　　　　　　审定人：　　　　　　　　　　审定人：

3.4.3　成果文件实例

【实例3-4-1】某别墅工程工程结算审查书

（××花园别墅）

工程结算审查书

2009-026

（××咨询公司）
（工程造价咨询单位执业章）
20××年×月×日

图3-4-4　工程结算审查书封面

（××花园别墅）

工程结算审查书

2009-026

编制人：　刘××　　［执业（从业）印章］　××
审核人：　苗××　　［执业（从业）印章］　××
审定人：　徐××　　［执业（从业）印章］　××
单位负责人：　　　　　赵××

图3-4-5　工程结算审查书签署页

工程结算审查报告

十、概述:略

十一、审查范围:略

十二、审查原则:略

十三、审查依据:略

十四、审查方法:略

十五、审查程序:略

十六、审查结果:略

十七、主要问题:略

十八、有关建议:略

图 3-4-6　编制说明

表 3-4-6　　　　　结　算　审　定　签　署　表

工程名称	××花园别墅	工程地址	××
发包人单位	××	承包人单位	××
委托合同书编号	2009-026	审定日期	20××年×月×日
报审结算造价	15 052 320.28	调整金额(+、-)	-97 523.34
审定结算造价	大写	壹仟肆佰玖拾伍万肆仟柒佰玖拾陆元玖角肆分	小写　14 954 796.94
委托单位 (盖章) ×× 代表人(签章、字) ××	建设单位 (盖章) ×× 代表人(签章、字) ××	承包单位 (盖章) ×× 代表人(签章、字) ××	审查单位 (盖章) ×× 代表人(签章、字) ××

表 3-4-7　　　　　单位工程结算审查汇总对比表

项目名称:××花园别墅 A 标段　　　　　　　　　　　　　　　金额单位:元

序　号	专业工程名称	原结算金额	审查后金额	调整金额	备　注
1	分部分项工程费合计	11 306 135	11 306 135	0	
2	措施项目费合计	1 368 584	1 368 584	0	
3	其他项目费合计			0	
3.1	专业工程结算价				
3.2	计日工(按实结算)	9600	9600	0	
3.3	总承包服务费	157 249	157 249	0	
3.4	索赔与现场签证	1 020 850.77	931 036.75	-89 814	
4	规费	693 120.94	688 630.24		
5	税金	496 780.57	493 561.95		
	合计	15 052 320.28	14 954 796.94	-97 523.34	

编制人:×× 　　　　　　审核人:×× 　　　　　　审定人:××

表3-4-8　分部分项（索赔、签证、变更）工程结算表审查对比表

工程名称：××花园别墅 A 标段　　　　　　　　　　　　　　　　　　　　　　　　　　　单位：元

序号	项目名称	项目编码或定额号	结算报审金额					结算审定金额					调整金额	备注
			单位	数量	单价	合价		项目编码或定额号	单位	数量	单价	合价		
一	土建装饰工程													
签证编号：1	承台以上回填石屑	略，以下均同此						略，以下均同此						
1	土（石）方回填		m³	50.3	22.94	1153.88			m³	50.3	19.93	1002.48	−151.40	
	小计					1153.88						1002.48	−151.40	
签证编号：2	样板房外墙脚手架												0.00	
1	单排脚手架		m²	1707.55	2.17	3705.38			m²	1707.55	2.17	3705.38	0.00	投标单价换
2	综合脚手架		m²	161.19	10.89	1755.36			m²	161.19	10.89	1755.36	0.00	投标单价换
	小计					5460.74						5460.74	0.00	
签证编号：3	修补别墅采光棚与围护墙缝隙												0.00	

续表

序号	项目名称	项目编码或定额号	结算报审金额 单位	数量	单价	合价	结算审定金额 单位	数量	单价	合价	调整金额	备注
1	墙柱面抹灰面铲除		m²	35.9	1.56	56	m²	35.9	1.42	50.98	-5.02	
2	变形缝		m	179.52	4.52	811.43	m	179.52	4.22	757.57	-53.86	投标单价
3	砖砌体		m³	4.04	196.74	794.83	m³	4.04	196.74	794.83	0.00	
4	密封胶（涂膜防水）		m	179.52	5.93	1064.55	m	179.52	4.23	759.37	-305.18	投标单价
5	墙面一般抹灰		m²	53.86	11.58	623.7	m²	53.86	11.58	623.70	0.00	
6	喷刷涂料		m²	53.86	27.5	1481.15	m²	53.86	27.5	1481.15	0.00	
	小计					4831.67				4467.60	-364.07	
签证编号：4	拆除后花园钢筋混凝土										0.00	
1	拆除混凝土结构		m³	0.52	267.48	139.09	m³	0.42	257.43	108.12	-30.97	甲定单价
	小计					139.09				108.12	-30.97	

续表

序号	项目名称	项目编码或定额编号	结算报审金额					结算审定金额					备注
			单位	数量	单价	合价	项目编码或定额编号	单位	数量	单价	合价	调整金额	
签证编号:5	第二次补强加固别墅首层入户平台板											0.00	
1	室外飘板陶粒混凝土拆除		m³	37.8	50.46	1907.39		m³	31.85	50.43	1606.20	-301.19	
2	有梁板混凝土		m³	10.84	271.58	2943.93		m³	11.84	261.57	3096.99	153.06	
3	钢筋植筋		根	405	95.15	38 535.75		根	321	88.17	28 302.57	-10 233.18	
4	现浇混凝土钢筋		t	0.944	3577	3376.69		t	0.944	3477.6	3282.85	-93.84	
5	模板的制安		m²	9.81	17.15	168.24		m²	9.81	17.15	168.24	0.00	
	小计					46 931.99					36 456.85	-10 475.14	
签证编号:6	人工凿除窗台水泥砂浆											0.00	投标单价换
1	凿除水泥砂浆结合层		m²	149.565	2.43	363.44		m²	139.565	2.33	325.19	-38.25	
	小计					363.44					325.19	-38.25	

续表

序号	项目名称	结算报审金额					结算审定金额					调整金额	备注
		项目编码或定额号	单位	数量	单价	合价	项目编码或定额号	单位	数量	单价	合价		
签证编号:7	入户防盗门改尺寸后修补缝隙											0.00	
1	混凝土(平板)		m³	1.56	416.05	649.04		m³	1.56	406.15	633.59	-15.45	
2	模板		m²	17.16	51.78	888.54		m²	17.16	51.78	888.54	0.00	
3	现浇混凝土钢筋		t	0.064	3378.49	216.22		t	0.064	3378.49	216.22	0.00	
4	零星项目一般抹灰		m²	31.2	27.4	854.88		m²	0	0	0.00	-854.88	投标单价
	小计					2608.69					1738.36	-870.33	
签证编号:8	修补别墅采光棚与分户墙缝隙											0.00	
1	墙面一般抹灰		m²	22.1	11.58	255.92		m²	22.1	11.58	255.92	0.00	
2	变形缝		m	73.6	11.03	811.81		m	58.6	11.03	646.36	-165.45	投标单价

续表

| 序号 | 项目名称 | 项目编码或定额编号 | 结算报审金额 |||| 项目编码或定额编号 | 结算审定金额 |||| 调整金额 | 备注 |
			单位	数量	单价	合价		单位	数量	单价	合价		
3	喷刷涂料		m²	11.04	27.5	303.6		m²	11.04	27.5	303.60	0.00	甲定单价
4	内墙涂料		m²	11.04	11.45	126.41		m²	11.04	11.45	126.41	0.00	审定单价
5	脚手架		m²	81.9	10.89	891.89		m²	81.9	10.89	891.89	0.00	投标单价换
	小计					2389.63					2224.18	−165.46	

签证编号：9　厨房改吊门后修复吊顶顶棚及墙面砖

序号	项目名称	项目编码或定额编号	单位	数量	单价	合价		单位	数量	单价	合价	调整金额	备注
1	顶棚铲(拆)除		m²	155.82	2.5	389.55		m²	155.82	2.5	389.55	0.00	
2	墙面铲(拆)除		m²	172.48	2.88	496.74		m²	172.48	2.88	496.74	0.00	投标单价
3	墙面一般抹灰		m²	172.48	11.58	1997.32		m²	172.48	11.58	1997.32	0.00	
4	轻钢龙骨条形扣板顶棚吊顶（拆除重新安装增补量）		m²	46.76	76.54	3579.01		m²	46.76	76.54	3579.01	0.00	审定单价

续表

序号	项目名称	项目编码或定额号	结算报审金额 单位	数量	单价	合价	项目编码或定额号	结算审定金额 单位	数量	单价	合价	调整金额	备注
5	墙面重新镶贴瓷片（330mm×330mm）甲供主材		m²	187.7	37.46	7031.24		m²	187.7	37.46	7031.24	0.00	审定单价
6	建筑垃圾清理		套	28	20	560		套	28	20	560.00	0.00	签证单价
	小计					14 053.86					14 053.86	0.00	
签证编号：10	改楼地面砖												
1	楼地面铲（拆）除		m²	27.68	5.21	144.21		m²	21.69	5.21	113.00	−31.21	审定单价
2	块料楼地面铺贴（楼梯）		m²	27.68	62.49	1729.72		m²	27.68	62.49	1729.72	0.00	
3	场地清理		工日	8	50	400		工日	8	45	360.00	−40.00	市场价
	小计					2273.94					2202.73	−71.21	
签证编号：11	别墅改内庭院沉沙池												
1	凿除水泥砂浆结合层		m³	4.875	2.43	11.85		m³	4.875	2.43	11.85	0.00	

续表

序号	项目名称	项目编码或定额号	结算报审金额 单位	数量	单价	合价	项目编码或定额号	结算审定金额 单位	数量	单价	合价	调整金额	备注
2	水泥砂浆楼地面		m²	112.12	11.17	1252.38		m²	112.12	11.17	1252.38	0.00	
3	场地清理		工日	2	50	100		工日	2	45	90.00	-10.00	市场价
小计						1364.23					1354.23	-10.00	
签证编号：12 修补采光井护栏墙面洞孔													
1	墙面修补		m³	0.28	235.46	65.93		m³	0.28	215.46	60.33	-5.60	市场价
2	场地清理及垃圾外运		工日	8.4	50	420		工日	8.4	50	420.00	0.00	
小计						485.93					480.33	-5.60	
签证编号：13 清运门前地坪													
1	地面平整		工日	3	50	150		工日	3	50	150.00	0.00	
小计						150					150.00	0.00	
签证编号：14 栏杆安装后修补外墙涂料													
			m²	169.8	27.5	4669.5		m²	155	27.5	4262.50	-407.00	审定单价
小计						4669.5					4262.50	-407.00	
土建装饰工程直接费合计						86 726.53					74 287.16	-12 439.37	

续表

序号	项目名称	项目编码或定额号	单位	结算报审金额 数量	结算报审金额 单价	结算报审金额 合价	项目编码或定额号	单位	结算审定金额 数量	结算审定金额 单价	结算审定金额 合价	调整金额	备注
二	给排水、电气安装工程												
签证编号：15	样板房临时水电安装												
1	电缆沟土方挖填		m³	3.56	31.71	112.89		m³	3.56	31.71	112.89	0.00	
2	电气配管		m	17.8	16.06	285.87		m	17.8	16.06	285.87	0.00	
3	立电杆		根	5	64.17	320.85		根	5	64.17	320.85	0.00	
4	导线架设		m	347.1	2.27	787.92		m	357.1	2.27	810.62	22.70	
5	电气配线		m	57.6	8.78	505.73		m	57.6	8.78	505.73	0.00	
6	配电箱安装		台	1	464.22	464.22		台	1	464.22	464.22	0.00	
7	控制开关安装		个	1	66.81	66.81		个	1	66.81	66.81	0.00	
8	空气漏电开关安装		个	2	171.44	342.88		个	2	171.44	342.88	0.00	
9	电度表安装		套	1	142.9	142.9		套	1	142.9	142.90	0.00	
10	PP-R给水管DN25		m	72	21.84	1572.48		m	72	21.84	1572.48	0.00	投标单价

续表

序号	项目名称	项目编码或定额号	单位	结算报审金额 数量	单价	合价	项目编码或定额号	单位	结算审定金额 数量	单价	合价	调整金额	备注
11	水表 DN25		组	1	163.37	163.37		组	1	163.37	163.37	0.00	投标单价
12	水龙头		个	4	16.76	67.04		个	4	16.76	67.04	0.00	投标单价
	小计					4832.95					4855.65	22.70	
签证编号：16	更换地下排水、排污管道											0.00	
1	挖土方		m³	1058.06	35.54	37 603.45		m³	924	15.27	14 109.48	−23 493.97	
2	余土弃置		m³	1091.32	7.5	8184.9		m³	1091.32	6.5	7093.58	−1091.32	
3	凿混凝土		m³	33.26	177.67	5909.3		m³	33.26	177.67	5909.30	0.00	
4	石方弃置		m³	33.26	10.53	350.23		m³	33.26	10.53	350.23	0.00	
5	管道拆除		m	3160.2	4.93	15 579.79		m	3160.2	4.93	15 579.79	0.00	
6	塑料雨水排水管（UPVC）DN50		m	66	20.86	1376.76		m	66	20.86	1376.76	0.00	
7	塑料雨水排水管（UPVC）DN75		m	1045.1	27.87	29 126.94		m	1045.1	27.87	29 126.94	0.00	

续表

序号	项目名称	项目编码或定额号	结算报审金额					结算审定金额					调整金额	备注
			单位	数量	单价	合价	项目编码或定额号	单位	数量	单价	合价		
8	塑料雨水排水管（UPVC）DN100		m	2049.1	43.45	89 033.4		m	2049.1	43.45	89 033.40	0.00	
9	管箍安装 DN50		套	60	6.72	403.2		套	60	6.72	403.20	0.00	
10	管箍安装 DN75		套	1033	13.71	14 162.43		套	1033	13.71	14 162.43	0.00	
11	管箍安装 DN100		套	2013	21.32	42 917.16		套	2013	21.32	42 917.16	0.00	
12	潜水泵		台班	65	63.3	4114.5		台班	65	63.3	4114.50	0.00	指导价
13	模板		m²	302.4	41.69	12 607.06		m²	302.4	41.69	12 607.06	0.00	投标单价
14	楼板混凝土		m³	33.26	296.6	9864.92		m³	33.26	296.6	9864.92	0.00	投标单价
15	现浇混凝土钢筋		t	1.08	3378.49	3648.77		t	1.08	3378.49	3648.77	0.00	投标单价
	小计					274 882.79					250 297.50	-24 585.29	
签证编号：17	更改室外排水管及污水、雨水井											0.00	

续表

序号	项目名称	结算报审金额					结算审定金额					调整金额	备注
		项目编码或定额号	单位	数量	单价	合价	项目编码或定额号	单位	数量	单价	合价		
1	塑料排水管拆除		m	101	11.34	1145.34		m	101	11.34	1145.34	0.00	
2	HDPE塑料排水管		m	101	59.29	5988.29		m	101	59.29	5988.29	0.00	扣除投标单价中的主材费
3	砌筑检查井（污水检查井）		座	11	1056	11 616		座	11	1056	11 616.00	0.00	投标单价
4	砌筑检查井（雨水井）		座	11	1021	11 231		座	11	1021	11 231.00	0.00	投标单价
	小计					29 980.63					29 980.63	0.00	
签证编号：18 更改室外水表														
1	土方挖填		m³	7.8	31.71	247.34		m³	7.8	31.71	247.34	0.00	
2	PP-R给水管DN25		m	45.5	21.84	993.72		m	45.5	21.84	993.72	0.00	投标单价
	小计					1241.06					1241.06	0.00	
签证编号：19 更改室外电缆														

续表

序号	项目名称	结算报审金额					结算审定金额					调整金额	备注
		项目编码或定额号	单位	数量	单价	合价	项目编码或定额号	单位	数量	单价	合价		
1	电缆沟土方挖填		m	41.56	31.71	1317.87		m	41.56	31.71	1317.87	0.00	
2	电缆拆除		m	327.6	0.29	95		m	327.6	0.29	95.00	0.00	
3	电气配管		m	316.8	16.06	5087.81		m	316.8	16.06	5087.81	0.00	
4	电力电缆（含主材 3C$1-12$）		m	180	45.07	8112.6		m	180	45.07	8112.60	0.00	
5	更换电力电缆（不含主材；4C1-12, 7C1-17）		m	171.6	2.81	482.2		m	171.6	2.81	482.20	0.00	扣除上项主材费
	小计					15 095.48					15 095.48		
	安装工程直接费合计					326 032.91					301 470.32	−24 562.59	
	合 计					412 759.44					375 757.48	−37 001.96	
二	变更部分												
一	土建装饰工程												

续表

序号	项目名称	项目编码或定额号	单位	结算报审金额 数量	结算报审金额 单价	结算报审金额 合价	项目编码或定额号	单位	结算审定金额 数量	结算审定金额 单价	结算审定金额 合价	调整金额	备注
设计变更编号：1	别墅改L1、L2												
1	矩形梁		m³	3.74	280.91	1050.6		m³	3.74	280.91	1050.60	0.00	投标单价
	小计					1050.6					1050.60	0.00	
设计变更编号：2	楼梯设计变更（增宽120mm）											0.00	
1	直形楼梯		m²	16.85	57.99	977.13		m²	16.85	57.99	977.13	0.00	投标单价
2	现浇混凝土钢筋		t	0.382	3378.49	1290.58		t	0.382	3378.49	1290.58	0.00	投标单价
3	直形楼梯模板		m²	40.43	51.79	2093.75		m²	40.43	51.79	2093.87	0.12	投标单价
	小计					4361.46					4361.58	0.12	
设计变更编号：3	屋面飘板钢管支架											0.00	
1	钢管柱制作、安装		t	0.46	7413.67	3442.17		t	0.46	6513.67	2996.29	-445.88	投标单价换

续表

序号	项目名称	项目编码或定额号	单位	结算报审金额 数量	单价	合价	项目编码或定额号	单位	结算审定金额 数量	单价	合价	调整金额	备注
	小计					3442.17					2996.29	-445.88	
设计变更编号:4	别墅天窗增加反梁												
1	矩形梁		m²	12.03	280.91	3379.35		m²	12.03	280.91	3379.35	0.00	投标单价
	小计					3379.35					3379.35	0.00	
设计变更编号:5	别墅改烟囱												
1	拆除120mm厚砖墙		m³	2.77	31.92	88.42		m³	2.77	31.92	88.42	0.00	投标单价
2	砖烟道（外墙装饰假烟囱）		m³	2.77	208.25	576.85		m³	2.77	208.25	576.85	0.00	投标单价
3	墙面一般抹灰（外墙面）		m²	50.69	6.3	319.35		m²	50.69	6.3	319.35	0.00	投标单价
4	现浇混凝土钢筋		t	0.043	3378.49	145.28		t	0.043	3378.49	145.28	0.00	投标单价
	小计					1129.89					1129.89	0.00	
设计变更编号:6	屋面女儿墙钢筋混凝土												

续表

序号	项目名称	结算报审金额					结算审定金额					调整金额	备注
		项目编码或定额号	单位	数量	单价	合价	项目编码或定额号	单位	数量	单价	合价		
1	女儿墙混凝土C25		m³	85.53	306.57	26 220.93		m³	85.53	306.57	26 220.93	0.00	
2	墙模板的制安		m²	1443.87	18.68	26 971.49		m²	1268.24	15.62	19 809.91	−7161.58	
3	现浇混凝土钢筋		t	6.99	3593.72	25 110.11		t	6.99	3593.72	25 120.10	9.99	
	小计					78 302.54					71 150.94	−7151.60	
设计变更编号:7	别墅连排三角位改设计											0.00	
1	实心砖墙		m³	4.7	197.98	930.51		m³	4.7	197.98	930.51	0.00	投标单价
2	矩形梁		m³	0.94	280.91	264.06		m³	0.94	280.91	264.06	0.00	投标单价
3	现浇混凝土钢筋		t	0.11	3378.49	371.63		t	0.11	3378.49	371.63	0.00	投标单价
4	矩形梁模板		m²	11.7	17.91	209.55		m²	11.7	17.91	209.55	0.00	投标单价换
5	墙面一般抹灰		m²	58.5	11.58	677.43		m²	58.5	11.58	677.43	0.00	投标单价

第3章　工程结算审查的基本方法

续表

序号	项目名称	项目编码或定额号	单位	结算报审金额 数量	结算报审金额 单价	结算报审金额 合价	项目编码或定额号	单位	结算审定金额 数量	结算审定金额 单价	结算审定金额 合价	调整金额	备注
6	刷喷涂料		m²	29.25	27.5	804.38		m²	29.25	27.5	804.38	0.00	甲定单价
	小计					3257.55					3257.55	0.00	
设计变更编号：8	别墅改楼梯间已砌好的砖墙												
1	拆除120mm厚砖墙		m³	3.72	31.92	118.74		m³	3.72	31.92	118.74	0.00	
2	实心砖墙1/2砖		m³	3.72	196.74	731.87		m³	3.72	196.74	731.87	0.00	
	小计					850.62					850.62	0.00	
设计变更编号：9	连排别墅变形缝												
1	屋面变形缝		m	20.85	123.25	2569.76		m	20.85	123.25	2569.76	0.00	投标单价
2	外墙变形缝		m	25.35	36.03	913.36		m	25.35	36.03	913.36	0.00	
	小计					3483.12					3483.12	0.00	
设计变更编号：10	别墅改二层改墙												

续表

序号	项目名称	项目编码或定额号	单位	结算报审金额 数量	单价	合价	项目编码或定额号	单位	结算审定金额 数量	单价	合价	调整金额	备注
1	拆除120mm厚砖墙		m^3	5.94	31.92	189.6		m^3	5.94	31.92	189.60	0.00	
2	实心砖墙		m^3	5.86	196.74	1152.9		m^3	5.86	196.74	1152.90	0.00	投标单价
3	墙面一般抹灰		m^2	76.56	11.58	886.56		m^2	76.56	11.58	886.56	0.00	投标单价
	小计					2229.07					2229.07	0.00	
设计变更编号:11	卫生间沉箱回填陶粒混凝土												
1	厕所沉箱陶粒混凝土		m^3	290.27	448.23	130107.72		m^3	290.27	448.23	130107.72	0.00	
	小计					130107.72					130107.72	0.00	
设计变更编号:12	卫生间刚性防水												
1	厕所沉箱细石混凝土		m^2	894.07	20.95	18730.77		m^2	894.07	20.95	18730.77	0.00	
2	现浇混凝土钢筋		t	0.93	3593.72	3342.16		t	0.93	3593.72	3342.16	0.00	

续表

序号	项目名称	项目编码或定额号	结算报审金额 单位	数量	单价	合价	项目编码或定额号	结算审定金额 单位	数量	单价	合价	调整金额	备注
	小计					22 072.93					22 072.93	0.00	
设计变更编号:13	别墅入口平台回填陶粒混凝土											0.00	
1	陶粒混凝土		m³	29.38	443.54	13 031.21		m³	29.38	443.54	13 031.21	0.00	
	小计					13 031.21					13 031.21	0.00	
设计变更编号:14	别墅首层斜屋面增加钢支架											0.00	
1	钢支撑制作、安装		t	0.441	5059.48	2231.23		t	0.441	5059.48	2231.23	0.00	
	小计					2231.23					2231.23	0.00	
设计变更编号:15	内墙挂纤维网											0.00	
1	墙面抹灰		m²	4932.83	7.85	38 722.72		m²	4932.83	7.85	38 722.72	0.00	
	小计					38 722.72					38 722.72	0.00	
设计变更编号:16	外墙装饰抹灰分格											0.00	
1	装饰抹灰分格		m²	25 879.81	2.11	54 606.41		m²	19 879.81	2.11	41 946.40	-12 660.01	

续表

序号	项目名称	项目编码或定额号	结算报审金额 单位	数量	单价	合价	项目编码或定额号	结算审定金额 单位	数量	单价	合价	调整金额	备注
	小计					54 606.41					41 946.40	-12 660.01	
设计变更编号：17	别墅增加勒脚石											0.00	
1	石材墙面		m²	105.84	183.09	19 378.25		m²	105.84	183.09	19 378.25	0.00	审定单价
	小计					19 378.25					19 378.25	0.00	
设计变更编号：18	别墅砌砖封下水管道											0.00	
1	砖砌体		m³	7.74	196.74	1522.77		m³	7.74	196.74	1522.77	0.00	投标单价
2	墙面一般抹灰		m²	128.94	11.58	1493.13		m²	128.94	11.58	1493.13	0.00	投标单价
	小计					3015.89					3015.89	0.00	
设计变更编号：19	别墅封排水管											0.00	
1	砖砌体		m³	20.37	196.74	4007.59		m³	20.37	196.74	4007.59	0.00	投标单价
2	墙面一般抹灰（内墙面）		m²	174.52	11.58	2020.94		m²	174.52	11.58	2020.94	0.00	投标单价

第3章 工程结算审查的基本方法

续表

序号	项目名称	项目编码或定额号	结算报审金额 单位	结算报审金额 数量	结算报审金额 单价	结算报审金额 合价	项目编码或定额号	结算审定金额 单位	结算审定金额 数量	结算审定金额 单价	结算审定金额 合价	调整金额	备注
	小计					6028.54					6028.54	0.00	
设计变更编号：20	别墅改内庭院沉池											0.00	
1	砖砌体		m³	2.69	196.74	529.23		m³	2.69	196.74	529.23	0.00	投标单价
2	墙面一般抹灰（内墙面）		m²	22.4	11.58	259.39		m²	22.4	11.58	259.39	0.00	投标单价
3	庭院沉池回填陶粒混凝土		m³	12.99	448.23	5822.51		m³	12.99	448.23	5822.51	0.00	
	小计					6611.13					6611.13	0.00	
	土建装饰工程直接费合计					397 292.37					377 035.01	−20 257.36	
二	给排水工程											0.00	
设计变更编号：21	所有别墅增加检修阀门及止回阀											0.00	
1	检修闸阀DN25		个	65	38.75	2518.75		个	65	38.75	2518.75	0.00	

续表

序号	项目名称	结算报审金额					结算审定金额					调整金额	备注
		项目编码或定额号	单位	数量	单价	合价	项目编码或定额号	单位	数量	单价	合价		
2	止回阀 DN25		个	65	38.75	2518.75		个	65	38.75	2518.75	0.00	
	小计					5037.5					5037.50	0.00	
设计变更编号: 22	别墅屋顶增加排水											0.00	
1	塑料雨水排水管（UPVC）DN50		m	28.8	19.71	567.65		m	28.8	19.71	567.65	0.00	投标单价
2	防水套管 DN75		个	24	60.9	1461.6		个	24	60.9	1461.60	0.00	投标单价
3	侧出式地漏 DN50		个	24	31.1	746.4		个	24	31.1	746.40	0.00	投标单价
	小计					2775.65					2775.65	0.00	
设计变更编号: 23	别墅 WC2 改给水管											0.00	
1	砖墙剔槽及水泥砂浆补槽		m	50.88	6.13	311.89		m	50.88	6.13	311.89	0.00	投标单价
2	PP－R 给水管 DN20		m	50.88	15.59	793.22		m	50.88	15.59	793.22	0.00	投标单价

续表

序号	项目名称	项目编码或定额编号	结算报审金额					结算审定金额					调整金额	备注
			单位	数量	单价	合价	项目编码或定额编号	单位	数量	单价	合价		
	小计					1105.11					1105.11	0.00	
设计变更编号:24	别墅增加地漏及改动排水管											0.00	
1	塑料雨水排水管(UPVC)DN75		m	44.4	24.51	1088.24		m	44.4	24.51	1088.24	0.00	投标单价
2	防水套管DN100		个	24	70.99	1703.76		个	24	70.99	1703.76	0.00	投标单价
3	侧出式地漏DN50		个	24	31.1	746.4		个	24	31.1	746.40	0.00	投标单价
	小计					3538.4					3538.40	0.00	
设计变更编号:25	别墅增加自动排气阀											0.00	
1	自动排气阀安装DN100		个	24	345.99	8303.76		个	24	345.99	8303.76	0.00	投标单价
	小计					8303.76					8303.76	0.00	
	给排水工程直接费合计					20760.43					20760.43	0.00	

续表

序号	项目名称	项目编码或定额编号	单位	结算报审金额 数量	单价	合价	项目编码或定额编号	单位	结算审定金额 数量	单价	合价	调整金额	备注
三	电气安装工程											0.00	
设计变更编号：26	更改配电箱 MX1											0.00	
1	配电箱 MX1		台	65	2166.09	140 795.85		台	56	2166.09	121 301.04	-19 494.81	审定单价
	小计					140 795.85					121 301.04	-19 494.81	
设计变更编号：27	别墅首层到二层楼平台增加吸顶灯											0.00	
1	砖墙剔槽及水泥砂浆补槽		m	206.4	6.13	1265.23		m	206.4	6.13	1265.23	0.00	投标单价
2	吸顶灯		套	24	10.91	261.84		套	24	10.91	261.84	0.00	投标单价
3	扳式暗开关		个	48	13.16	631.68		个	48	13.16	631.68	0.00	投标单价
4	电气配管		m	206.4	6.18	1275.55		m	206.4	6.18	1275.55	0.00	

续表

序号	项目名称	项目编码或定额号	单位	结算报审金额 数量	单价	合价	项目编码或定额号	单位	结算审定金额 数量	单价	合价	调整金额	备注
5	电气配线 ZR-BV-2.5		m	835.2	1.84	1536.77		m	835.2	1.84	1536.77	0.00	投标单价
	小计					4971.07					4971.07	0.00	
设计变更编号：28	别墅卫生间改热水器插座位置											0.00	
1	砖墙剔槽及水泥砂浆补槽		m	254.4	6.13	1559.47		m	254.4	6.13	1559.47	0.00	投标单价
2	单相插座（热水器）		个	48	13.04	625.92		个	48	13.04	625.92	0.00	投标单价
3	电气配管		m	254.4	6.18	1572.19		m	254.4	6.18	1572.19	0.00	投标单价
4	电气配线 ZRBV-4		m	907.2	2.08	1886.98		m	907.2	2.08	1886.98	0.00	投标单价
	小计					5644.56					5644.56	0.00	
设计变更编号：29	卫生间增加镜前灯												
1	砖墙剔槽及水泥砂浆补槽		m	715.4	6.13	4385.4		m	617	6.13	3782.21	-603.19	

续表

序号	项目名称	项目编码或定额号	单位	结算报审金额 数量	单价	合价	项目编码或定额号	单位	结算审定金额 数量	单价	合价	调整金额	备注
2	镜前灯安装		套	195	6.15	1199.25		套	195	6.15	1199.25	0.00	投标单价
3	扳式暗开关		个	195	13.16	2566.2		个	195	13.16	2566.20	0.00	投标单价
4	电气配管		m	715.4	6.18	4421.17		m	715.4	6.18	4421.17	0.00	投标单价
5	电气配线 ZRBV-2.5		m	3535.8	1.84	6505.87		m	3535.8	1.84	6505.87	0.00	投标单价
	小计					19 077.9					18 474.70	-603.20	
设计变更编号：30	厨房移动和增加插座												
1	砖墙剔槽及水泥砂浆补槽		m	212.1	6.13	1300.17		m	212.1	6.13	1300.17	0.00	
2	单相插座（热水器）		个	53	5.05	267.65		个	53	5.05	267.65	0.00	投标单价
3	单相插座（抽油烟机）		个	53	5.05	267.65		个	53	5.05	267.65	0.00	投标单价

续表

序号	项目名称	结算报审金额					结算审定金额					备注
		项目编码或定额号	单位	数量	单价	合价	项目编码或定额号	单位	数量	单价	合价	调整金额	
4	单相插座 单相五孔 防水（旧）		个	12	5.3	63.6		个	12	5.3	63.60	0.00	投标单价
5	单相插座 单相五孔 防水（新增）		个	118	18.25	2153.5		个	118	18.25	2153.50	0.00	投标单价
6	电气配管		m	212.1	6.18	1310.78		m	212.1	6.18	1310.78	0.00	投标单价
7	电气配线 ZRBV-4		m	831.3	2.08	1729.1		m	831.3	2.08	1729.10	0.00	投标单价
	小计					7092.46					7092.46	-0.01	
	电气安装工程直接费合计					210798.93					157483.83	-53315.10	
	合计					608091.33					555279.27	-52812.06	
	总计					1020850.77					931036.75	-89814.02	

第4章 工程资料的效力

4.1 工程资料与证据

4.1.1 工程资料的分类

建筑工程领域的资料基本可以分为以下几类如图4-1-1所示：

```
            ┌ 建设程序资料
            │                 ┌ 记录资料 ┌ 工程质量控制资料
            │                 │          └ 工程安全和功能检验资料核查及主要功能抽查记录
            │                 │ 验收资料
            │ 工程质量资料 ┤ 施工技术管理资料
工程资料 ┤                 │ 竣工图声像
            │                 └ 电子文件材料
            │ 工程造价相关资料（经济资料）
            └ 财务相关资料
```

图4-1-1　工程资料的分类

（1）建设程序资料如图4-1-2所示：

```
            ┌ 1）立项文件 ┬ 项目建议书批复、项目建议书
            │             │ 可行性研究报告批复、可行性研究报告
            │             │ 计划任务书（或设计任务书）批复、申请报告
            │             └ 会议纪要、领导讲话、专家建议
            │
            │                      ┌ 规划定点意见书、规划定点图
            │ 2）建设用地、拆迁文件 │ 建设用地规划许可证及其附件
            ┤                      ┤ 征拨建设用地批文、申请报告
            │                      │ 土地转出让合同（协议）
            │                      └ 拆迁批文、安置意见、协议、汇总表等
            │
            │                  ┌ 工程勘察设计合同
            │                  │ 工程地质勘察报告
            │                  │ 水文地质勘察报告等
            │                  │ 工程设计合同
            │ 3）勘察、设计文件 ┤ 初步设计批复
            │                  │ 设计方案审查意见及附图
            │                  │ 有关行政主管部门批准文件或协议
            │                  │ 施工图设计审批意见
            │                  │ 勘察设计招投标文件
            └                  └ 勘察设计承包合同
```

图4-1-2　建设程序资料分类（一）

第4章 工程资料的效力

4）招投标文件
- 施工招投标文件
- 施工承包合同
- 工程监理招投标文件
- 监理委托合同

5）开工审批文件
- 建设项目规划审批文件
- 建设工程规划许可证及其附件
- 年度计划（或开工）批复、申请
- 审计意见书
- 建设工程施工许可证
- 工程质量监督申报表、工作方案等
- 建筑工程安全受监登记表

6）建设、施工、监理机构及负责人
- 工程项目管理机构（项目经理部）及负责人名单
- 工程项目监理单位（项目监理部）及负责人名单
- 工程项目施工管理机构（施工项目经理部）及负责人名单

图 4-1-2　建设程序资料分类（二）

（2）工程质量控制资料（以土建工程示例）如图 4-1-3 所示：

1）图纸会审、设计变更、洽商记录汇总表，图纸会审、设计变更、洽商记录，设计交底记录
2）工程定位测量、放线验收记录
3）原材料出厂合格证书及进场检（试）验报告
4）施工试验报告及见证检测报告
5）隐蔽工程验收记录
6）施工记录
7）预制构件、预拌混凝土合格证
8）地基基础、主体、结构验收及抽样检测资料
9）工程质量事故及事故调查处理资料
10）新材料、新工艺施工记录

图 4-1-3　工程质量控制资料分类

（3）工程安全和功能检验资料核查及主要功能抽查记录（以土建工程示例）如图 4-1-4 所示：

1）屋面泼水、淋水、蓄水试验记录
2）地下室防水效果检查记录
3）有防水要求的地面蓄水试验记录
4）建筑物垂直度、标高、全高测量记录
5）烟气（风）道工程检查验收记录
6）幕墙及外窗气密性、水密性、耐风压检测报告
7）建筑物沉降观测记录
8）节能、保温检测报告
9）室内环境检测报告

图 4-1-4　安全、功能资料分类

（4）工程质量验收资料（以土建工程示例）如图 4-1-5 所示：

1) 质量验收总表部分 {单位（子单位）工程质量控制资料核查记录
单位（子单位）工程安全和功能检验资料检查及主要功能抽查记录
单位（子单位）工程观感质量检查记录}
2) 地基基础分部工程质量验收记录
3) 主体结构分部工程质量验收记录
4) 装饰分部工程质量验收记录
5) 屋面分部工程质量验收记录

图4-1-5　工程质量验收资料分类

(5) 施工技术管理资料如图4-1-6所示：

1) 施工现场质量管理检查记录
2) 工程开工报审表
3) 施工组织设计、施工方案审批表
4) 技术交底记录
5) 施工日志
6) 预检工程（技术复核）记录
7) 自检互检记录
8) 工序交接记录

图4-1-6　施工技术管理资料分类

(6) 经济资料如图4-1-7所示：

1) 施工招投标文件
2) 施工承包合同
3) 工程费用索赔报审表
4) 经济洽商
5) 工程签证：技术核定单、工程（业务）联系单
6) 会议纪要
7) 来往函件

图4-1-7　经济资料分类

(7) 竣工图如图4-1-8所示：

1) 综合竣工图 {总平面布图
竖向布置
室外管网综合图
室外专业管线竣工图
小区道路、绿化竣工图}
2) 土建竣工图 {建筑竣工图
结构竣工图
装修（装饰）竣工图}

图4-1-8　竣工图分类（一）

$$\begin{cases}3)\ 水电竣工图\begin{cases}给排水(消防)竣工图\\电气竣工图\end{cases}\\4)\ 暖通气竣工图\begin{cases}采暖竣工图\\通风竣工图\\空调竣工图\\燃气竣工图\end{cases}\end{cases}$$

图 4-1-8 竣工图分类（二）

(8) 声像、电子文件材料如图 4-1-9 所示：

$$\begin{cases}1)\ 声像文件材料\begin{cases}照片材料\\录音材料\\录像材料\end{cases}\\2)\ 电子文件材料：光盘材料等\end{cases}$$

图 4-1-9 声像、电子文件材料

工程质量资料、施工技术管理资料、竣工图的编制要求请以《建筑工程施工质量验收统一标准》（GB 50300—2001）为准，以上分类仅供参考。

【实例 4-1-1】某土建项目的审价中，乙方结算电缆沟挖土方全按放坡计算，而审价人员认为根据结算所套的土方类别不可能放坡；乙方坚持土质太差不放坡没法施工，双方各执己见，达不成一致意见。后来审计人员找到了当时施工时拍摄的电缆沟挖开的照片及收集的一些证据，问题一目了然，此土建项目依据两年前拍摄的照片，最终核减了乙方多计的工程费用约 120 万元。

分析：在工程项目审价过程中，常常遇到一些事后无法去现场复核的隐蔽工程项目，对于隐蔽工程的审价，事前收集好审价证据是关键。做好工程项目审价的事前准备工作，收集到充分、准确的审价证据，需要审价人员抽出时间在工程项目施工一开始就经常下施工现场了解情况。首先在隐蔽工程施工前，应到实地进行勘察。有些施工地点可能会有特殊的建筑构造，而这些构造在图纸和施工说明中并不能直观地表现和陈述；或者在施工时有些地方需要大幅度更改，与原貌几乎完全不同，对于类似情况应进行记录，必要时可进行拍摄记录。如遇到电缆沟、基础土方的开挖、混凝土基础的现浇等情况，拍摄一些现场实景来做事前准备非常有用。一般大的工程项目从开始施工到最终办理结算间隔期都较长，时间越长，隐蔽部分的工程量就越难审得清楚，有了这些事前收集的证据，就能为以后该项目的审价提供强有力的书面证据。其次，了解施工全过程，梳理出施工过程中的重要环节，进行特别关注。若施工中遇到不经常碰到的施工方法，则应事先做好相关知识的准备工作，这样才能知道在施工中哪个环节是影响整个施工的主导因素，并需进行实地审核的。梳理出重点，我们就能对重点施工环节进行实地勘察。所以，预先做好准备工作对隐蔽工程的审核是十分重要的。

4.1.2 证据的种类

根据《民事诉讼法》第63条的规定,证据有下列几种:

(1) 书证是指以文字、符号、图表等记载或表达的内容来证明事件事实的证据。作为定案证据的书证具有以下特征:

1) 书证是以其记载或表达的思想内容来证明事件事实的。

2) 书证的特质载体一般是纸张,但也包括面板、金属、竹木、布料、塑料等。

3) 书证的制作方法一般为手写,但也包括打印、雕刻、拼对等。

4) 某些书证必须具备法定形式,如身份证、户口簿、承运单等。

5) 书证也是一种客观存在的物品,某些证据如果既能以其记载或表达的内容证明事件事实,又能以其外部特征再现事件真实,该种证据则既是书证又是物证。

当事人向法院提供书证时,应当提交原件,如提交原件确有困难的,可以提交复制品、照片、副本或节录本。为了便于人民法院审查,当事人提交外文书证时必须附有中文译本。

工程造价纠纷案件中书证非常多,如:合同文本、招标文件、投标文件、图纸、工程说明、各种施工指令、工程签证、来往函件、会议纪要、变更指令、验收报告、施工日记等。

(2) 物证。一切物品均是客观存在的,都有自己的外形、重量、规格、特征等。因此,凡是以自己存在的外形、重量、规格、损坏程度等标志来证明案件事实的一部分或全部的物品及痕迹,即称为物证。

民事诉讼中常见的物证有:所有权有争议的物品、履行合同交付的规格、质量有争议的标的物或定作物,侵权行为造成损害的公私财物及侵权用的工具、遗留的痕迹等。

工程造价纠纷案件中建设工程本身就是一个看得见摸得着的物证。

【实例4-1-2】 某医院的太平间维修工程,乙方认为太平间属特殊场所,甲方委托的审价人员不会采取实地测量的审价方法,结算时故意高报造价为13万多元。后经甲方查找图纸,中介审价实际丈量复核。根据实地测量修正后的图纸核算,实际造价只有7.5万多元,乙方通过虚报工程量,虚报价格5万多元。

分析: 乙方利用承包的工程属小型土建、水电安装、维修及装饰工程,没有准确的施工图纸的特点,高估冒算、虚报工程量。审价人员可进行现场测量,全面地、充分地收集审价证据(标的物——物证)。审价人员进行实地测量取证时，必须采取严谨、合法、公正的手段。测量时审价人员、甲方委派的现场管理代表、乙方委派的代表必须同时在场。测量的结果必须经三方代表签字认可。

（3）视听资料。视听资料是指利用录像或录音磁带反映出的形象或声音，或以电子计算机贮存的数据来证明事件真实的证明材料。在诉讼中，常用的视听资料主要有录音带、录像带、电子胶卷、微型胶卷、传真资料、电话录音、雷达扫描资料、电子计算机贮存的资料等。视听资料可以分为录音资料、录像资料、电视监控资料、电子计算机贮存资料和运用其他技术设备获得的资料等类型。

如果甲乙双方在建设工程施工承包合同履行过程中发生争议并导致解除合同，那么，乙方在无法与甲方确认已完工程内容及工程量的情况下，为了证明自己施工的工程内容、工程量，就可以通过对现场进行录像，记录现场施工情况，该录像资料即为视听资料。日后，该录像资料就可以作为乙方已完工程的证据使用。

（4）证人证言。证人就是由于了解案件的真实情况，依法被人民法院传唤作证的人。证人对案件事实所作的陈述为证人证言。证人证言作为一种证据，必须是证人亲眼看到或亲耳听到的，臆想推测的、道听途说的、未来预见的等，都不能作为证人的证言。

我国《民事诉讼法》第70条规定："凡是知道案件情况的单位和个人，都有义务出庭作证。有关单位的负责人应当支持证人作证。""不能正确表达意志的人不能作证。"根据此条的规定，证人的范围包括：

1）证人不仅是自然人，而且包括单位，如果某些单位因业务了解案件事实，不是以个人身份作证，而是以单位代表人身份作证。

2）凡是知道案件情况和能够正确表达意志的人都可以作为证人，并且是一种义务，不得无理拒绝。

3）不能正确表达意志的人不能作为证人。这是指那些生理上有缺陷或精神病人或年幼不能辨别是非、不能正确表达意志的人。对于某些有生理缺陷，如聋子、瞎子等，就其看到听到的事实可以作证；间歇性的精神病人在间歇期间，能辨别是非、正确表达意志的，可以作为证人；对未成年人，如果他所表达的事实与认识能力大体一致，也允许作为证人。

虽然法律没有明文规定不能作为证人的人的范围，但在诉讼实践中通常认为下列两类人员不能作证：

1）诉讼代理人不能在同一案件中既是代理人又是证人。如果诉讼代理人对正确查明事实有重要作用，应通知被代理人终止委托代理关系，让其作为证人，这样就可以解决证人的陈述与诉讼代理人地位矛盾的问题。

2）办理本案的审判人员、书记员、鉴定人、辩护人员和检察人员也不能同时是本案的证人，不能自己作证、自己审判、自己抗诉，这样会影响案件的正确审理。对于工程造价纠纷案件，无论是甲方还是乙方通常会邀请工程监理单位的总监工程师等就某一事实到庭作证，总监工程师等向人民法院所作出的陈述就是证人证言。

（5）当事人陈述。当事人陈述是指当事人就有关案件的事实情况向人民法院所作的陈述，包括当事人自己说明的案件事实和对对方当事人提出的案件事实的承认。若当事人对陈述的事实进行分析，提出一些意见，以及要求适用某项法律以作出对自己有利的判决等，不能认为是证据。

（6）鉴定结论。在民事诉讼中，待证事实有时是一些专门性问题，如某文书上的签名是真是假、某工程的合理造价是多少、当事人之间有无亲子关系等，这些事实很难用一般的证据证明，而要由有关专家运用专门知识和专门的技术手段去确定事实真伪。鉴定结论这一证据种类应运而生。鉴定人必须具有解决案件中专门性问题的专门性知识，能够协助人民法院查明案件的事实真相；同时，鉴定人必须公正无私，能够公正地对案件作出结论。如果鉴定人是案件的当事人或者当事人的近亲属，鉴定人与案件有利害关系，或与案件当事人有其他关系可能影响对案件的公正解决，应当自行回避。当事人也有权以口头或者书面方式申请鉴定人回避。这样做是为了保证鉴定人作出公正无私的鉴定结论，防止出现虚假的鉴定。

对于工程造价纠纷案件，法院委托司法审价单位进行工程造价司法鉴定并出具的《审价报告》中的审价结论即为鉴定结论。工程造价司法鉴定是指工程造价司法鉴定机构和鉴定人，依据其专门知识，对建筑工程诉讼案件中所涉及的造价纠纷进行分析、研究、鉴别并做出结论的活动。工程造价司法鉴定作为一种独立证据，是工程造价纠纷案调解和判决的重要依据，在建筑工程诉讼活动中起着至关重要的作用。其实施的方法如下：

1）委托和受理。各级司法机关、公民、法人和其他组织均可作为委托主体。目前，各级人民法院、仲裁委员会作为委托主体的比较普遍。委托一般采用委托书，委托书采取书面形式，并应载明受委托单位名称、委托事项、鉴定要求（包括鉴定时限）、简要案情、鉴定材料（包括诉讼状与答辩状等卷宗；工程施工合同、补充合同；招标发包工程的招标文件、投标文件及中标通知书；承包人的营业执照、施工资质等级证书；施工图纸、图纸会审记录、设计变更、技术核定单、现场签证；视工程情况所必须提供的其他材料等）。司法机关委托鉴定的送鉴材料应经双方当事人质证认可，复印件由委托人注明与原件核实无异。其他委托鉴定的送鉴材料，委托人应对材料的真实性承担法律责任。送鉴材料不具备鉴定条件或与鉴定要求不符合，或者委托鉴定的内容属国家法律法规限制的，可以不予受理。

法律法规明确规定可以从事司法鉴定工作的机构均可做为受理主体。如各省建筑市场管理条例中规定的工程造价管理部门，有工程造价咨询资质的中介机构，经司法部门认可取得司法鉴定资格的也可以从事工程造价司法鉴定。

工程造价司法鉴定的受理，必须以工程造价司法鉴定机构的名义接受委托。鉴定机构在接受委托书后，对符合受理条件的应即时决定受理。不能即时受理的，应在规定时限内对是否受理作出决定。凡接受司法机关委托的司法鉴定，只接受委托人的送鉴材料，不接受当事人单独提供的材料。不属于司法机关委托的司法鉴定，委托方和受理方应签订《司法鉴定委托受理协议》。

2）实施。初始鉴定：司法鉴定机构应在规定时限内指派具体承办的司法鉴定人进行初始鉴定。鉴定人应具备工程造价司法鉴定资格。同一司法鉴定事项由二名以上人员进行鉴定时，第一鉴定人对鉴定情况负主要责任，其他鉴定人负次要责任。司法鉴定人要全面了解熟悉案情，对送鉴材料要认真研究，了解当事人争议的焦点和委托方的鉴定要求，结合工程合同和有关规定提出鉴定方案。因建设工程情况错综复杂，鉴定方案直接影响着鉴定结论，所以鉴定方案必须经鉴定机构的技术负责人批准后方能实施。案情调查视工程情况，可以举行一次或多次。每次案情调查会应由第一司法鉴定人主持，专人负责记录，并形成会议纪要，会议纪要由参与者签字后方能作为鉴定的依据。案情调查可采用两种方式：① 调查听证会，请当事人分别陈述案情及争议的焦点，目的是充分听取各方的意见。② 现场勘验调查会，对当事人争议的地方进行现场实测、实量、实查、实验。

工程造价司法鉴定结论的复核：为确保鉴定工作质量，工程造价司法鉴定结论应由本机构中具有高级工程师职称且具有注册造价工程师资格的司法鉴定人复核，复核人对鉴定结论承担连带责任。

工程造价司法鉴定中复杂、疑难问题的论证：工程造价司法鉴定中如对复杂、疑难问题或鉴定结论有重大意见分歧时，可以聘请本行业中的专家举行论证会，根据论证意见，最后仍由工程造价司法鉴定机构作出结论，不同意见应当如实记录在案。

补充鉴定、重新鉴定、终局鉴定：发现新的相关鉴定材料，或原鉴定项目的有遗漏，或质证后需要补充其他事项的情况下，可进行补充鉴定。补充鉴定由原司法鉴定人进行。补充鉴定文书是原司法鉴定文书的组成部分。需要重新鉴定的实施主体，不得由原鉴定人进行。重新鉴定的范围包括：原鉴定机构、鉴定人不具备司法鉴定资格或超出核定业务范围鉴定的；送鉴材料失实或者虚假的；鉴定人故意作虚假鉴定的；鉴定人应当回避而未回避的；鉴定结论与实际情况不符的；鉴定使用的仪器和方法不当，可能导致鉴定结论不正确的；其他因素可能导致鉴定结论不正确的。重新鉴定最多可以进行两次，对第一次重新鉴定有异议的，经司法机关决定，应当委托司法鉴定专家委员会鉴定。目前司法鉴定专家委员会的鉴定结论，一般为省内的终局鉴定。

3）文书格式。造价司法鉴定文书是工程造价司法鉴定实施的最终结果，是委托人要求提供的重要诉讼证据，其内容一般包括：

案情概况：主要介绍建筑工程概况、施工合同及招投标情况，造价纠纷的原因，委托方及委托鉴定的要求等。

鉴定依据：详细地列出鉴定所依据的基础资料，如施工合同、施工图纸、设计变更、现场签证、执行的计价依据、材料价格、现场勘验记录、案情调查会议纪要等。

鉴定说明：即鉴定依据的说明，如采用的定额、取费类别、材料价格、施工形象进度等；对有争议部分的实质性问题，根据送鉴材料、现场勘验记录和有关政策规定客观地评价当事人双方各自应承担的责任。

鉴定结论：根据鉴定要求，明确列出属于鉴定范围内的工程造价鉴定结论，并列出适合各专业造价、单方造价、主要材料消耗量的鉴定造价汇总表。

工程造价鉴定书：这是工程造价鉴定最主要的附件，应按专业分别提供，如跨年度工程执行不同版本定额，还应提供分年度的工程造价鉴定书。

其他必要的附件：如现场勘验的照片、勘验记录等。

正式鉴定文书用A4纸装订成册。封面和鉴定报告的落款处加盖工程造价司法鉴定机构的印鉴；在工程造价鉴定书上加盖第一鉴定人、第二鉴定人和复核人的印鉴。

（7）勘验笔录。勘验笔录是指人民法院为了查明案件的事实，指派勘验人员对与案件争议有关的现场、物品或物体进行查验、拍照、测量，并将查验的情况与结果制成的笔录。

《民事诉讼法》第73条规定："勘验物证或者现场，勘验人必须出示人民法院的证件，并邀请当地基层组织或者当事人所在单位派人参加。当事人或者当事人的成年家属应当到场，拒不到场的，不影响勘验的进行。有关单位和个人根据人民法院的通知，有义务保护现场，协助勘验工作。勘验人应当将勘验情况和结果制作笔录，由勘验人、当事人和被邀参加人签名或者盖章。"

勘验笔录和照片、绘制的图表，在开庭审理时，应当当庭宣读或出示，使每个参加诉讼的人都能了解勘验的事实情况，并听取他们的意见。当事人要求重新勘验的，如要求合理，确有必要的，可以重新勘验。

4.1.3 各类工程资料的证明力强弱

（1）有证据效力的诉讼证据必须具备的三个条件。

1）证据的客观性：指诉讼证据必须是能证明案件真实真相的、不依赖于主观意识而存在的客观事实。这一客观事实只能发生在诉讼主体进行民事、经济活动中，发生在诉讼法律关系形成、变更或消灭的过程中，是当时作用于他人感官而被看到、听到或感受到的、留在人的记忆中的，或作用于周围的环境、物品引起物件的变化而留下的痕迹物品，也可能由文字或者某种符号记载下来，甚至成为视听资料等。客观性是诉讼证据的最基本的特征。

2) 证据的关联性：指作为证据的事实不仅是一种客观存在，而且它必须是与案件所要查明的事实存在逻辑上的联系，从而能够说明案件事实。正因为如此，它才能以其自身的存在单独或与其他事实一道证明保证案件真实的存在或不存在。如果作为证据的事实与要证明的事实没有联系，即使它是真实的，也不能作为证明争议事实的证据。

3) 证据的合法性：指证据必须由当事人按照法定程序提供，或由法定机关、法定人员按照法定的程序调查、收集和审查。也就是说，诉讼证据不论是当事人提供的还是人民法院主动调查收集的，都要符合法律规定的程序，不按照法定程序提供、调查收集的证据不能作为认定案件事实的根据。另外，证据的合法性还包括证据必须具备法律规定的形式。对某些法律行为的成立，法律规定了特定的形式，不具备法律所要求的形式，该项法律行为就不能成立。

(2) 民事证据的证明力强弱。在民事诉讼中，一般是"谁主张，谁举证"：即当事人自己提出的主张，有责任提供证据。而在一些诉讼中，当事人往往只注重主张权利，而忽视收集证据或提供的证据无证明力。那么当事人对自己提出的主张，如何提供有证明力的证据呢？对此，最高人民法院《关于民事诉讼证据的若干规定》对证据的证明力的认定作了比较具体明确的规定。

1) 审判人员对单一证据可以从下列方面进行审核认定：① 证据是否原件、原物，复印件、复制品与原件、原物是否相符；② 证据与本案事实是否相关；③ 证据的形式、来源是否符合法律规定；④ 证据的内容是否真实；⑤ 证人或者提供证据的人，与当事人有无利害关系。

【实例4-1-3】某中介单位在审价中发现一个工程的签证，甲方和乙方提供的签证复印件不一致，乙方提供的签证工程量明显偏大，经过反复核实，发现部分签证与工程实际情况不符，经向甲方驻工地代表进行调查了解，乙方提供的签证上的签名系别人模仿他的笔迹签署的，系伪造。故审价人员判定乙方提供的计算依据无效。

分析：对签证审核时，首先要认定签名盖章、复印件的真实性。一般签证中有甲方驻工地代表、乙方、监理工程师的签字盖章。实践中经常发现许多签证乙方在办理签字过程中模仿甲方、监理工程师笔迹、变造复印或找其他人代笔等。

2) 在诉讼中，当事人为达成调解协议或者和解目的作出妥协所涉及的对案件事实的认可，不得在其后的诉讼中作为对其不利的证据。以侵害他人合法权益或者违反法律禁止性规定的方法取得的证据，不能作为认定案件事实的依据。

3) 下列证据不能单独作为认定案件事实的依据：① 未成年人所作的与其年龄和智力不相当的证言；② 与一方当事人或者其代理人有利害关系的证人出具的证言；③ 存有疑点的视听资料；④ 无法与原件、原物核对的复印件、复制品；⑤ 无正当理由未出庭作证的证人证言。

4) 一方当事人提出的下列证据，对方当事人提出异议，但没有足以反驳的相反证据的，人民法院应当确认其证明力：① 书证原件或者与书证核对无误的复印件、照片、副本、节录本；② 物证原物或者与物证原物核对无误的复制品、照片、录像资料等；③ 有其他证据佐证并以合法手段取得的、无疑点的视听资料或者与视听资料核对无误的复制件；④ 一方当事人申请人民法院依照法定程序制作的对物证或现场的勘验笔录。

5) 人民法院委托鉴定部门作出的鉴定结论，当事人没有足以反驳的相反证据和理由的，可以认定其证明力。

6) 一方当事人提出的证据，另一方当事人认可或者提出的相反证据不足以反驳的，人民法院可以确认其证明力。一方当事人提出的证据，另一方当事人有异议并提出反驳证据，对方当事人对反驳证据认可的，可以确认反驳证据的证明力。

7) 双方当事人对同一事实分别举出相反的证据，但都没有足够的依据否定对方证据的，人民法院应当结合案件情况，判断一方提供证据的证明力是否明显大于另一方提供证据的证明力，并对证明力较大的证据予以确认。因证据的证明力无法判断导致争议事实难以认定的，人民法院应当依据举证责任分配的规则作出裁判。

8) 诉讼过程中，当事人在起诉状、答辩状、陈述及其委托代理人的代理词中承认的对己方不利的事实和认可的证据，人民法院应当予以确认，但当事人反悔并有相反证据足以推翻的除外。

9) 有证据证明一方当事人持有证据无正当理由拒不提供，如果对方当事人主张该证据的内容不利于证据持有人，可以推定该主张成立。当事人对自己的主张，只有本人陈述而不能提供出其他相关证据的，其主张不予支持，但对方当事人认可的除外。

10) 人民法院就数个证据对同一事实的证明力，可以依照下列原则认定：① 国家机关、社会团体依职权制作的公文书证的证明力一般大于其他书证；② 物证、档案、鉴定结论、勘验笔录或者经过公证、登记的书证，其证明力一般大于其他书证、视听资料、证人证言；③ 原始证据的证明力一般大于传来证据；④ 直接证据的证明力一般大于间接证据；⑤ 证人提供的对与其有亲属或者其他密切关系的当事人有利的证言,其证明力一般小于其他证人证言。

【实例4-1-4】 某加油站建设工程,因站内地势较洼低于公路,需要全场回填土方填至与公路齐平,结算时,乙方提供的回填土签证单显示回填厚度为150cm,但审价人员根据站内地坪与站外地坪的高差推断,回填厚度最多80cm,且无隐蔽资料证明该加油站建在地坑内,审价人员对该签证的真实性提出质疑,以站内外高差作为确定回填土高度的依据。

分析： 根据物证优于书证的原则,审价人员有权审查签证的真实性。此处的"物证"是指看得见摸得着的工程量,如此例中可以推出的真实高差,此处的"书证"是指签证单等这些文件资料。"物证优于书证"的意义是要求工程结算要以客观事实为依据,不能因"书证"的存在而指鹿为马。

11) 人民法院认定证人证言,可以通过对证人的智力状况、品德、知识、经验、法律意识和专业技能等的综合分析作出判断。人民法院应当在裁判文书中阐明证据是否采纳的理由,对当事人无争议的证据,是否采纳的理由可以不在裁判文书中表述。

4.2 取证的禁忌与方法

审价调查取证是实施审价的重要环节,是用来证实审价事项与有关既定标准相符程度,并作为审价结论基础的凭据。

不同类型的审价证据证明力不同,取证方法不同,取证要求也不同。采取合理的取证方法,取得证明力最强的审价证据,有利于审价人员对审价证据的分析、鉴定与综合。因此,对审价项目实施审价结束后,必然要对审价查出的问题进行调查取证,这既是审价必不可少的程序之一,也是降低审价风险,提高审价质量的关键环节。

4.2.1 取证策略的禁忌

实施审价项目调查取证的实践告诉我们,要取得真实可靠的证据,不仅要求审价人员紧密结合实际,采取一些积极灵活的策略和方法,而且要有耐心、细致和积极主动的工作作风,诚恳的工作态度,以下禁忌应当注意避免：

(1) 仓促盲目、遇事急躁。实施审价项目调查取证之前,应充分做好准备,切不可盲目上阵。要认真研究所执行审价项目的有关情况和相关材料,拟定重点调查取证内容,确定方法步骤,准备相应的调查提纲,填写好审价取证记录表,一事一表,如果准备不足,仓促上阵,就会造成眉毛胡子一把抓的无序局面,影响最终的审价效果。审价人员在实施调查取证过程中,乙方由于受各种因素的影响,往往会产生这样或那样的思想顾虑,进而会出现搪塞应付、态度粗暴等行为。对此，审价人员不能有急躁情绪、耍态度、发脾气，更不能灰心。要寻求多种途径、渠道，进行调查取证，从而保证调查取证工作达到如期完成的目的。

（2）拖拖拉拉、粗心大意。调查取证应该讲究时效性，如果审价人员工作拖拖拉拉，失去调查取证的连续性和及时性，有可能对一些审价事项记忆不清，记录难理解，全面理解难度加大，也有可能给乙方创造修改、伪造证据的机会。一旦时过境迁，情况发生变化，就会给审价调查取证工作造成不应有的困难，使工作陷入被动，造成总体审价计划的拖延。审价人员在实施审价项目调查取证时，应注意一些细小环节，有些看似无关紧要的细节，往往对审价项目的顺利进行起关键作用。所以，审价人员在调查取证过程中，要认真细致，反复推敲。不仅要查明有关情况的来龙去脉，还要防止引用证据失当的问题。

（3）主观片面、个人臆断。实事求是、客观公正，是审价应掌握的原则。审价项目的证据是客观存在的事实，它独立于审价人员的意识之外。实施审价项目调查取证必须尊重客观事实，还原事物的本来面目。因此，审价人员在调查取证时，既不能从主观、想象和需要出发，偏听偏信，随意取舍，也不能带着框框去取证，不能把自己的意见强加于人。对一些审价项目而言，证据不仅是客观的，也是相互联系的，只有全面收集能够反映审价项目情况的证据，才能审明该项目的全部问题。审价人员在调查取证过程中要克服片面性，要在调查取证过程中进行全面搜索，凡是能够起证据作用的情况（包括实物证据、书面证据、言词证据和行为证据等），都应收集，并要进行综合分析，去伪存真，取而用之。

4.2.2 取证常用的方法

（1）看图法。即看图核实工程量与工程价款，审定工程造价的一种方法。基建工程结算审价，首先必须认真仔细地看清所有的施工图纸，才能全面准确无误地判断出工程造价的真实性。要求审价人员必须熟练掌握所有的建筑识图知识，不仅要看建筑施工图，而且要看结构施工图和竣工图；不仅要看水电平面图，而且要看水电系统图；不仅要将每一张图纸看懂吃透，而且要将所有的图纸综合分析。只有在认真看懂吃透图纸的基础上，才能发现问题、揭露问题。看图法是基建工程结算审价最基本、最普遍、最常用的方法。

（2）观察法。指审价人员亲临施工现场，对审价事项进行实地观察，调查了解建设项目的实际情况，发现疑点，验证事实，核实实际工程量，审定工程造价的一种方法。

（3）询问法。指审价人员通过询问甲方的负责人、当事人、知情人或乙方施工员、预算员、知情者，以证实基建工程量与工程价款的真实性、合理性的一种方法。

(4) 调查法。指审价人员深入实际进行调查研究，以查证项目工程量与工程价款的真实性、合理性的一种方法。如对主材价格进行市场调查分析，对项目工程量进行调查走访等。调查法是基建工程结算审价中一种切实可行的有效方法。

(5) 开挖法。指审价人员会同甲方、乙方有关人员到建筑现场，对有疑点的隐蔽工程进行挖开核实工程量与工程价款的方法。开挖法比较直接，容易验证出问题的真假，但工作量大，所以一般实行抽样定点的方式。

(6) 分析法。指审价人员运用各种系统方法，对工程项目的具体内容进行分离和分类，然后综合分析，发现疑点，揭露问题的方法。分析法的目的在于：通过分析查找可疑事项，为审价工作寻找线索，进而查出各种错误和弊端；通过分析来验证各种资料（如施工合同、施工图纸、隐蔽工程签证等资料）所反映的工程项目的真实情况，进而核实实际工程量与审定工程造价。

【实例4-2-1】 中介单位对某单位一建设项目进行结算审价，通过利用分析法发现该项目土方工程量是该项目建筑面积的28倍（即该建筑展开面积需要大开挖28m），审价人员对此疑点找甲方与乙方有关人员了解情况，并将隐蔽工程签证与施工日记相查对，从而发现乙方所报土方量是虚假的，进而核减土方工程量4500m³，核减工程造价9万元。

【实例4-2-2】 某厂区绿化工程审计中，审查一块矩形草坪，草坪周长为100m，结算面积759m²。根据平面几何的原理，当周长一定，只有相邻的两个边相等时面积最大，以此推测该块绿地最大面积应为$25 \times 25 = 625m^2$，与结算数759m²明显存在差异。经过实地测量，该草坪面积为435m²，多计324m²。此项工程原结算为450 660元，审减79 710元，审减率17.69%。

分析：数学理论是最基础的理论，简单的数学运算在日常工作中随时都会用到，但很少有人运用数学理论去推理和分析事物。如果在审核工作中能够运用数学理论去推理和分析，会取得事半功倍的效果。

(7) 测量法。即审价人员深入建筑现场，对照施工图纸，实地测量有关工程量（如门窗洞口的大小、建筑物的长宽高等），计量有关器材物质数量（如配电箱数量、灯具数量、水暖器材的数量等），确定核实项目工程结算工程量与造价真实性、合理性的一种审价方法。

【实例4-2-3】 中介单位对某单位文体馆基建工程结算进行审价，乙方按图纸计算的工程量，审价人员运用测量法发现该文体馆屋架吊顶部位钢结构设计规定用槽钢320号变成280号，槽钢250号变成了200号，上人检查桥由七桥变成了五桥；上人检查桥，圆钢设计规定用直径$\phi14$，实际使用的是$\phi12$圆钢，设计间距60mm，实际间距达70mm、80mm、90mm不等，由于上述原因致使实际比设计少用钢材 11.84t，虚增造价 12.2 万元。

（8）核对法。指在工程结算审价中用一种记录或资料同另一种记录或资料进行查对，用相互验证和复核的手段，验证工程结算工程量与造价真实性、合理性的一种审价技术方法。

【案例 4-2-4】 中介单位对某单位一基建项目进行审价，利用建设单位所提供的隐蔽工程签证单与施工单位所提供的施工日志相核对，查出该基建工程结算重复签证、多计隐蔽工程造价 15.6 万元。

分析： 利用各种工程资料之间的关联性，互相印证，往往能发现各种资料不真实之处，从而为找到事实真相打开突破口。

筹 划 篇

第5章　招投标阶段竣工结算的筹划

竣工结算筹划是指一切采用合法和非违法手段进行的造价方面的策划和有利于筹划主体（甲方、乙方）的造价安排，主要包括非违法的增值筹划、风险转移筹划，从而通过合法的手段达到经济效益最大化的行为，即乙方合理合法地结到更多的工程款，甲方合理合法降低工程造价，达到节省投资的目的。

（1）分类。竣工结算筹划按在造价全过程控制中所处的阶段可以分为：招投标阶段筹划、合同签订阶段筹划、工程实施阶段筹划、工程结算阶段筹划。

按筹划的主体可以分为：甲方竣工结算筹划、乙方竣工结算筹划、中介方竣工结算筹划。

（2）意义与作用。竣工结算筹划最直接意义就在于可以达到自身经济利益的最大化，使甲方达到节省投资，使乙方达到利润最大化。其作用是：

1）促进企业结算管理水平的提高。竣工结算筹划是一项非常专业的活动，需要工程造价人员长期研究工程造价、工程管理、涉及工程的法律法规等。通过企业的竣工结算筹划活动，可以提升造价人员的专业水平和管理水平，从而推动企业结算管理水平的整体提高。

2）促进企业工程管理水平的提高。工程管理表现为物质的运动和资金的运动，在商业气息日益浓厚的市场经济环境下几乎不存在离开资金运动而单独进行的物质运动，因此，甲方乙方的工程管理实际上与造价息息相关，密不可分。双方任何工程管理活动都与造价管理相关，都离不开造价管理。

（3）竣工结算筹划应具备的条件。

1）熟练掌握工程相关法律法规。竣工结算筹划是一项高智慧的活动，不是蛮干，是必须在遵守法律法规的前提下的活动，与此最直接相关的法律是建筑法、合同法、招投标法、计价办法、计价规范、编审规程等法律规范。在进行竣工结算筹划前，首先要认真分析研究相关法规，必须非常熟练掌握其中的精神，非常清楚哪些是提供给您的潜在机会点。不熟练掌握相关法规规范，进行竣工结算筹划很难成功。

2）扎实的工程造价相关基础知识。竣工结算筹划不仅仅单纯是编制工程结算的静态模式，它需要参与者具备四大能力：

① 工程建设各阶段造价操作与控制能力。其中以招投标、合同签订、工程

实施、竣工结算几个环节为重要；

②驾驭造价计价体系能力。我国现在主要有三种：定量定价定额（基价定额）、定量不定价定额（消耗量定额）、清单，都要能操作能控制；

③合约操作能力。材料、设备、施工、中介等各种合同，必须驾轻就熟。能够确定、操作、结算各种类型合同；

④优秀的工程技术水平。对设计原理、施工工艺、中介咨询服务等技术问题，要有相当的把握，然后才能依据情况，确定结算筹划方案。

3）深厚的研究能力。进行竣工结算筹划，除了掌握法律、造价知识外还是不够的，还需要很强的研究能力。竣工结算筹划，需要具有归纳和综合分析能力，需要逆向思维能力和持之以恒钻研精神，总之需要很强的研究能力，仅仅熟读"兵书"是不够的。

4）娴熟的公关技巧。竣工结算筹划内容的实现离不开对方的确认与认同，熟练的公关筹划方法是达成认同的必要技巧。

5）老练的化解冲突能力。结算双方为达到自己的利益最大化，双方的冲突不可避免，如何化解冲突就成为一项重要的能力。

(4) 竣工结算筹划的前景。总的来说，工程造价领域相关法规规范与文件是非常严谨的，但由于制度与文件编制者思维的局限性，工程参与者的技术水平与思维方式的差异，难免会有各种各样的漏洞，出现制度与文件本身的不严密性或工程管理中的漏洞，基于这方面的因素，竣工结算筹划的空间是客观存在的，其前景是无限的。另外，由于工程造价具有一定的弹性，其不同的策略会影响到造价确定与控制活动，正因如此，竣工结算筹划就会有很大的空间。

【实例5-0-1】某造纸厂厂区工程预结算额统计如表5-0-1所示：

表5-0-1　　　　　　　　预、结算额统计表

序　号	单项工程名称	暂定合同价	结算价	结算调整比例
1	箱板纸车间	960万元	1300万元	35%
2	堆场	540万元	712万元	32%

【实例5-0-2】某体育馆、运动场、游泳池的建筑安装工程，房屋建筑面积7910m^2、场地19 800m^2。工程结算造价如表5-0-2所示：

表5-0-2　　　　　　　　工　程　结　算　表

序　号	项　目	合　计	序　号	项　目	合　计
1	中标造价	646万	3	调减项目	-301万
2	调增项目	662万	4	增加项目	330万

续表

序 号	项 目	合 计	序 号	项 目	合 计
5	增加造价	691万	6	合计	1337万

分析：工程的结算价和暂定合同价相比，调整额一般都较大，调整预算对于整个工程来讲非常重要，同样亦成就了竣工结算筹划的广阔空间。据测算，建筑工程结算调增额（变更+签证）平均为合同价的8%左右，我们可以将其视为一个标尺，如果您是乙方，您参与的项目调增额超过这个比率，结算筹划是较成功的，否则，则有可能是筹划不够。如果您是甲方，您参与的项目调增额低于这个比率，结算筹划是较成功的，否则，则有可能是筹划不够。

（5）如何进行竣工结算筹划。

1）知己知彼方能百战百胜。在进行竣工结算筹划之前，首先要分析影响本项目结算的因素有哪些，机会点有哪些，筹划的重点在哪，然后才知道在哪些方面要下工夫进行筹划，否则就不知道重点，面面俱到，结果很难有成效。知道了哪些点需要筹划，还要知道该机会点的相关环节。然后针对性地分析其中的细节，分析哪些地方有可以筹划的空间，然后再分析如何筹划。竣工结算筹划设想能否真正实现，在于是否对影响造价的具体环节进行了透彻分析，针对具体环节找到可以筹划的地方。然后再根据项目的情况，按照预设的模式进行筹划。

2）领导重视是搞好竣工结算筹划的前提。在现行的建筑市场竞争中，施工企业为了求得生存，其首要任务是在投标竞争中获得任务，但所接任务能否盈利，才是影响企业生存和发展的核心。这就牵涉经营策略、日常生产、成本管理、竣工结算等一系列环节。企业为保证综合效益，应正确处理好各环节的关系，不能变成接不到工程是"等死"，接了工程是"自杀"的局面。为此乙方领导要尽力保证各方面的有机结合，在重视投标工作的同时在结算筹划方面也应配备足够的高水平人员，让其参与投标决策分析。为调动结算编制人员的积极性，应制定相应的规章制度和奖惩条件，对相关工程的结算成果进行检查考核，同时还可建立以公司、项目部、现场核算相结合的一整套的成本管理体系，为结算工作的顺利进行，提供很好的组织保证。

5.1　招投标阶段竣工结算筹划程序

招投标阶段，乙方的工作重点在于报价的完备性与报价策略的策划；甲方的工作重点在于招标程序的合理筹划；中介方的工作重点在于制定合理的招标文件、评标办法及编制出准确的工程量清单，并对乙方可能采用的投标报价策略制定抵制方案。

5.1.1 乙方的筹划程序

【实例5-1-1】某建筑公司投标阶段竣工结算筹划程序

××建筑工程公司		投标阶段竣工结算筹划程序		文件编号	×××
序号	×	版本号	A/0	文件页码	共×页

1. 目的

为了加强工程投标管理，提高企业竞争能力，适应建筑市场的新形势，谋取企业合法利益最大化利益，根据国家、省市政府颁发的有关工程招投标法律、法规，结合本公司的实际情况，制定本办法。

2. 范围

本程序适用于公司参加本省市、外省市房建等工程的投标阶段结算筹划。

3. 职责

3.1 公司除设置专门机构负责投标工作外，还要成立招投标阶段竣工结算筹划领导小组，负责制定投标过程中结算筹划方案。结算筹划领导小组由经理或副经理、总工程师、总经济师及综合计划部、经营部、技术发展部、设备工业部、物质经营部、质量部、安全部等有关领导组成。

3.2 领导小组工作职责。

（1）根据上级招投标管理规章，结合本公司的实际情况，制定本公司的投标结算筹划管理办法。

（2）搜集、筛选、落实信息，及时向领导通报信息，确定投标项目，疏通好与上下级、建设单位的关系。

（3）牵头组织有关人员，调查投标工程环境，编制递送标书，参加发标、答疑、开标会，办理决标后事务。

（4）建立健全投标资料台账，掌握中标工程项目的进展、存在问题和履行合同、结算等情况，做好中标工程跟踪工作。

4. 程序

4.1 投标书一般包括下列内容：

（1）封面。包括招标工程名称、投标单位名称、企业资质等级、法人代表姓名、填报日期。

应复核：

1）封面格式是否与招标文件要求格式一致，文字打印是否有错字。

2）封面标段是否与所投标段一致。

3）企业法人或委托代理人是否按照规定签字或盖章，是否按规定加盖单位公章，投标单位名称是否与资格审查时的单位名称相符。

4）投标日期是否正确。

(2) 目录应复核：

1）目录内容从顺序到文字表述是否与招标文件要求一致。

2）目录编号、页码、标题是否与内容编号、页码（内容首页）、标题一致。

(3) 标书。包括综合说明；钢材、水泥、木材用量；对招标文件是否确认和具体意见；报价总金额中未包含的内容和要求招标单位配合的条件；对报价需说明的问题，其中应着重说明降低造价的具体措施。

应复核：

1）报价金额是否与"投标报价汇总表合计"、"投标报价汇总表"、"综合报价表"一致，大小写是否一致，投标书所示工期是否满足招标文件要求。

2）报价表格式是否按照招标文件要求格式，子目排序是否正确。

3）"投标报价汇总表合计"、"投标报价汇总表"、"综合报价表"及其他报价表是否按照招标文件规定填写，编制人、审核人、投标人是否按规定签字盖章。

4）"投标报价汇总表合计"与"投标报价汇总表"的数字是否吻合，是否有算术错误。

5）"投标报价汇总表"与"综合报价表"的数字是否吻合，是否有算术错误。

6）"综合报价表"的单价与"单项概预算表"的指标是否吻合，是否有算术错误。"综合报价表"费用是否齐全，特别是来回改动时要特别注意。

7）"单项概预算表"与"补充单价分析表"的数字是否吻合，工程数量与招标工程量清单是否一致，是否有算术错误。

8）"补充单价分析表"是否有偏高、偏低现象，分析原因，所用工、料、机单价是否合理、准确，以免产生不平衡报价。

9）定额套用是否与施工组织设计安排的施工方法一致，机具配置尽量与施工方案相吻合，避免工料机统计表与机具配置表出现较大差异。

10）定额计量单位、数量与报价项目单位、数量是否相符合。

11）"工程量清单"表中工程项目所含内容与套用定额是否一致。

(4) 施工组织设计或施工方案。投标书中必须提供施工组织设计或施工方案，主要包括：总平面图，主要施工方法，机械选用，施工进度安排，投入本工程的人力、物力安排；保证工期、质量、文明安全施工的具体措施；项目负责人，项目技术负责人的职务、职称、工作简历等。

应复核：

1）工程概况是否准确描述。

2）计划开竣工日期是否符合招标文件中工期安排与规定，分项工程的阶段工期、节点工期是否满足招标文件规定。工期提前要合理，要有相应措施，不能提前的决不提前，如铺架工程工期。

3）工期的文字叙述、施工顺序安排与"形象进度图"、"横道图"、"网络图"是否一致。

4）施工方案与施工方法、工艺是否匹配。

5）施工方案与招标文件要求、投标书有关承诺是否一致。材料供应是否与甲方要求一致，是否统一代储代运，是否甲方供应或招标采购。

6）工程进度计划：总工期是否满足招标文件要求，关键工程工期是否满足招标文件要求。

7）特殊工程项目是否有特殊安排：在冬季施工的项目措施要得当，影响质量的必须停工，膨胀土雨季要考虑停工，工序、工期安排要合理。

8）"网络图"工序安排是否合理，关键线路是否正确。

9）"网络图"如需中断时，是否正确表示，各项目结束是否归到相应位置，虚作业是否合理。

10）"形象进度图"、"横道图"、"网络图"中工程项目是否齐全。

11）主要工程材料数量与预算表工料机统计表数量是否吻合一致。

12）机械设备、检测试验仪器表中设备种类、型号与施工方法、工艺描述是否一致，数量是否满足工程实施需要。

（5）单项（位）工程投标书：包括名称、建筑面积、结构类型、檐高、层数、质量标准，单位工程总价及总价构成，分包的项目内容和拟用的分包单位或用什么方式选用分包单位。

应复核：

1）投标书编制完后，投标书是否按已按要求盖公章。法人代表或委托代理人是否按要求签字或盖章。应将正本和副本（二份）装入投标书袋内，在投标书袋上口加贴密封条（由市招投标统一印制），并加盖单位公章和法人代表印鉴。

2）投标书日期是否正确，是否与封面所示吻合。

投标书要在规定时间内派专人送达招标单位指定地点。

在编制标书过程中，如发现疑点问题，务必在开标前询问或通知招标单位，未经招标单位允许，不得擅自变动和修改。要认真编写施工组织设计，打印成册，不能马虎从事。

投标价要严格保密。

标价计算可执行本市建筑安装、市政工程概（预）算定额，工期定额或本企业定额等，企业可以根据本企业的实际情况对报价进行合理浮动。

4.2 不平衡报价

不平衡报价，就是投标单位在投标总报价确定不变的前提下，调整内部各项目报价，以期既不提高总价，不影响中标，又能在结算时得到更理想的经济效益。主要有两种方式：

（1）投标单位通过研究设计图纸，揣摩甲方心理，对清单上在以后施工中工程量可能增加的项目报高价，可能减少的项目报低价；同时对清单上能够早日结算收款的项目报高价，后期项目报低价。

（2）投标单位通过研究设计图纸和招标文件，对清单上内容不明确，存在变更的可能性的项目报低价采用以上手段投标报价，会为以后的工程结算埋下伏笔。

中标后，对于第一种情况，要想办法说服甲方取消报低价的项目，增加报价高的项目；而对于第二种情况，要全力和甲方讨价还价，设法变更项目。通过以上手段，使工程造价向对自己有利的方向调整。

4.3 统计与资料管理

（1）及时准确地搞好招投标各种统计报表工作。

1)"月施工任务情况一览表"，于下月七日前报公司经营部。

2)"企业人员、在施、已竣工程情况一览"，于下月七日前报公司经营部。

3)"投标报价汇总表"在决标后七日内报经营部。

4)"招标工程完工情况报表"，做到结算一个报一个，不能拖拉。

（2）建立健全投招标资料档案。各单位要设专人负责收集、登记、保管投招标资料，做到及时归档，建立以下五本台账：工程信息、投标项目、中标项目、未中标项目、中标工程竣工结算五种台账。对投招标工程要认真进行分析，总结各种结构型式的投标报价，建立成本体系。投招标工作要逐步应用电子计算机进行管理。

4.4 信息管理

（1）投标职能部门要设专职信息工作人员，应当密切注视建筑市场动态，广泛积极获取投招标信息，建立"投招标信息卡"，定期向领导小组通报。信息联络人负责处理投标业务有关的来信来访工作，提供投标咨询。

（2）投标主管领导，根据提供的"信息卡"和公司系统情况，及时确定"兴趣工程"、"非兴趣工程"。对兴趣工程，首先进行研究决策。凡是确定投标的工程，要签订投标会签单，再交职能部门具体实施。

（3）单位职工都有提供信息的义务，对职工提供的信息，要认真积极选落实，及时把落实结果反馈给信息人。

（4）建立信息台账，分门别类存入微机中。做到及时搜集，及时传递，及时发布，及时反馈。

4.5 发展公共关系

（1）发展公共关系是企业适应环境，争取社会各方面理解、信任和支持的强有力的渠道。发展公共关系的目的，是提高企业产品的知名度和企业的声誉，树立良好的市场形象，扩大社会影响。

（2）发展公共关系坚持的原则：必须遵守国家法律、法规，贯彻党和国家的有关方针政策，以高质量产品和优质服务，既照顾企业本身利益，又对社会相关群体给予支持和援助。

（3）在开展公共关系中，严禁违法乱纪，防止低劣服务的行为发生。

4.6 跟踪管理

（1）凡中标工程都要实行跟踪管理，建立台账，掌握工程进展、质量、履约、结算等情况，并在竣工后按要求填表上报公司经营部。

（2）投标职能部门，要主动保持与甲方的联系，协助现场解决有关涉及招投标中的问题，协调甲、乙方关系，保证工程顺利进行。

（3）对跟踪的工程，投标职能部门除发现矛盾和问题及时向主管领导汇报外，还要积累资料，总结经验教训，以提高和改进工作。

拟定人	审核人	批准人	批准日期	实施日期
经营部	×××	×××	××年×月×日	××年×月×日

5.1.2 甲方的筹划程序

【实例5-1-2】某房地产公司招标阶段竣工结算筹划程序

××房产公司		招标阶段竣工结算筹划程序		文件编号	×××
序号	×	版本号	A/0	文件页码	共×页

1. 目的

为了加强工程投招标管理，做好竣工结算筹划管理工作，最大限度地节省投资，根据国家、省市政府颁发的有关工程招投标法律、法规，结合本公司的实际情况，特制定本办法。

2. 范围

本程序适用于公司所有项目的招标阶段结算筹划管理。

3. 职责

3.1 公司成立招标阶段竣工结算筹划领导小组，小组由公司总经理任组长，成员由公司副总经理、三总师组成。

3.2 公司招标领导小组下设招标办公室，由基本建设部、审计部、计划经营部、财务部等部门的主要领导组成，办公室设在基本建设部。

3.3 公司招标办主要职责为：

（1）贯彻和落实招标领导小组关于招标的各项规定。

（2）编制和修订公司招标管理办法和各项实施细则。

（3）完成公司招标领导小组交办的各项招标任务和其他工作。

（4）负责对公司系统内招标工作的日常管理、监督和检查，做好结算筹划工作。

（5）负责公司主管项目的招标申请、招标计划、评标委员会人员名单、评标办法的接收、送审等日常工作；参与招标代理工作，根据市场材料单价调查，控制主要材料，尤其是装饰、安装工程材料价格，杜绝"抬高标底"的现象。

（6）负责招标结果的预审查，并上报公司招标领导小组审批。

（7）分管的招标工作进行全面登记和资料立卷。

4. 程序

4.1 公司招标工作主要程序如下：

（1）按照本"管理办法"规定的招标管理范围进行项目登记，并上报至公司领导小组。

（2）招标申请经公司领导小组批准后，招标单位开展标书编制，标书审核工作。

（3）招标单位发布招标公告或向潜在的投标商发出投标邀请书。

（4）招标单位对投标商进行资格预审。

（5）标书出售。

（6）踏勘现场（如需要）。

（7）标书答疑。

（8）投标。

（9）编制评标原则，并在条件具备的情况下，编制标底。

（10）开标、评标。在公司招标办的监督下，评标委员会依照评标原则，开展评标工作。

（11）预审查。评标委员会将评标结果以书面报告形式及时提交公司招标办、招标办组织（或采用会签形式）对评标结果开展预审查。

（12）定标。由招标办组织相关招标工作组主要领导向公司招标领导小组或公司领导汇报，经公司领导审批后，形成定标意见。

（13）寄发中标通知书或预中标通知书。

（14）开展合同谈判。

（15）对预中标单位发中标通知书。

（16）签订合同。

（17）招标办根据国家有关招标资料管理的要求，将上述工作的全套文字资料进行整理立卷。

4.2 招标文件的编制

（1）编制招标文件要以国家"招标范本"为基准，编制时采取以下两种方法。

  1) 招标单位自行组织工程技术、经济、法律人员编制招标文件。
  2) 招标单位委托有资格的机构编制招标文件。
  (2) 招标文件包括的内容。
  1) 招标工程综合说明。
  2) 招标方式及对分包单位的要求。
  3) 钢材、水泥、木材等主要材料（包括特殊材料）与设备的供应方式，材料价差处理办法。其中由我单位供应现货的，应写明品种、规格和供货时间等。
  4) 工程款项支付方式及预付款的百分比。
  5) 对现行施工合同文本内容需修改和增加的条款。
  6) 投标须知。一般应包括下列内容：
  ① 投标企业编制、密封、投送标书应注意的问题；
  ② 无效投标书（即废标）的有关规定；
  ③ 有关竣工结算调价系数的时限规定；
  ④ 评标办法及中标优先条件；
  ⑤ 对投标企业参加开标会议人员的要求及名额限制；
  ⑥ 场地勘察、答疑，投标书送达和开标、决标时间、地点的安排；
  ⑦ 对中标单位签订承包合同的时间要求及未中标单位退还招标文件的要求；
  ⑧ 投标企业询问有关问题的方式和时间；
  ⑨ 其他应注意的问题。
  7) 招标单位认为必须向投标单位明确的问题。
  8) 招标文件附件的内容：
  ① 招标工程范围内的设计图纸；
  ② 招标工程范围内（指执行单价合同或以扩初设计进行招标的工程）的单项、单位工程分部分项实物工程量清单；
  ③ 所有定额项目中注明是"参考价"、"暂定价"的材料项目清单中注明名称、单位、"参考价"、"暂定价"；
  ④ 招标单位自行采购的材料、设备（包括进口材料、设备）清单及其暂定单价。
  (3) 招标控制价文件的编制。需要编制招标控制价的，招标控制价文件可由建设单位有资格的预算人员进行编制，亦可委托持有资质的咨询机构代编。
  1) 招标控制价文件的编制和核准的依据是：
  ① 全部设计图纸（其设计深度必须符合编制招标控制价文件和投标书的要求）和有关的设计说明；
  ② 在有效期内的国家工程概预算定额、材料市场信息价格以及其他有关规定；

③建设部颁布的现行建筑安装工程工期定额和本市实施工期定额的补充规定；

④根据工程技术复杂程度、施工现场条件，以及招标文件规定的提前工期等项要求而必须采取的技术措施。

2）招标控制价文件必须包括下列内容：

①招标工程综合说明。包括招标工程名称、建筑总面积、招标工程的设计概算或修正概算总金额、工程施工质量要求、定额工期、计划工期天数、计划开竣工日期等。

②招标工程一览表。包括单项工程名称、建筑面积、结构类型、建筑物层数、檐高、室外管线工程及庭院绿化工程等。

③招标控制价。包括招标工程总造价，单方造价，钢材、木材、水泥总用量及其单方用量。

④包干系数或不可预见费用的说明和工程特殊技术措施费的说明。

3）招标工程招标控制价总价、总工期的计算中，一般不包括下列因素：

①增加建筑面积或改变结构类型；

②改变建筑设计标准和建筑使用功能；

③因建设单位提供的地质勘察资料或地下管网、通道资料与现场实际情况不符而引起的工程处理费用；

④人力不可抗拒的自然灾害等。

在招标控制价总价中一般不包括合同期内尚未公布的季度竣工调价系数（包括招标控制价编制期已公布的季度竣工调价系数）和议价采购的价差部分。列入招标控制价的定额材料基价、季度竣工调价系数、参考价格等材料差价的计算基数，应执行××市造价站颁发的有关规定。

在开标会议上，当各投标书公开后，除各投标书报价均属无效报价外，招标单位应将招标控制价公布。

(4) 工程量清单的编制。

1）工程量清单编制一般委托两家咨询公司进行。第一阶段编制工程量清单，由一家咨询公司进行，根据工程大小一般控制在7～12天时间内；第二阶段对编制出来工程量清单请另一家咨询公司进行复核，一般控制在7～12天时间。

2）工程量清单主要依据招标文件、施工设计图纸等进行编制，当遇到图纸上设计不明问题，由我公司联系设计单位随时解答，以避免拖延编制时间。

3）为保证设计图纸及设计文件的质量和深度，要认真贯彻执行施工图审查制度，进一步加强设计质量和技术管理，明确建筑工程设计图纸在总图、建筑、结构等各个方面的深度要求，为工程量清单的编制提供技术保障，使工程造价专业人员能够快捷、准确地计算实物工程量，减少因图纸的错、漏、缺等现象而产生的计价失误。也可将图纸会审这道手续提前到编制实物工程量之前，参加人员可以由建设单位、设计单位、监理单位组成（监理单位招标确定只要凭扩初设计图就可以进行招投标），等到施工单位确定，就可以早早开工，缩短开工准备时间。

（5）招标文件编制完成后，招标单位应聘请评标专家和设计单位的有关人员进行审查，方能发售标书。招标文件的复核要点：

1）招标人提供的工程量是否准确、真实、相对完整，施工企业提供的工程量清单计价有无缺项、漏项。

2）不同项目的工程量清单对部分分项的划分及其包含的内容可以不尽相同，审价要特别予以关注，以避免重复计算。

3）报价文件是否依据《工程量清单计价规范》编制，工程量清单、措施项目清单和其他项目清单是否齐全。

4）工程量清单的编制单位是否具备相应资质，有无高估冒算情况，以避免清单编制质量低而直接影响编制计价项目的正确性和准确性。

拟定人	审核人	批准人	批准日期	实施日期
基本建设部	×××	×××	××年×月×日	××年×月×日

5.1.3 中介方的筹划程序

【实例5-1-3】 某造价咨询公司招投标阶段竣工结算筹划程序

××造价咨询公司	招投标阶段竣工结算筹划程序		文件编号	×××
序号	×	版本号	A/0	文件页码	共×页

1. 目的

为协助业主加强工程投招标管理，做好竣工结算筹划管理工作，最大限度地节省投资，特制定本办法。

2. 范围

本程序适用于雇主所有建设项目的招投标阶段结算筹划。

3. 职责

（1）招标代理部负责招标文件、评标办法的拟定及此阶段结算筹划工作的实施。

（2）造价咨询部负责工程量清单、标底的编制。

4. 程序

4.1 编制合理的招标文件

（1）招标文件应有利于体现业主的意愿，有利于工程施工的顺利进行，有利于工程质量的监督和工程造价的监控;避免给日后的施工管理与造价控制带来麻烦,造成纠纷,引起索赔,进而使工程造价失控。设计变更、增减工程签证结算问题应在招标文件中要明确约定,以避免引起竣工结算时的分歧和争议,导致成为投标单位追加工程款的突破口。

(2) 工程量清单的编制要求。

1) 明确提出工程内容与数量的要求。根据工程施工图纸和工程现场实际情况,认真计算工程量后,向投标人提供明确的工程量清单。工程量清单编制要符合招标文件的要求,分项的工作内容与工作要求应表述准确与完整,应做到不多算、不少算、不漏项、不留缺口并尽可能减少暂定项目,以防止日后的工程造价追加。

2) 周密考虑、不留缺口。对因客观因素无法预见、无法详细或不能明确计算的项目,应周密考虑,尽量使招投标工程的经济指标完整、不留缺口。作为"暂定项目"、"暂定价"列入工程量清单的,在招标中不能擅自改变,并在招标文件中应明确说明其调整和结算方法。

3) 根据详细、严密的工程量计算规则计算工程量。计算底稿由其他工作人员进行两遍检查。

清单的初稿印出来后,为了防止有重大的错漏,初稿必须交由丰富经验的部门经理进行整理、校订,以避免清单出现含糊及互相矛盾的地方。整理后,部门经理要带领部门造价师进行"清图"(Drawings Clearance)工作,即大家一起细阅每一张图纸,互相复查及提醒图纸上的每一部分是否都有人负责计量出来,若有遗漏,便可委派适合的人选将被遗漏部分进行计量。

之后,再进行"大数复算"(Bulk Checking)。由部门经理委派团队内计算不同部分的造价师以粗略的快速方法复核其他同事计算的数量,例如计算土建的可复核抽筋的,抽筋的可复计算土建的清单,若某项目概算出来的数量跟先前有重大出入,两位同事便讨论计算的方法及步骤,以避免出现重大错误。

最后,部门经理签字认可。工程量计算、汇总完毕后,根据类似工程经验再进行指标匡算,以保证每一数据的准确性。

4.2 制定科学、合理的评标办法

根据工程实际情况制订适合具体工程的评标办法,以达到真正选择具有一定优势的中标单位。

(1) 重视前期工作,减少招标工程造价确定的不确定因素,避免合同履行纠纷的发生。

(2) 招标过程要重实质轻形式。避免招标代理仅仅以是进行招标过程文案工作,而对工程招标中应行使的技术专业职责不予重视现象。代拟订的招标文件要针对具体工程拟订合适的合同条款,避免给投标人限定了报价(竞争)口

径，如规定材料价格按某月的信息价计算或按有关规定调整、土方工程按××定额计算等。使得招标过程失去了真正意义上的竞争，也给以后合同履行纠纷的发生留下了隐患。

（3）制定科学、合理的评标办法。避免评标内容与方法还是局限于数学统计指标的比较，即投标人报工程总造价，而对总造价是如何构成的并未予以重视，要对投标书进行正式的评价，对工程投标报价是否合理作出判断。

4.3 应对不平衡报价的程序

（1）针对不平衡报价的第一种情况，可对清单分项单价设立指导价，在此基础上计算出招标控制价。可以在招标文件中规定，指导价为投标单位对各分项报价的最高限价；也可以任由投标单位自由报价，但规定在总报价低于招标控制价时，各项目报价均不得高于指导价，从而将不平衡报价限制在合理的范围内。

（2）对第二种情况，招标单位须把前期工作做足，深化设计，在设计图纸和招标文件上将各项目的工作内容和范围详细说明，将价格差距较大的各项贵重材料的品牌、规格、质量等级明确。对于某些确实无法事先详细说明的项目，可考虑先以暂定价统一口径计入，日后按实调整，从而堵死漏洞。

4.4 招标工程后续工作的跟踪管理

（1）工程招投标过程结束后，要避免补充签订与招标文件实质不符的合同，如将招标工程中某些分项工程分割再次发包、调整中标工程造价的计算规则与标准等。

（2）合同签订以后，监督按招标文件精神实施工程，避免施工单位在工程实施过程中通过补充合同、施工签证、施工索赔等手段来弥补损失，使前期的招投标工作流于形式，前功尽弃。

拟定人	审核人	批准人	批准日期	实施日期
综合办公室	×××	×××	××年×月×日	××年×月×日

5.2 招投标程序中的机会点筹划

5.2.1 踏勘现场中的机会点

在实际工程投标时，常存在工程造价计算人员不到现场、与编制施工组织设计各自为政的现象。事实上，施工组织设计方案、施工现场与工程造价紧密相关，共同影响工程中标可能性及未来的利润。作为投标人首先应仔细考察施工现场，了解"三通一平"状况，调查工程所在地材料价、实际人工单价，土石方来源及弃土场所等做好工程造价计算的基础资料。同时要注意勘察现场，以便确定土方运距、材料是否二次搬运、现场周边环境、地理位置、交通、食宿、周边建筑对工程的影响。勘察现场，了解到具体的情况，最有利于在土方运距等方面竞争。

【实例5-2-1】某工程招标，投标人A没有到现场详细调查，想当然地报了8km运费，投标人B经过到现场实地察看后发现工程土方不必外运，故B施工单位报价时土方外运没有要，A当然其报价缺乏竞争力了，B因充分考虑现场情况最终中标。

分析：了解土方弃置现场周围是否有河流、积水、地下水位等情况（周边有已开挖的工程可了解一下水位如何），从而可初步判断降水费用，有些招标单位故意隐藏此类情况，让投标单位自行勘察自行判断，投标单位一旦疏忽，此项费用只好自己出了。

5.2.2 标书答疑中的机会点

（1）乙方要求澄清条款的技巧。投标人在研读招标书后，要认真进行审查，可能会发现标书中有不清楚的条款，这需要通过书面或标前会议向业主澄清。但并不是每一个条款都需要澄清的，业主和招标单位的澄清和勘误应以书面为准。这需要技巧：

1）对标书中可能增加实际工程造价（并非工程量）的含混之处，必须要求澄清，这既可使问题得以确认，亦可提醒和引导其他投标人将增加的造价考虑进标价，从而垫高其他投标人报价。

2）对标书中有利于投标人的含糊条款或错误，不应进行澄清，以免提醒其他投标人，也为今后自己增加利润留下机会。

3）招标文件编制不严密，存在漏洞将为工程多结工程款留下机会。

某些甲方编制招标文件的出发点本来是价格一次包死，但是由于在文字叙述上存在的漏洞，让乙方钻了空子，最后按实结算，从而造成了结算价高于中标价。某些甲方的招标文件对增加费用如何结算没有说明从而造成纠纷。某些甲方招标文件结算条款前后矛盾，将造成结算造价的增加。

【实例5-2-2】某办公楼工程，招标文件规定余泥外运按15km计算，但没有规定不能按实际发生距离调整，竣工结算时，施工方按有关部门出示的余泥排放点标明的距离竟然为32km，远远超过甲方招标文件的规定，乙方要求按实际运距调整造价。

分析：由于甲方没有事前认真审核招标文件，很容易被乙方钻了空子，造成甲方一定的损失。如果当初甲方在招标文件中加上这样一句话："工程结算时，工程量按实结算，投标单价不作调整，余泥外运由乙方自报单价，结算不作调整",则甲方能有效地规避这一风险。

【实例 5-2-3】某工程,招标时对停水停电窝工、自然环境改变增加费用在招标文件中没有写清,从而造成竣工结算时引起纠纷。

分析:招标文件的不清不楚将成为乙方进行索赔追加工程款的突破口,使工程陷入乙方先以低价中标,然后再大幅度调增价的圈套。

【实例 5-2-4】某工程由于甲方对当地造价计价规则不熟悉,有关条款造成了甲方的损失。如招标文件规定材料按《造价信息》计价,又规定乙方用水电按预算价结付。乙方按市场价格计算了水电市场价差,却按预算价结付,实际造成了乙方多算少还,造成甲方将少收回施工用水电费 10 多万元。

分析:招标文件的编制没有完整考虑工程造价计价规则及没有专业人员的参与,将造成计价概念的混乱,从而导致竣工结算纠纷的发生。

【实例 5-2-5】某工程招标文件规定了投标企业可结合市场情况和企业自身实力,自行确定优惠浮动幅度,确定投标总报价,并采用"固定价格、一次性包干"的合同类型,但又在相应条款规定"材料及人工价格按省、市造价管理部门发布的价格或指数及诸方法调整合同价格"。

分析:甲方业务概念不明确,文件条款自相矛盾,将成为结算纠纷的导火线。

【实例 5-2-6】某工程招标书上显示的建筑面积是 $4200m^2$,而在标底编制中按施工图实际计算出的面积是 $6750m^2$。投标者 A 就按 $4200m^2$ 来猜估"报价",而不按实际设计施工图进行正确计算报价,这样无论是工程造价和三材指标自然出入很大。投标人 B 用 $6750m^2$ 的实际造价与 $4200m^2$ 的相应造价对比,认为这个工程单方造价太高,人为又调低了造价。显然这个"造价太高"是因为用较大面积的实际造价除以不真实的较小面积这个"量"造成的。后经查实,按照施工图计算出的 $6750m^2$ 是正确的。A、B 不认真复核,所报的造价均因超低而失标。

分析:一个工程,按理说只有一个建筑面积,但在实际上,有时会出现同一工程同一设计图纸有几个不同"量"的面积。比如,设计图上有一个"建筑面积",施工图预算时也有一个与设计图不同的建筑面积(或大或小),审查结算时又有一个"建筑面积",这个"建筑面积"与设计图和施工图预算的面积相比又有差异。是怎样造成的呢?其主要原因是计算依据不同;对定额计算规则的理解不同或者设计发生变更;对各种形体复杂、造型各异的工程在计算中出现的技术性误差。建筑面积出现误差,将影响综合脚手架、垂直运输费用和超高人工、机械降效费用,并导致工程造价单方经济技术指标失真。

(2)甲方是否需要澄清条款的技巧。甲方将招投标答疑、补充说明、招标文件、工程量清单、设计图纸及有关资料发放给投标单位后,投标单位必然对招标文件的条款、工程量的计算、设计图纸的理解存在不同的看法和疑问；同时甲方在对招标文件和工程量清单的审查过程中发现的错误，也需要及时向乙方澄清。在这个时候甲方也要清晰分辨到底是真的不符合规定还是乙方只是想使图纸和要求适合其本身的技术。

【实例 5-2-7】 某写字楼的电梯招标，土建图纸等技术要求出来后，电梯厂家 A 因为甲方要求的尺寸型号不是其本身的标准产品，如果按甲方要求的尺寸制作，将大幅增加成本，从而造成其报价上升，中标的几率就大大减少了。在答疑会上，电梯厂家 A 要求甲方是否能改变图纸或土建的尺寸，以满足其标准产品的规格。

分析： 甲方要分辨出投标人提出的问题哪些是合理的，哪些是不合理的。在开标之前，由甲方及时召开会议，对甲方及投标单位提出的合理问题，做出澄清和答复，并将澄清和答复的结果，形成书面意见，构成招标文件的内容。

5.3 工程量清单的机会点筹划

5.3.1 分部分项工程量清单的机会点

清单编制人编制工程量清单的行为，实质上是在编写具体的合同条款，清单项目的划分、描述、工程量计算的准确性直接影响到合同的质量，最终影响到甲乙双方的直接利益。以下通过一些实例，对各主要分部分项存在的潜在机会利润点进行阐述。

（1）土石方工程利润点。

【实例 5-3-1】 某建设项目，建设单位提供的工程量清单如表 5-3-1 所示：

表 5-3-1　　　　　分部分项工程量清单与计价表

序号	项目编码	项目名称	项目特征描述	计量单位	工程量
1	010101001001	平整场地	三类土	m²	10 127

实际施工中，施工单位发现平整场地全部为挖方 -25cm，原清单中并未描述外运土方运距，施工单位遂提出增加土方外运的费用签证申请。

分析： "平整场地"项目适于建筑场地厚度在 ±30cm 以内的挖、填、运、找平。建设单位在编制工程量清单时应注意：如出现 ±30cm 以内的全部是挖方或全部是填方，需外运土方或借土回填时，在工程量清单项目中应描述弃土运距（或弃土地点）或取土运距（或取土地点），这部分的运输应包括在"平整场地"项目报价内。如果在招标文件中注明，取土、弃土地点由投标方自己定，项目特征中可不用描述，否则，不加描述将被施工单位抓住机会要求追加费用。

【实例5-3-2】 某体育馆土建工程由某造价咨询单位编制清单,该工程在土石方工程这部分,一是土质没有说明,二是土石方的场内外运输没说明,三是最后土方量是取土还是运土没反映出来,并且在总说明中这样说明,"如清单中的土方数量与现场有出入,由各投标单位根据现场情况自行在清单报价中考虑,结算时不再调整"。

分析: 实行工程量清单计价,体现的是风险共担的原则,即招标方编制并公开提供工程量清单,承担工程量方面的风险,投标方根据招标方提供清单进行报价,承担价格方面的风险,任何一方不应随意转嫁风险因素。因此工程竣工结算时,工程量一般均应按实调整。不利于投标人的问题施工单位在答疑时要指出来。就本例中的土方工程,一般预算编制者做预算时都是根据施工图的场地标高去计算土方工程量,而不是根据交付的施工场地标高去计算,最后的土方工程量不论是取土还是运土对施工单位来说都是亏的。

【实例5-3-3】 某商贸城招标工程,在设立"挖土方"清单项目时,招标人根据土方运距、土壤类别的不确定性,将清单名称描述为"挖土方 运距按现场条件确定、包含所有土壤类别",由投标人充分竞争报价,在现场施工条件不明确的情况下,最大限度地保证了建设单位的利益,适当转移了风险,其清单与计价表如表5-3-2所示:

表5-3-2　　　　　　分部分项工程量清单与计价表

序号	项目编码	项目名称	项目特征描述	计量单位	工程数量	金额/元		
						综合单价	合价	其中:暂估价
1	010101003001	挖基础土方	(1) 包含所有土壤类别 (2) 承台 (3) 运距由投标人按现场条件确定	m^3	10 920			
2	010101003002	挖基础土方	(1) 包含所有土壤类别 (2) 基础梁 (3) 运距由投标人按现场条件确定	m^3	276			

分析: ① 对于项目特征中的"土壤类型",应该按各地具体情况执行。② 土壤类型不同,梯形基坑、基槽的边坡施工放坡角度也不相同,因此挖方量也不相同;如果双方对工程量清单项目标注的土壤类型产生争议,不但可能会导致挖方数量索赔,甚至还可能会导致外运土、倒运土、回填土的数量索赔,这样就可能会出现一连串的骨牌效应。因此,招标人应该慎重对待。③ 对于项

目特征中的"土方运距",招标人不宜指定土方运距,即使招标人已经落实了弃土地点,从挖土地点到弃土地点的距离也应该由投标人自己测算,而不宜由招标人单方面决定,因为实际距离很难与招标文件完全一致,描述的过清反而容易引发施工单位距离索赔。况且,选择的运输路线不同,到达同一弃土地点的运距和路桥费也不相同。另一方面,就施工方案的经济合理性而言,准备回补的土方应该尽可能留在现场或现场附近,余土应该直接运出现场永久弃置,这样就会存在临时堆土的运距和永久弃土的运距,招标人应该怎样标注这两个运距数据?挖土深度大的那些基础土方作为永久弃土,还是挖土深度小的那些基础土方作为永久弃土?投标人中标后可能会设法推翻招标人的方案,重新提出运距尽可能远的方案进行索赔。对建设单位来说,较明智的作法是:包括运距在内的基础土方工程施工方案应该由全体投标人进行优胜劣汰的竞争,招标人不宜提出限制竞争的条件和数据。

【实例5-3-4】 某高速公路公司在招标合同条款及工程量清单中对桩的分类和地基处理作了明确规定,并实行土石比例及土石数量包干。

分析: 此举从根本上堵住了因土石数量变化而增加工程造价的漏洞。

【实例5-3-5】 某工程,招标人考虑到基础施工中或许会遇到不明的旧基础等,故招标人在工程量清单土方开挖一项中补充一句:"报价单位应充分估计到地下旧基础的可能出现,并在综合报价时考虑进去"。

分析: 招标人的此举能有效减少施工期间的现场签证。

【实例5-3-6】 某工程人工挖土方,工程量总共只有1500m^3。由于打字错误,建设单位在工程量一栏将工程量打成15 000m^3,但施工单位A没有仔细审查,认为土方量大,且工艺简单,故将综合单价报得很低。A中标后发现此错误,却因在合同中缺少工程量变动幅度的价格调整条款的约定,给施工单位A造成了不必要的损失。

分析: 当清单所提供的工程量有大的错误时,对于一个有经验的项目经理或造价工程师通常可以发现。这就需要对工程量进行复核。复核的方法有技术指标法、利用相关工程量之间关系复核法等。审核验算有疑问的工程量,对报价说明、所采用的规范及清单注释作为招标文件的重要组成部分,应仔细阅读,理解透彻,这样报价的时候才能清楚清单所列工程量所包含的工作内容,避免漏项或误解。当工程量清单中工程量与实际工程量存在差距,而施工单位又没有认真审查,这必然会造成施工单位所报综合单价和合价不准,导致施工单位的报价失误。

(2) 桩与地基基础工程利润点。

【实例5-3-7】 某办公大楼项目,建设单位将整个建筑分为8个标段分别进行招标。第一标段桩基础由当地A公司中标完成。后B建筑公司参加投标主体结构。主体项目由建设单位提供的报价清单中没有单列破桩头和接桩子项，经 B 公司仔细阅读标书发现该项工作包含在基础底板混凝土施工内容里，后 B 公司在报价中适当提高了该单项的单价，填补了破桩头的费用。

分析： 投标人需要认真分析建设单位提供的工程量清单，认真审核描述内容，从而确定清单是否真正漏项。

（3）砌筑工程利润点。

【实例 5-3-8】 某工程砖基础清单如表 5-3-3 所示：

表 5-3-3　　　　　分部分项工程量清单与计价表

序号	项目编码	项目名称	项目特征描述	计量单位	工程数量	综合单价	合价	其中：暂估价
1	010301001001	砖基础	（1）砖品种、规格、强度等级：黏土砖 （2）基础类型：柱基础 （3）砂浆强度等级：水泥 M5.0	m³	72.5			

分析： "砖基础"项目适用于各种类型砖基础：柱基础、墙基础、烟囱基础、水塔基础、管道基础等。应注意：对基础类型应在工程量清单中进行描述。砌筑要分清不同砂浆标号、砖的品种。

【实例 5-3-9】 某厂房工程，建设单位提供的工程量清单显示：垫层为两层，一层为三七灰土，一层为混凝土垫层，建设单位在特征描述中未标明垫层底面积，从而导致各投标人理解差异，工程竣工后，施工单位以实际垫层面积大为由要求增加垫层造价。

分析： 建设单位在特征描述时要注意，如果不标明垫层的底面积的话，投标单位就不能完整理解此项清单的内容，而且易造成今后结算纠纷。总之一点，你的清单描述需要让投标单位会报价，不能报价就会出现纠纷。

（4）屋面及防水工程利润点。

【实例 5-3-10】 某办公楼工程，图纸对屋面防水卷材 851 的厚度没有明确，建设单位提供的工程量清单中未对厚度进行描述。中标单位 A 报价 45 元/m² （按 1.5mm 厚）。而按当时的市场价及有关施工设计规范要求应是 2mm 厚的价，签订合同时，A 要求按比例调整价格，给结算价格的控制带来了难度。

分析： 对图纸理解深度不一，中标单位确定后，施工合同单价的确定与签订常引起争议，特别是在工程实施过程中，因对工程量清单描述的分歧及对图纸理解的不同常常引起争端。

（5）楼地面工程利润点。

【实例5-3-11】某工程，地砖施工单位报价中所含主材单价30元/m²，实际施工中，业务需求中高档80元/m²左右的地砖，由此引起了差价。

分析： 对此类现象建议在招标文件中对容易变动的主材设立暂定价，以避免结算时索赔和反索赔处理的纠纷。可以把地砖等部分材料定位为现场定货定价。

【实例5-3-12】某商场工程，外形、尺寸相同的柜台，由于内部结构和所使用材料的差异，价格相差很大。抛光砖地面，虽采用同一品牌，其不同规格、系列的产品之间仍有较大的价格差距（如500mm的瓷砖和1000mm的瓷砖差距悬殊很大）。该工程设计图纸和招标文件中对此说明不清，施工单位便有机可乘。施工单位进场施工时，采取最便宜的做法，因而引起建设单位的不满，施工单位就提出要工程变更，要求改变项目价格，以此和建设单位计价还价。

分析： 中高档装饰工程中，人工和材料较贵，不同品牌、规格的材料价格相关很大，这一点尤其突出。中标单位通过研究设计图纸和招标文件，对于清单上内容不明确、存在变更的可能性的项目报低价，进入施工阶段则全力和建设单位计价还价，设法滥竽充数或变更项目。

【实例5-3-13】某办公大楼装饰装修工程，其楼地面面积为1000m²，全部楼地面铺地毯（标书与图纸未提及对地毯的具体要求），共有A、B、C三家装饰公司参与投标，其报价分别为75万元、80万元、85万元，而A、B、C三家装饰公司所报楼地面铺地毯这一项的综合单价分别为300元/m²、200元/m²、100元/m²，将上述两项合计后，A、B、C三家装饰公司所报的价目分别为105万元、100万元及95万元。根据《中华人民共和国招标投标法》规定："中标价经审核的投标价格最低，但投标价格低于成本除外。"也就是合理低价为中标价。从上述情况看，C装饰公司总报价最低（95万元），但是，除去地毯项目以外，其报价却最高，因为C装饰公司所选择的地毯的主材价是最低的（约55元/m²），而A装饰公司尽管除地毯项目以外的报价最低，但是由于其选用了较高档的地毯（主材料价约220元/m²）来报价，所以最终报价则变成最高报价了。

分析： 就地毯这种最常见的室内装饰材料价来说最便宜的国产地毯不到30元/m²，高档的国产地毯价可超过300元/m²以上。由此可见，即使在注明是国产还是进口地毯的情况下，其主材价上下幅度可达10多倍。在招投标过程中，如果由于未规定主材的样板或主材的产地、厂家、规格、型号，当主材价上下幅度超过一倍时就能使整个招投标工作无法作出正确的判断，有时甚至作出错误的定标结论。尽管C装饰公司报价的利润率最高，但是，在大部分情况下，像C装饰公司这样的投标单位会成为中标单位。

(6) 墙柱面工程利润点。

【实例5-3-14】某工程混凝土柱面抹灰，招标人提供的工程量清单中未描述抹灰层厚度（图纸显示抹底灰15mm，水泥砂浆抹底灰20mm），实际施工中，施工单位未按图纸要求进度施工，建设单位要求返工，施工单位认为清单中未作厚度明确规定，他们的报价即按实际施工厚度所报，据不返工。

分析：工程量清单的描述应有保证工作内容的合格标准。同时注意，按组成合同的文件解释顺序，图纸优先工程量清单，故施工单位的说法是站不住脚的。

【实例5-3-15】某工程，建设单位提供的工程清单中，未提及石材车边及磨边的情况，投标单位在报价时，有的把车边、磨边的价格考虑在石材内，有的只考虑石材本身的价格。

分析：很多情况下石材按施工工艺要求切成45°斜边，有的还要磨成半圆边等形状，这些要求应明确在清单描述中，以免日后施工单位提出索赔。

（7）门窗工程利润点。

【实例5-3-16】某工程，招标单位在编制工程量清单时，只列出了门的数量（按樘或按m²），而忽略了"门套"2字，有的投标单位报价门扇价，而未包括门套及门锁等五金配件，这样使各单位投标报价缺少了可比性。

【实例5-3-17】某工程，用到一种进口夹丝玻璃，但设计方信息不灵，这种产品出了替代品，原产品已不生产了，施工单位在投标时报低价，到实施时由于没货不得不变更，建设单位只得据实结算。

分析：有些工程，有经验的施工单位逼迫着建设单位做变更，使变更朝有利于自己的方向发展，这样可以补偿费用。

（8）其他工程利润点。

【实例5-3-18】某住宅小区工程，投资巨大，建设单位采用邀请招标的方式分6期招标，首期工程建筑面积约60 000m²，由香港测量师行编制工程量清单，实行按招标图纸内容总价包干，其中部分工程为暂定数量，此部分结算按实际完成工程量计算。在该工程投标中，建设单位要求以暂定数量形式，按低装修标准报价，并纳入投标总报价中，某投标单位分析后认为建设单位有很大的可能会根据目前主流市场要求提高装修标准，因此对初级装修部分的报价作了适当下调，工程开工后，建设单位根据市场调查提高装修标准，全部改为精装修，并另由专业装修公司分包，由于该投标单位在投标时已将此部分利润转移到结构工程中，巧妙地避免了减少利润的风险。

5.3.2 措施费工程量清单的机会点

（1）常见措施费项目与实体项目的关联度。按常见措施费项目与实体项目的关联程度（仅以通用项目、建筑工程、装饰装修工程常见措施费项目为例），我们可以将措施费分为两大类如图5-3-1所示：

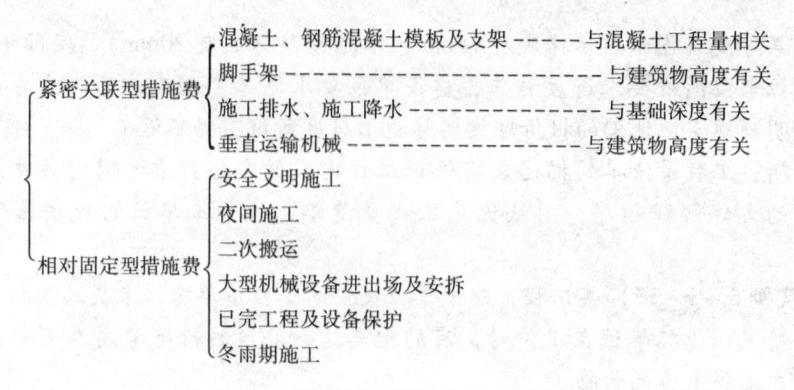

```
                       ┌ 混凝土、钢筋混凝土模板及支架 ----- 与混凝土工程量相关
紧密关联型措施费  ┤ 脚手架 ------------------------ 与建筑物高度有关
                       │ 施工排水、施工降水 -------------- 与基础深度有关
                       └ 垂直运输机械 ------------------ 与建筑物高度有关

                       ┌ 安全文明施工
                       │ 夜间施工
相对固定型措施费  ┤ 二次搬运
                       │ 大型机械设备进出场及安拆
                       │ 已完工程及设备保护
                       └ 冬雨期施工
```

图 5-3-1　措施费与实体项目关联度归纳

所谓紧密关联是指实体项目工程量的变化必然引起措施费项目金额的变化。以上分类仅供参考，实战中，哪些措施费项目会发生变化，对于不同的工程并非一成不变的，是和具体的施工条件相关的。在合同阶段，施工单位应加强预见性，对可预见到的未来的措施费可能变化可要求建设单位增加措施费调整条款，以避免自身承担变化风险。

(2) 措施费的调整。一般情况下，措施费是不作调整的，但当工程的不确定因素较多时，甲乙双方可在合同中约定施工过程中工程量、施工条件等发生变化时，其措施项目费用调整办法。如模板费、脚手架费投标方报价时可列出明细，当分部分项工程量清单项目中工程量发生变更时，其措施项目费可按合同约定作相应调整（如相应措施费按混凝土量增加比例进行调整）。如未约定，一般理解为不需要调整。清单条件下这种事前约定非常重要，施工单位要学会通过合同保护自己的合法利益（因为工程的变更是有经验的施工单位也不能预见的）。

(3) 措施费的设置应具前瞻性。措施费项目的设置更要从实际出发，结合国家的质量、安全等方面的法规、政策，合理列项，并全面详细地说明具体应包含的工作内容。同时应加强预见性，对实际施工中可能发生的不确定事项要适当考虑。

【实例 5-3-19】 某综合高层楼地基处理招标时，要求止水帷幕、管井降水费用一笔固定价格包死，因为该费用牵涉到采用的支护措施、降水措施、基础施工工期及地下水流量等综合因素，又因为该项目地处闹市区，地下管线错综复杂，建设单位也无法预计该费用准确数目。施工单位 A 经过多次现场查看和查阅大量资料，设计出了合理的支护、降水措施，准确地报出了价格，最终中标。

分析： 施工单位要注意勘察现场，以便确定现场周边环境、地理位置、交通、周边建筑对工程的影响，从而为报出准确合理的措施费打下基础。

5.3.3 其他项目费工程量清单的机会点

其他项目清单中我们重点介绍一下"暂列金额"提供给我们的利润点。《建设工程工程量清单计价规范》中的"暂列金额"是指招标人在工程量清单中暂定并包括在合同价款中的一笔款项,用于施工合同签订时尚未确定或者不可预见的所需材料、设备、服务的采购,施工中可能发生的工程变更、合同约定调整因素出现时的工程价款调整以及发生的索赔、现场签证确认费的费用。一般情况,一个工程的暂列金额按工程造价的5%考虑。作为招标人,作为有着丰富开发经验的开发商,一般都不希望发生太多的设计变更,因为设计变更越多,将可能意味着工程造价的增加,而工程造价的增加给招标人带来的影响就是投资计划的突破,这是任何一个招标人所不愿意看到的。这样,作为招标人,在确定暂列金额时,就会综合考虑其设计图纸的完善情况,合理确定暂列金额的多少。这样就从另一个侧面提示投标人一定的信息。当招标人提供的暂列金额较低时,意味着招标人前期的设计较为完善,预计后期变更内容较少,这时,投标人在进行投标报价时,应将投标重点放在清单范围内项目,不再追求设计变更可能带来的更多利润。当招标人提供的暂列金额较高时,意味着招标人前期的设计不是十分完善,有部分设计意图尚未最终确定,存在着较大的变化空间,后期变更内容将可能较多。这时,投标人在投标时,可以适当降低清单范围固有不变项目的利润空间,加大设计变更项目可能带来的利润空间。施工单位通过暂列金额这个窗口对建设单位动态的掌握,还应结合其他投标技巧,在具体的工程中综合运用。

5.4 不平衡报价的实战价值

5.4.1 乙方攻略

(1)实战价值。不平衡报价主要分成两个方面的工作,一个是"早收钱",另一个是"多收钱"。"早收钱"是通过参照工期时间去合理调整单价后得以实现的,而"多收钱"是通过参照分项工程数量去合理调整单价后得以实现的。对于竣工结算筹划而言,我们重点考虑并介绍后者的实战价值。在工程量清单投标报价中,很多乙方认为招标方已提供工程量清单,只要报一下项目单价就可以了。有的乙方由于时间紧,往往来不及仔细核对招标单位的工程量清单,搞一个市场最低价报上去就算了。这样做放弃了获取高额利润的机会,有时甚至会吃大亏。

清单报价多采用固定单价合同形式,它的游戏规则一般是最终结算工程量按实计算,单价包死。而实际情况国内大量项目存在边施工边设计边修改的情况，招标时清单工程量与实际结算时会有较大差距，如果能快速、精确测算出实际工程量，就可以有机会获取一笔额外利润。具体方法就是运用不平衡报价，将实际结算工程量将要减少的项目单价压低，工程量将增加的项目单价抬高，而使投标总价基本保持不变。这样有竞争力的投标总价结算时可获得一块额外利润，当然前提是你能在较短的投标时间内精确计算出工程量。

【实例 5-4-1】 某工程不平衡报价策略策划表如表 5-4-1 所示：

表 5-4-1　　　　　　　　不平衡报价分析表

序号	项目内容	清单中工程量	单位	标准报价/($元/m^3$)	标准投标合价	实际工程量	调整后投标单价	实际投标合价	结算价 标准结算价	结算价 实际结算价
(1)	(2)	(3)	(4)	(5)	(6)=(3)×(5)	(7)	(8)	(9)=(3)×(8)	(10)=(5)×(7)	(11)=(7)×(8)
1	C20 钢筋混凝土	2500	m^3	450	1 125 000	3500	510	1 275 000	1 575 000	1 785 000
2	C30 钢筋混凝土	4000	m^3	500	2 000 000	6000	560	2 240 000	3 000 000	3 360 000
3	C40 钢筋混凝土	6000	m^3	650	3 900 000	5000	585	3 510 000	3 250 000	2 925 000
	合计				7 025 000			7 025 000	7 825 000	8 070 000

分析：在此例中运用不平衡报价的实际结算价比按标准结算价提高了 3.1%，作为乙方，施工过程中通过管理提高 1% 的效益都相当困难的，几十个项目管理人员要在现场辛苦很长时间。而若投标不核算工程量，工程结算时甚至有可能吃大亏。这种情况就是你报价偏高的项目工程量结算时变小，而单价报得低的项目反而工程量增加了。这个案例说明投标报价时精确计算工程量能创造高效益。精明的乙方其实应在投标前，就应与设计工程师建立良好的关系，得到设计工程师一些非常有价值的指点，在投标时，甲方将对工程设计，材料选用有哪些修改意图，将会增加或减少什么？运用不平衡报价，可增加很多获利机会。

【实例 5-4-2】 某别墅群住宅项目，标书中规定地下结构部分工程量可以调整。乙方经现场查看其地基较差，估计混凝土用量将增加，就适当提高了基础部分混凝土的单价，后竣工结算下来颇有收益。

（2）基本原理。工程市场上经验表明，所有单价合同的项目在完工后，乙方实际结算收入与合同金额从来没有相等过，因此乙方运用不平衡报价在单价与工程数量的矛盾上做文章，寻找标书中存在的疏漏，在自己核算分析的基础上，投标时做出"人为"地合理协调，最终将挣回潜在的经济收入。下面通过

表 5-4-2 的数学演算，详细说明这个问题。

如果乙方在计算成本后，对于 A、B 两个分项工程拟按常规平衡报价填报下面的单价到清单报价单中。

表 5-4-2　　　　　　　　常规平衡报价的清单报价单

工程分项名称	清单工程量/m³	实际工程量/m³	单价/（元/m³）
A	5000	7500	100
B	3000	2000	80

则 A、B 两个分项工程的总报价为 A + B = 5000 × 100 + 3000 × 80 = 740 000 元，现在，使用不平衡报价进行调整。

若 A、B 两个分项工程的单价分别增减 25%，则 A 项工程的单价由 p 增至 $p' = 100 × (1 + 25) = 125$ 元/m³，B 项工程的单价 c 减至 $c' = 80 × (1 - 25\%) = 60$ 元/m³；调整后 A、B 的总价为 A′ + B′ = 5000 × 125 + 3000 × 60 = 805 000 元，(A′ + B′) - (A + B) = 805 000 - 740 000 = 65 000 元，即比用常规平衡报价增加了 65 000 元，使得合同总价也增加了相应金额。但是，为了保持合同总价不变，这种形式主义的增加应予以消除，即将增调回到零。调零的方法是将上面调整的单价之一固定，在总价不变的条件下，再对另一个单价进行修正，若将 B 项工程的单价维持在 60 元/m³，设调零后 A 项工程的单价为 p''，并解下列方法式求出其值；5000p'' + 3000 × 60 = 740 000，p'' = 122（元/m³），即 A 项工程的单价调整为 112 元/m³。此时，A、B 两个分项工程的总报价为 A″ + B″ = 5000 × 112 + 3000 × 60 = 740 000 元，即调整后仍维持总报价不变。同理，若将 A 项工程的单价维持在 125 元/m³ 不变，也可求出调零后 B 项工程的单价 c''。乙方在综合比较后，通常提高预计实际工程数量发生概率较高的那些分项工程的单价，并对其他分项工程进行调零修正。A、B 两个分项工程的不平衡报价时填报到清单中的单价如表 5-4-3 所示：

表 5-4-3　　　　　　　　不平衡报价的清单报价单

工程分项名称	清单工程量/m³	实际工程量/m³	单价/（元/m³）
A	5000	7500	112
B	3000	2000	60

乙方在执行合同的过程中，A、B 两个分项工程实际结算结果是：当使用常规平衡报价时，总收入为 7500 × 100 + 2000 × 80 = 910 000 元；改用不平衡报价后，总收入为 7500 × 112 + 2000 × 60 = 960 000 元；不平衡报价比原常规平衡报价实际上多收入 960 000 - 910 000 = 50 000 元。

乙方应该认真对待不平衡报价的分析和复核工作,绝不能冒险乱下赌注,而必须切实把握工程数量的实际变化趋势,测准效益。否则由于某种原因,实际情况没能像投标时预测的那样发生变化,则乙方就达不到原预期的收益,这种失误的不平衡报价甚至可能造成亏损。这充分证明不平衡报价是一把"双刃剑"。可以通过数学演算,对此作出一步的说明:

假设 A、B 两个分项工程实际完成的工程量分别为 u_1、u_2 (m^3),则当下列不等式成立时,承包商就将发生亏损:$112u_1 + 60u_2 \leqslant 100u_1 + 80u_2$。

在保证总标价维持不变和尽可能低的条件下,进行上述两方面的不平衡报价时,乙方必须注意要控制在合理适度的范围。通常两种情况下的调整幅度均在 30% 以内,也可视具体情况再高一些。因为若不平衡报价的上下浮动过大,与正常的价格水平偏离太多,容易被甲方发现并视为"不合理报价"从而抵制,从而降低中标的机会甚至被判作废标。

5.4.2 甲方对策

(1) 如何发现"不平衡报价"。最常用的方法是单价对比法,它的方法是:招标人通常可能将投标书的单价并列于一份未用的清单内,制成"投标人综合单价对比表",这样很方便比较投标者的单价及总价,通过对比也容易发现不平衡报价的身影。表式如表 5-4-4 所示:

表 5-4-4　　　　　　　　投标人综合单价对比表

序号	项目编码	项目名称	计量单位	综合单价					
				标底价	投标人 A 报价	投标人 B 报价	投标人 C 报价	投标人 D 报价	……
…									

当发现标书中有某些工程分项的单价不合理地高或低时,而此等工程分项在数量上如有大增减时会导致最终工程价有大变动时,审标人员要小心考虑应否将该工程判给该投标者。若投标者的标价很低而审核人员仍然认为应该将该工程批与该投标者,他们必须在审核标书报告中列明原因。

在审查投标单位报价时,应克服只看总造价不看分项单价的思想,因为实际上总价符合要求的,并不等于每分项报价符合要求;总报价最低的,并不等于每一项报价最低。要克服只看单价不看相应工程数量的弊病,工程数量大的单价要重点研究,并应充分利用第一阶段收集到的工程价格数据,对其进行对比分析,区分哪些报价过高,哪些报价过低,必要时可运用回归法确定合理报价。

（2）如何抵制"不平衡报价"。甲方可以对清单上各项目单价设立指导价，在此基础上计算出标底。因工程量清单报价一般采用综合单价法，各项目单价中已包括该项目除规费、税金外所有费用，包括直接成本费、管理费、利润，所以指导价也应为综合单价，即招标控制价和标函采用相同的计价方式。甲方可以在招标文件中规定，指导价为投标单位对各项目报价的最高限价；也可以任投标单位自由报价，但规定在总报价低于招标控制价时，各项目报价均不得高于指导价，从而将不平衡报价限制在合理的范围内。这里关键在于指导价的确定是否合理，能否做到同市场价格基本一致，杜绝暴利，同时又包括合理的成本、费用、利润，防止过分压价。这要求指导价的确定务必由有相应资质的造价咨询单位进行。在评标分析时，评标小组可以借助指导价分析报价差异的原因，甚至用以估计报价是否低于成本。另外，甲方须把前期工作做足，深化设计，在设计图纸和招标文件上将各项目的工作内容和范围详细说明，将价格差距较大的各项贵重材料的品牌、规格、质量等级明确。对于某些确实无法事先详细说明的项目，可考虑先以暂定价统一口径计入，日后按实调整，从而堵死漏洞。

第6章 合同签订阶段竣工结算的筹划

6.1 合同签订阶段竣工结算筹划程序

在合同签订阶段,乙方筹划的重点是合同条款的设置上;甲方筹划的重点是合同条件、合同类型、计价依据的控制,从而为结算筹划打好合同基础;中介方在此阶段主要是弥补甲方在专业上的劣势,严格把关,防范不利于结算、有可能造成结算失控的合同条款的存在。

6.1.1 乙方的筹划程序

【实例6-1-1】某建筑公司合同签订阶段竣工结算筹划程序

××建筑工程公司	合同签订阶段竣工结算筹划程序	文件编号	×××
序号	×	版本号	A/0	文件页码	共×页

1. 目的

为规范公司合同的管理,防范与控制合同风险,实现建立在有利合同基础上的利润最大化,做到签约有约束,维护公司的合法权益,制定本程序。

2. 范围

本程序适用于公司签订和履行的所有建设工程施工合同。

3. 职责

3.1 公司总经理负责建设工程施工合同的批准签订。

本条所指重大合同是指(主要是按合同标的数额来确定)××万元以上的合同,一般合同是指××万元以下的合同。

3.2 合同管理部(合同管理员)负责各类合同的审查工作,具体职责是:

(1) 负责国家、省、市有关合同示范文本的推广使用工作,负责公司有关示范文本的编制和推广使用工作。

(2) 负责各部门提交的各类合同的合法性、可行性、有利性审查,并出具审查意见。

(3) 负责公司各类合同的洽谈。

(4) 负责监督、检查各分公司施工合同、劳务分包合同、专业分包工合同、物资设备买卖合同的履行情况。

(5) 负责公司各类合同备案工作。

(6) 参与公司各类合同纠纷的调查。

3.3 项目经理部经理（或分管副经理）负责建设工程合同、材料设备买卖合同的具体履行工作。其主要职责是：

(1) 负责宣传、贯彻有关法律、法规和规章，组织学习所在工程项目的各类合同并熟悉内容，做好合同交底工作。

(2) 履行建设工程合同中规定的职责，监督分包工程的进度及工程质量。

(3) 监督材料、设备的验收。

(4) 负责所在项目所有合同的日常管理工作，收集、记录、整理和保存与合同有关的协议、函件，办理工程变更和签证，并及时提交公司合同管理部。

(5) 收集、整理索赔资料，提供索赔依据，书写索赔报告。

(6) 监督所在项目各类合同的履行情况，发现问题及时向公司合同管理部。

4. 工作程序

4.1 合同的签订及形式

(1) 合同主体的审查

订立合同前，应当对对方当事人的主体资格、资信能力、履约能力进行调查，不得与不能独立承担民事责任的组织签订合同，也不得与法人单位签订与该单位履约能力明显不相符的经济合同。

签订建设工程施工合同要重点审查业主的项目立项文件、招标文件，以确定发包人的主体资格；审查项目资金落实程度及业主以往合同履约情况，以确定业主的履约能力。

公司一般不与自然人签订经济合同，确有必要签订经济合同，应经××同意。

(2) 合同的形式

订立合同，除即时交割（银货两讫）的简单小额经济事务外，应当采用书面形式。"书面形式"是指合同书、补充协议、公文信件、数据电文（包括电报、传真、电子邮件等），除情况紧急或条件限制外，公司一般要求采用正式的合同书形式，有示范文本（包括公司制定的示范文本）的应当使用示范文本。

4.2 合同的条款机会点筹划

(1) 建设工程施工合同一般应当按照国家或公司制定的示范文本和公司编制的操作指导书规定的内容填写。

(2) 当事人的名称、住所：合同抬头、落款、公章以及对方当事人提供的资信情况载明的当事人的名称、住所应保持一致。

(3) 合同标的：合同标的应具有惟一性、准确性，买卖合同应详细约定规格、型号、商标、产地、等级等内容；服务合同应约定详细的服务内容及要求；对合同标的无法以文字描述的应将图纸作为合同的附件。

（4）数量：合同应采用国家标准的计量单位，一般应约定标的物数量，无法约定确切数量的应约定数量的确定方式（如电报、传真、送货单、发票等）。

（5）质量：有国家标准、部门行业标准或企业标准的，应约定所采用标准的代号；农副产品、化工产品等可以用指标描述的产品应约定主要指标要求（标准已涵盖的除外）；凭样品支付的应约定样品的产生方式及样品存放地点。

（6）价款或报酬：价款或者报酬应在合同中明确，采用折扣形式的应约定合同的实际价款；价款的支付方式如转账支票、汇票（电汇、票汇、信汇）、托收、信用证、现金等应予以明确；价款或报酬的支付期限应约定确切日期或约定在一定的日期后多少日内。

（7）履行期限、地点和方式：履行期限应具有确定性，难以在合同中确定具体期限的应约定确定期限的方式；合同履行地点应力争作对本方有利的约定。

（8）合同的担保：合同中对方事人要求提供担保或本方要求对方当事人提供担保的，应结合具体情况根据《担保法》的要求办理相关手续。

（9）合同的解释：合同文本中所有文字应具有排他性的解释，对可能引起歧义的文字和某些非法定专用词语应在合同中进行解释。

（10）保密条款：对技术类合同和其他涉及经营信息、技术信息的合同应约定保密承诺与违反保密承诺时的违约责任。

（11）合同联系制度：履行期限长的重大经济合同应当约定合同双方联系制度。

（12）违约责任：根据《合同法》作适当约定，注意合同的公平性。

（13）解决争议的方式：解决争议的方式可选择仲裁或起诉，选择仲裁的应明确约定仲裁机构的名称，双方对仲裁机构不能达成一致意见的，可选择第三地仲裁机构。

4.3 签订合同的工作程序

（1）建设工程施工合同的签订。

1）合同洽谈前，公司合同管理部必须按本制度第4.1条的规定对发包人的综合情况进行考察。建设工程施工合同中投标中标的项目，要审查业主的招标文件、我方的投标书、中标书、纪要、往来信函等文书，召集有关部门认真组织合同洽谈准备会，制定谈判的原则和方案。

2）尽量增加合同"开口"项目，作为增加预算收入的埋伏。按照设计图纸和预算定额编制的施工图预算，必须受预算定额的制约，很少有灵活伸缩的余地；而"开口"项目的取费则有比较大的潜力，是项目创收的关键。

3）合同洽谈过程中，对于涉及担保、预付款、各类保证金等费用较大的项目，要重新进行评审。合同谈判人员负责向合同执行单位进行书面交底。

4）合同主要条款商定后，由合同管理部负责起草文本，附合同会审表交相关部门（项目部、财务部等）进行会审后，公司分管副总经理（或总经济师、合同主审人员）认为已经基本没有异议的，提交审查意见，报公司法定代表人或委托代理人批准签字。工程项目经理必须参与合同签订活动的全过程。

5）合同经双方签字、盖章后，按法律法规规定或合同约定必须办理鉴证、公证手续的，由合同管理部负责办理。按规定须经上级有关部门批准才能签订的合同必须经批准后才能签订。

（2）其他经济合同的签订。

其他经济合同由主办人员与对方当事人商谈后拟好合同条款，附合同会审表报部门（项目）经理审批或预审，在部门（项目）经理权限范围内的合同由部门（项目）经理批准，由部门（项目经理部）合同管理员加盖合同专用章；其他重大经济合同由部门（项目）经理签署意见后由合同管理部进行合法性审查，报总经理批准签订。

4.4 合同的变更、解除

（1）在合同履行期间由于客观原因需要变更或者解除合同的，须经双方协商，重新达成书面协议，新协议未达成前，原合同仍然有效。本方收到对方当事人要求解除或变更的通知书后，应当在规定的期限内作出书面答复。变更或解除经济的，应当采用书面形式（包括书信、电报），法律、行政法规规定变更合同应当办理批准登记等手续的，应依法及时办理。

（2）存在下列情形之一的，本方可以单方解除合同。

1）因不可抗力致使不能实现合同目的。

2）在履行期限届满之前，对方明确表示或者以自己的行为表明不履行主要债务。

3）对方迟延履行主要债务，经催告后在合理期限内仍未履行。

4）对方迟延履行债务或其他违约行为致使不能实现合同目的。

5）法律规定的其他情形。

（3）公司任何人员不得擅自以公司名义变更或解除合同。若确需变更或解除时，由合同经办人查明原因，提出意见，经批准签订的部门或领导审核后，认为已出现了本制度4.4（2）条规定的情形的，应提交公司法律顾问审查并签发解除合同的函；对方没有违约，应同对方协商，达成一致意见，并依法签署变更或解除合同的书面协议。

合同变更必须由原合同起草部门负责更改，按《合同评审程序》办理合同变更评审，并办理书面的合同变更手续。做好变更文件的整理、保存和归档工作。变更后的合同与原合同的发放的范围相同。

(4) 对方提出合同变更的,变更程序也应按 4.4 (3) 规定的程序执行。合同变更引起索赔的,合同变更必须与索赔同步进行,索赔协议是合同变更的处理结果,是变更后合同一部分。

(5) 对于特殊情况下合同履行过程中的合同中止(包括停、缓建),必须及时办理中止手续,收集因中止合同给本公司带来的经济损失证据和资料,及时追究对方的责任。中止的合同又恢复继续履行时,依相同程序办理恢复手续。合同的恢复与中止都必须通知合同审批部门或领导。

(6) 合同未履行完毕,但确定不再继续履行,合同履行部门应做好终止记录,收集履行过程中所有与合同有关的文件,做好经济往来和工程结算工作,办理解除合同的手续。资料移交公司档案室保存。

4.5 合同的履行

(1) 公司及所属公司应当按照合同约定全面履行自己的义务,并随时督促对方当事人及时履行其义务。合同履行中发生的情况应建立合同履行执行情况台账。

(2) 有关合同履行中的书面签证、来往信函、文书、电报等均为合同的组成部分,合同经办人员应及时整理、妥善保管。合同实施中要不断利用追加的合同组成部分的机会,不断优化合同环境,为竣工结算创造有利条件。在合同履行过程中,对本公司的履行情况应及时做好记录并经对方确认。向对方当事人交付重要资料、发票时应由对方当事人出具收条,履行合同付款时应由对方当事人出具收条。

(3) 对合同履行过程中的违约情况或违反合同的干扰事件,合同履行单位、项目经理部应及时查明原因,通过取证按照合同约定及时、合理、准确地向对方提出索赔(含违约)报告。当本公司接到对方的索赔(含违约)报告后应认真研究并及时处理、解释或提出反索赔,公司员工不得擅自在对方当事人出具的索赔报告、对账单等确认类文书上签字盖章,确须确认的,应视具体内容经公司领导或部门(项目经理部)负责人同意。

(4) 在履行合同过程中,经办人员若发现并有确切证据证明对方当事人有下列情况之一的,应立即中止履行,并及时书面上报公司办公室处理,公司办公室应立即向公司法律顾问咨询,并将基本情况和法律顾问的处理意见一同上报公司领导:

1) 经营状况严重恶化。

2) 转移财产,抽逃资金,以逃避债务。

3) 丧失商业信誉。

4) 有丧失或者可能丧失履行债务能力的其他情形。

5) 债权债务的定期确认和发生重大变动时的确认。

6）在重大、复杂合同的履行过程中，经办人员应定期与对方对账，确认双方债权债务。

7）在对方当事人发生兼（合）并、分立、改制或其他重大事项以及本公司或对方当事人的合同经办人员发生变动时，应及时对账，确认合同效力及双方债权债务。

4.6 经济合同纠纷的调解、仲裁和诉讼

（1）合同双方在履行过程中发生纠纷时，应首先按照实事求是的原则，平等协商解决。

（2）合同双方在一定期限（一般为一个月）内无法就纠纷的处理达成一致意思或对方当事人无意协商解决的，经办人员应及时书面报告部门经理，由部门经理拟定处理意思，报总经理或副总经理决定。对方当事人涉嫌合同诈骗的，应立即报告公司合同管理部。

（3）公司决定采用诉讼或仲裁处理的合同纠纷，以及获知对方当事人准备或已经申请仲裁或提起诉讼的，相关部门应及时将合同的签订、履行、纠纷的产生及协商情况整理成书面材料连同有关证据报公司办公室，由公司统一委托律师或其他专业人员办理。

4.7 合同的日常管理

（1）本公司实行二级合同管理，合同管理部全面负责公司的合同管理；项目经理部设立的合同管理员负责所在部门的合同管理，其他部门不设合同管理员。

（2）公司的合同专用章专人管理，合同管理部、项目经理部各保管一枚，分别编号，合同专用章印模需送登记注册的工商行政管理部门备案。签订合同时，合同各方应在同一时间、同一地点签字并盖章，合同各页之间应当加盖公司骑缝章。

（3）签订合同正本、副本份数按需要确定，正副本应区分清楚。合同签订后交公司办公室留存，其余各职能部门或合同履行部门由公司办公室负责编号受控分发。除公司办公室外，其他部门复印合同必须事先征得公司办公室同意，由公司办公室统一编号受控，并加盖专用印章。所有合同发放均应做好发放记录。

（4）已签订的合同以及与合同有关的补充协议、会议纪要、业务往来传真、信函、索赔报告、对账单、合同台账等资料应集中由合同管理员保管。合同管理员应对上述材料分类登记成册，业务人员与对方当事人结账时可从合同管理员签领相关材料。

（5）对于合同履行和竣工结算均已完成的工程，合同执行部门应向合同管理部提交合同履行情况的工作报告。合同管理部审查后，连同合同、结算书以及一切往来文书、经济签证、变更记录、竣工验收证书等所有资料装订成册，送交公司档案室存档保存。

4.8 考核与奖惩

（1）公司、所属各分公司全体职员应当严格遵守本制度，有效订立、履行合同，切实维护公司的整体利益。公司办公室负责本制度执行情况的监督考核。

（2）对在合同签订、履行过程中发现重大问题，积极采取补救措施，使本公司避免重大经济损失以及在经济纠纷处理过程中，避免或挽回重大经济损失的，予以奖励。

（3）合同经办人员出现下列情况之一，给公司造成损失的，公司将依法向责任人员追偿损失：

1）未经授权批准或超越职权签订合同。

2）为他人提供合同专用章或盖章的空白合同、授权委托书。

3）应当签订书面合同而未签订书面合同。

（4）合同经办人员出现下列情况之一，给公司造成损失的，公司酌情向有关人员追偿损失：

1）因工作过失致使公司被诈骗。

2）公司履行合同未经对方当事人确认。

3）遗失重要证据。

4）发生纠纷后隐瞒不报或私自了结或报告避重就轻，从而贻误时机的。

5）合同专用章、盖章的空白合同、授权委托书遗失未及时报案和报告。

6）未履行规定手续擅自在对方出具的确认书、索赔报告上签字而给公司造成损失的。

7）其他违反公司相关制度的。

（5）公司职员在签订、履行合同过程中触犯刑法，构成犯罪的，将依法移交司法机关处理。

拟定人	审核人	批准人	批准日期	实施日期
合同管理部	×××	×××	××年×月×日	××年×月×日

6.1.2 甲方的筹划程序

【实例6-1-2】某房地产公司合同签订阶段竣工结算筹划程序

××房地产公司		合同签订阶段竣工结算筹划程序		文件编号	×××
序号	×	版本号	A/0	文件页码	共×页

1. 目的

为规范公司合同的管理，防范与控制合同风险，有效控制投资，维护公司的合法权益，制定本程序。

2. 范围

本程序适用于公司所有建设工程施工合同。

3. 职责

(1) 基建科负责工程项目的经济合同管理工作。

(2) 审计科负责拟定后的合同条款的审核。

4. 工作程序

4.1 建筑工程合同谈判：是以建设单位招标文件与中标人的投标文件，建设工程合同范本及相关法律作为基本依据进行，明确双方达成的协议内容，由招标人和中标人签约。建设工程合同条款拟定后送公司审计科审核。

4.2 合同条款的制定：要加强合同管理，严密经济合同，不留活口，减少合同纠纷，提高投资效益。基建科负责工程项目的经济合同管理工作。

(1) 工程内容、承包方式、质量要求、开工、竣工时间、材料、设备供应方式及价款结算办法、竣工验收及最终结算，甲乙双方的权利和义务，以及违约处理等均应明确在合同条款中，不留缺口以免造成扯皮。

(2) 施工合同价款必须明确是固定总价合同、固定单价合同、可调价格合同或成本加酬金合同。业主和承包商签订的施工合同价款即是招标的中标价格。一般来说，对工期较短、规模较小的施工项目，宜采用固定价格合同，以有利于施工进展过程中的工程款拨付控制；对工期较长、规模较大、前期准备不甚充分的施工项目，可采用可调价格合同，以更好地、实事求是地反映工程实际费用支出。如系固定总价合同，必须写明总价固定包干的范围，应包含双方在工程招标书和中标书及其附件已经明确的工程内容和预计的风险因素（在先前的招标文件中，应附明确的施工图纸目录以及施工范围）。

(3) 工程造价计价模式条款：条款应包含本工程造价的计价模式，一经签订，不可随意更改。并应注意投标人的优惠条件的兼容。对现场签证、设计变更也应约定发生这些情况后的工程价款处理方式、结算方式；对于不形成工程工体实物工作量的费用，在合同制定时应力求做到界面清晰，有据可查，将不可预知隐含的内容减少到最小的程度。对合同价款为暂定价款合同，约定的计价方法在合同中必须严谨，约定力求面面俱到，对整个施工过程中涉及的施工费用计取标准均应严格约定。

(4) 工程款拨付方式条款：对承包商的工程款拨付，或以时间进度为节点（一般为月进度）或以形象进度为节点，在总合同价款控制前提下多节点进度款控制，一般应在进度款提交、核定和拨付时间上有明确规定，以维护双方利益。

(5) 可转化为经济责任的条款：这些条款可转化为经济责任，合同中一般以质量违约金、工期违约金、环保违约金等责任条款出现，有明显的奖罚措施。如果认为合同价款已经是投标承诺的对应价款，则可以只罚、不另奖，以促使承包商兢兢业业按照投标承诺抓质量、抓进度、抓安全、抓环保等。

(6) 隐含的经济责任条款：这些条款体现在施工合同的各个方面，既有对承包商的制约，也有对业主的制约，其中有些是一旦事实发生，承包商可以进行索赔的依据。对承包商的制约有：向业主提供月进度计划及其相应进度统计报表；根据工程需要，提供和维修非夜间施工使用的照明、围栏设施，并负责安全保卫；遵守政府有关生产主管部门对施工场地交通、施工噪声以及环境保护和安全生产等的管理规定，按规定办理有关手续；已竣工工程未交付甲方之前，负责已完工程的保护工作，保护期间发生损坏，乙方自费修理；在工程交付之前，保证施工场地清洁，符合环境卫生管理的有关规定，承担因自身原因违反有关规定造成的损失和罚款；如果承包商未能履行上述各项义务造成损失的，承包商赔偿相应损失等。另还有一些条款带有时限制约，隐含经济责任条款。

(7) 确定保护性条款：保护性条款指在招标文件中，对各种有可能出现的情况所作的处理规定。由于工程量清单报价的报价策略十分多，且往往会对招标人造成不小的伤害，故组织保护性条款是非常重要的。另还需要考虑诸如天气、环境、法律法规、金融环境、支付形式、市场价格的波动等诸多风险问题。常见的保护性条款，一般规定以下几个方面：

1) 工程量的调整原则和变更依据（清单项目、措施项目、其他项目……）。
2) 价格的调整原则和变更依据（单价、合价）。
3) 结算的具体要求和详细的支付形式规定。
4) 对天气环境变化的处理方法。
5) 对法律法规、金融环境变化的处理方法。
6) 对具体服务内容的范围和可能发生的问题的处理方法。

保护性条款应结合项目规模、工艺要求、结构特点、发包形式、合同价格形式、清单项目的划分的情况、评标办法等环节的具体要求，分布于各个章节。

4.3 履行建设工程合同管理是基建科的重要职责。基建科应严格履行施工合同规定，按照施工合同条款行使权利，对工程质量、工期、进度、竣工验收、保修资金结算以及材料、设备采供等各个环节进行管理，对工程监理合同进行督促、检查和落实。

拟定人	审核人	批准人	批准日期	实施日期
基建科	×××	×××	××年×月×日	××年×月×日

6.1.3 中介方的筹划程序

【实例6-1-3】 某造价咨询公司合同签订阶段竣工结算筹划程序

××房地产公司		合同签订阶段竣工结算筹划程序		文件编号	×××
序号	×	版本号	A/0	文件页码	共×页

1. 目的

为协助业主做好合同管理，防范与控制合同风险，有效控制投资，维护雇主的合法权益，特制定本程序。

2. 范围

本程序适用于受业主雇佣管理工程的合同筹划。

3. 职责

造价管理部负责工程项目合同的筹划管理工作。

4. 工作程序

4.1 在起草工程合同时，要由专业技术人员、合同管理人员共同参与，逐字逐句地推敲合同各项条款，不留缺口，做到业主与承包商责、权、利分明，为今后工程竣工结算打下良好的基础。

4.2 施工合同的审核：

(1) 注意掌握合同文件中关于工程量清单表的规定。工程量清单表是施工合同的总纲，是招投标的基础，也是工程结算的重要依据。例如有的招标文件规定："本工程量表所列的工程量是按照设计图纸和工程量计算规则计算列出，作为投标报价的共同基础；本合同项下的全部费用都应包含在具有标价的各项目价格单项中，没有列出项目的费用应视为已分配到有关项目的价格中。除非招标文件中另有规定，承包商所报的价格应包括完成所需进行的一切工作内容的费用。如果报价表未列出，建设单位将认为承包商不收取这方面的费用，或在其他款项下已经综合进行计算，勿须附任何说明。"

(2) 重视合同的条款措辞。施工合同一旦签订，就具有一定的法定效力。故在施工合同的条款措辞上应仔细斟酌，反复推敲，防止出现歧义，从而导致日后竣工结算出现争议。建设工程施工合同是承（发）包双方为完成的建筑安装工程，明确相互权利和义务关系的协议。业主由于受专业限制等综合因素，对施工合同的合法性、合理性缺乏深刻的理解。往往在未完全理解有关条款的内涵，似懂非懂的情况下，就轻易地在施工合同上签字盖章，使合同生效，产生法律效力。不少有经验的承包商，在利用合同正当保护自己的同时，瞅准了业主这方面的弱势，乘机钻隙，搞文字游戏。为了得到施工方自身的利益，潜意识地在合同有关条款中留下日后索赔的伏笔。中介单位造价工程师在审查施工合同的合法性、合理性时,要及时发现和纠正此类合同中不严谨的文字现象,预先避免业主为此造成的不必要的费用损失,减少因此引起的合同经济纠纷诉讼。

拟定人	审核人	批准人	批准日期	实施日期
造价管理部	×××	×××	××年×月×日	××年×月×日

6.2 合同阶段的竣工结算筹划

6.2.1 合同谈判策略

一个优秀的合同预算人员,应具备良好的心理素质和丰富的专业知识,在合同及预算谈判时审时度势、察言观色、反应敏捷、应变能力强;掌握主动权,抓住瞬息机遇,利用对方心态,设法调动对方会谈积极性。对对方提出的质疑,做到心中有数,能给以满意的解释,给人以说服力。同时要驾驭全局、及时总结、引导、求同存异;善于寻找、捕捉谈判的"突破口"。不论从口才、心理学、洞察能力上,都应该有一定的能力。建筑施工、技术材料、各种法规、内外部环境,也应充分了解。做到准备充足,有备而来,才能掌握合同、预算谈判的主动权。

(1) 暴露对方、隐藏己方。让对方先表明所有要求,你可以做到心中有数,并隐藏住自己的观点,拿对方提出的重要问题做筹码,争取对方让步。对较小的问题可做一些让步,以获得对方心理上的平衡,但不能轻易让对方获得,不要让步太快,因为他等得愈久,就愈加珍惜。也不要做无谓的让步,每次让步都要从对方那儿获得更多的益处。有时不妨作些对你没有任何损失的让步,如"这件事我会考虑一下的"这也是一种让步,让对方从心理上有所缓解,或给对方留下余念。

(2) 适时说"不"、寸土必争。在谈判桌上,双方各自代表本公司的利益。如果感觉有必要说"不",就应该勇敢地提出来,只要你说得有道理,会使对方相信你说"不"是认真的。必须始终保持全局有利的总体观念。记住自己的每个让步都是你利润的组成部分,如果有些让步想反悔,也不要不好意思,因为那样也会给对方造成一种到底线的印象,一切谈判在没有签字之前,都可以重新再来。一旦达成共识,应立即会签纪要,以防不测。

(3) 求同存异、互惠互利。在谈判中,强调对方许多有利的因素,激发对方在自身利益认同的基础上接纳你的意见和建议。比如在计价上意见出现分歧、互相猜疑,达不成协议是常见的事,要想成功,就要说服对方,拿出让对手信服的依据。但绝对不要攻击对手，伤害对方的自尊，而达到目的。议题顺序要合理，要先易后难、先小后大。谈判方法灵活：抓大放小、细中有粗。

（4）有理有节、谦虚幽默。在谈判中，总会有令人满意或不满意的情况产生。双方都会极力说服对方的反对意见，但这需要以正当的理由去说服对方，让对方觉得有道理。若对方提出建议，你要认真去听，并要复述对方的建议或记笔记，以表示尊重。然后，根据你所掌握的情况，再据理力争，让对方充分了解实情，用翔实的数据、资料，去说服对方，比用空洞的语言更能打动人心。另外，要特别注意自己说话的语气，不要得理不让人，说话要有理有据，口气温和坚决，尽量避免发生僵局。如果出现障碍，也不要急于让步，不妨停下来，双方都冷静思考思考，如果问题不是影响大局，还可以做一些必要的让步，但也要对方做一些让步才行。另外运用幽默语言，也是排除障碍的有效办法之一。因为幽默也是一种才华，是一种力量，是人们面对困境而创造出来的一种文明，所以适当地运用语言艺术，展示一下自身的多才多艺，也是缓解谈判紧张气氛的重要手段。谈判中，善于倾听，善于表述，都是口才的展示。用心找出对方的价值，适当地加以肯定它，是获得对手好感的一大绝招。在适当的时候，表述你的意见，才是正确的谈话方式，也是合同、预算谈判中的重要方法。根据对方的情况，对手的性格、阅历及适当的场所，可以用软硬兼施、死磨硬缠、寸步不让的方式或两个人唱黑白脸的方式，造成对方心理错觉，使其让步。

6.2.2 合同交底

（1）合同交底的意义。合同交底是公司合同签订人员和精通合同管理的专家向项目部成员陈述合同意图、合同要点、合同执行计划的过程。实际工作中合同交底必须做到是全面、全员、全过程交底。所谓全面交底是指对合同涉及的所有关系要交底；对项目所涉及的所有合同内容要交底，包括招标书、投标书、询标文件、合同文本、其他承诺等。所谓全员交底是指涉及施工管理的所有人员包括公司本部、项目经理部和职能部门的有关责任人员，即纵向到底，横向到边。所谓全过程是指不仅签订了主合同以后要交底，在项目建设的整个过程中，当出现补充材料、协议及其他签证活动的时候，部门人员之间也要用局部会议的形式互相交底。比如，发生合同"变更"的时候，一个部门不可能处理好，必须几个部门一起工作。所以在整个建设过程中我们都必须不断沟通交底。

（2）乙方合同交底的方法。通常合同交底是采用分层次按一定程序进行。层次一般可分为三级，即公司向项目部负责人交底，项目部负责人向项目职能部门负责人交底，职能部门负责人向其所属执行人员交底。这三个层次的交底内容和重点可根据被交底人的职责有所不同。

合同交底必须请项目全体人员参加（施工、结算、材料、质量各部门），让他们提出不理解或不清楚的问题，由主管洽谈合同的同志作出详细介绍。

1）公司合同管理人员向项目负责人及项目合同管理人员进行合同交底。要求全面陈述合同背景、合同工作范围、合同目标、合同执行要点及特殊情况处理，并解答项目负责人及项目合同管理人员提出的问题，最后形成书面合同交底记录。

2）项目负责人或由其委派的合同管理人员向项目部职能部门负责人进行合同交底。要求陈述合同基本情况、合同执行计划、各职能部门的执行要点、合同风险防范措施等，并解答各职能部门提出的问题，最后形成书面交底记录。

3）各职能部门负责人向其所属执行人员进行合同交底。要求陈述合同基本情况、本部门的合同责任及执行要点、合同风险防范措施等，并解答所属人员提出的问题，最后形成书面交底记录。合同交底各在层次中要介绍合同主要条款的来龙去脉。着重讲解合同中哪些条款对我们有利，哪些条款对我们不利，并提出如何把有利的条款兑现，把不利的条款转化为有利的建议和措施等，同时也介绍合同签订对方的人际情况及他们对合同条款的心态，有利于项目具体操作人打好有准备之战。

（3）合同交底的内容。合同交底是以合同分析为基础、以合同内容为核心的交底工作，因此涉及合同的全部内容，特别是关系到合同能否顺利实施的核心条款。合同交底的目的是将合同目标和责任具体落实到各级人员的工程活动中，并指导管理及技术人员以合同作为行为准则。合同交底一般包括以下主要内容：

1）工程概况及合同工作范围。
2）合同关系及合同涉及各方之间的权利、义务与责任。
3）合同工期控制总目标及阶段控制目标，目标控制网络及关键线路说明。
4）合同质量控制目标及合同规定执行的规范、标准和验收程序。
5）合同对本工程的材料、设备采购、验收的规定。
6）投资及成本控制目标，特别是合同价款的支付及调整的条件、方式和程序。
7）合同双方争议问题的处理方式、程序和要求。
8）合同双方的违约责任。
9）索赔的机会点和处理策略。
10）合同风险的内容及防范措施。
11）合同进展文档管理的要求。

（4）其他事项。

1）各部门将交底情况反馈给项目合同管理人员，由其对合同执行计划、合同管理程序、合同管理措施及风险防范措施进行进一步修改完善，最后形成合同管理文件，下发各执行人员，指导其活动。合同交底是合同管理的一个重要环节，需要各级管理和技术人员在合同交底前，认真阅读合同，进行合同分析，发现合同问题，提出合理建议，避免走形式，以使合同管理有一个良好的开端。

2）合同交底还必须有记录。出席人员签字后，以后在已讲清的问题上若还有出入，则责任可很快分清（分清究竟是知道的，做不到；还是不知道，所以做不到）。

【实例6-2-1】某建筑公司合同管理人员向项目负责人及项目合同管理人员进行合同交底的合同交底卡如表6-2-1所示：

表6-2-1　　　　　　　　　××建筑公司合同交底卡

工程名称：××住宅楼工程

序号	项目名称	交底内容					
1	工程概况	工程地址	××路×号	建筑面积	4021m²	承包范围	土建、安装
		结构形式	砖混结构	承包模式	包工包料	合同造价	暂定221万元
		合同签订时间	2005.6.1	签约地点	××市××房地产公司办公楼内		
2	业主资料	发包方全称	××房地产公司		单位性质	国有	
		合作程度	首次合作	资信状况	良	现场联系人	×××
3	发包方权责（特殊条款）	（1）现场协调； （2）提供标高定位的基准点线； （3）审批乙方施工方案，组织图纸会审					
4	承包方权责（特殊条款）	（1）遵守施工管理规定，办理施工所需手续； （2）编写施工方案及进度计划； （3）安全管理，工完场清					
5	工期	总工期	180天	开工时间	××年×月×日	竣工时间	××年×月×日
		节点工期					
		工程罚款	延期罚款2000元/天		工期奖励	无	
		工期顺延条件	业主责任及不可抗力情况下可以顺延				
6	质量	合同质量等级	合格		争创目标	优良	
		质量罚款	造成损失由乙方赔偿		质量奖励	无	
		质量保修期	1年		预留保修金	总造价3%	
7	合同价款	合同定价模式	按定额计价				
		价款调整方式	按实计算工程量				
		价款调整内容	设计变更、技术核定单、现场签证				

续表

序号	项目名称	交底内容			
8	工程款支付	备料款比例	无	付款办法	按分层目标进度	结算完成付款比例	100%
		付款方案	基础完工支付总造价20%；1~6层，每层完工支付总造价10%			
		保修金比例	3%	保修金期限	1年	
		未按期付款权限	我方承诺在甲方资金困难时暂不停工			
9	材料采购	甲供材料	无			
		材料定价方式	按造价站发布同期价格信息调整			
		甲供材料结算方式	无			
		乙供材料	工程所需材料均由乙方采购			
10	竣工验收	实际竣工时间规定	如验收通过，以完工日期为竣工日期			
11	竣工结算	结算资料提供约定	结算资料提交后1个月内			
		结算期限约定	竣工后1个月内			
12	现场管理	标准化工地标准	以甲方现场管理规定为准	奖罚	无	
		文明工地标准	以甲方现场管理规定为准	奖罚	无	
13	合同条款时效约定	合同签订后自动生效，付款完毕后自行终止				
14	签证管理	按合同约定审批程序执行				
15	违约责任	严格执行合同规定				
16	合同附件及其他	安全协议				

交底小结：项目各成员应以合同条款及公司有关规定为依据，加强项目造价、安全、质量、进度、合约管理。注意经常、及时办理现场签证等可追加工程款手续

合同交底人：×××　　　　　　　　　　　　交底方式：会议

被交底人：×××、×××、×××……　　　　交底时间：××年×月×日

6.2.3 合同的跟踪

做好合同阶段竣工结算筹划工作必须树立两观念：一是"大合同"观念。

合同是从招标开始一直到竣工结算，这一全过程中的所有"约定"广义上的认识包括招标文件、答疑文件、投标书、询标记录、合同文本、补充协议、会议记录、业务通知、图纸、技术标准……均属"合同范围"，因此合同履行就必须从大范围内来考虑各条线的横向到边，纵向到底的全面跟踪。二是合同跟踪必须要以"补充协议"的形式，做好"变更"再约定工作。

【实例6-2-2】某工程，甲方和乙方已签订了合同，合同中规定三材均由乙方供应。但签约后，甲方投资方的子公司有一定采购三材的能力，甲方就提出要把原合同三材"乙供"改为"甲供"。经分析，该项目的乙方作出了同意修改的意见，但同时提出必须在合同上补充写上以下几个条款：① 甲供材料的采购价及让利等与乙方无关；② 若甲方供不上、供不好，须对质量、工期负责；③ 若甲方要求乙方帮助解决部分串换，则单价另行确定，并且串换部分中准价下浮与甲供料同等，总价不下浮。甲方同意了乙方的意见。经过这次"变更"和"补充协议"的约定，就使原合同中中准价下浮3%，总价再下浮6%，改变为中准价下浮3%，总价不再下浮，而且三材资金由甲方自行解决。一进一出，乙方受益匪浅。

分析：施工合同的修改一般情况下都是对乙方不利的，如何化不利为有利是乙方需要思考的问题。乙方要非常慎重地考虑是否同意修改合同。合同"变更"是对合同再约定的机会，施工方一定要有这个意识，要从设计、施工、质量标准等各方面入手，想方设法抓住每一项"变更"，并做好由于"变更"带来的对合同原有承诺的审查，看它是否提出合理的新的约定，使由于"变更"造成工期、效益的变化，不朝着不利于自己的方面变化。有时抓好了，还可以使原先不利于自己的条款朝有利于自己的方向转化。

6.3 合同条款竣工结算筹划

中标后签订合同，应注意的是：

（1）合同价应与中标价一致，工程内容应与招标文件的内容一致。

（2）建筑材料价格如一次包死，应预测工期时间内可能出现的价格浮动幅度，并设定风险系数，写入合同条款。

（3）对于合同中有关结算、付款、索赔等方面的条款，要认真研究，预结算人员要积极提出看法和建议。预先控制，掌握主动。把好专项条款审核关。由于受季节、施工环境、市场材料价格变动及机具设备能力等特殊性因素影响，建筑工程施工合同的工程价款调整频繁，尤其与合同中的补充协议条款紧密相关，因此在合同条款商议过程中，应由专业人员对工程价款调整等合同条款进行严格把关，避免因条款签订不严谨产生工程索赔的风险。以下以国内《建设工程施工合同（示范文本）》为背景，具体讲解一下合同条款的筹划。

6.3.1 词语定义条款的筹划

一字之差、一词之差、一句之差引发的纠纷在生活中比比皆是，在工程结算领域，因一字之差导致双方发生不同的理解，继而造成工程结算纠纷的实例也是比比皆是，下面通过一些实例来说明这个问题的重要性，以期引起读者注意。

【实例6-3-1】某工程的施工合同，由于甲方签订合同时疏忽，土方外运费单价包干40元/m^3，按甲方的意愿是指此价除不含税外，已含直接费、间接费、利润，但后面未明确注明"税前计取"四字。乙方编报工程结算时，按单价40元/m^3进入直接费，又计取了间接费、利润、税金后，其单价实际已变为67.41元/m^3。结算单价高出了包干单价27.41元/m^3。以该工程发生20 000m^3土方量计算，则甲方需多支付54.82万元。

分析： 甲方对合同签约持慎重认真的态度，但因受专业限制等综合因素，某些甲方人员对施工合同的合理性缺乏深刻的理解，常常"误"签合同条款而招致损失。

【实例6-3-2】某施工合同注明技术措施费为零，乙方即将属于技术措施费的内容和费用，以签证的形式正式申报，甲方且同意受理。某造价中介机构分别向甲方和乙方了解，得知该"技措费为零"性质属于乙方承诺优惠。造价工程师及时撰写了合理化建议，向甲方说明此类问题严重性，同时提出弥补的方法和步骤。甲方高度重视，并立即按造价咨询所示方法，先发函至乙方补充注明技措费是报价优惠后为零的真实情况。然后，由造价工程师组织甲方和乙方会商，以纪要形式明确该合同"技措费为零"的定义，彻底消除了索赔的隐患，仅此项甲方节约了数十万元费用。

分析： 从字面理解"技措费为零"，即合同总价中无技措费。实际有两层含义：一是施工方报价（中标价）中，已将原技措费若干元，经优惠后降至为零，说明合同总价中尽管形式上未有技措费的数额，但实际内涵已包含了技措费。二是乙方报价时确实未考虑开办费，即合同总价中形式和内涵均未包含技措费。由于"技措费为零"是个不确定因素，属于日后索赔的伏笔。

【实例6-3-3】某写字楼工程，工程承包合同注明结算时按当地定额计价，乙方"让利5%"，除此4个字外未见到有对"让利"一词所做任何说明解释，该工程实际结算时主要材料价格均由甲方核定，其中钢筋按中准价下浮6%，商品混凝土按中准价下浮10%。该工程进入结算程序时，甲方、乙方、中介方对"让利5%"一词对结算的影响出现了五种不同的理解，分别是：①指利润部分优惠5%，如一个工程定额计算利润为100万元，就优惠5万元；②指计算利润时优惠5%，如一个工程定额计算利润率为7%，则优惠后按照2%计算；③按照直接费让利5%，如直接费1000万元，则优惠50万元；④总价让利，如总结算价1000万元，则优惠50万元；⑤总价扣除甲供材料、甲方定价材料费用后让利优惠5%，如总造价1000万元，甲供材料、甲方定价材料费共计600万元，优惠（1000万-600万）×5%。

分析： 按字面意思，第一种作法可能在法律上站得住脚，但实际工程中大家往往是按④做的，合同中如果注明是总价让利5%，那就没话可说了，有凭有据的东西还能扯皮吗？如果合同中除了让利5%这句话，其余什么相关话题都没有，甲乙双方私下里没订什么书面或口头协议什么的，那里面名堂就多了，但如果打起官司，持第一种观点的胜诉的可能性大一些。

【实例6-3-4】 某市A中学综合实验楼招标，B公司参加了A中学的工程竞标。因为经费困难，学校要求每个施工队事前写一份内容为"中标工程队必须先行捐资工程总造价的18%"的承诺书，才能参与投标并签订施工合同。承诺书在当时该市教育局某领导主持下起草，参与竞标的4家施工队各抄一份。出乎意料的是，其他3家施工队都抄成"捐资"，惟独B公司抄成"投资"，而最后工程恰恰是由B公司中了标，并于次年与A中学签订了施工合同。2000年大楼交付使用后，A中学表示：按照事先承诺书上所写，工程总造价的18%（约合现金36万元）是"捐资款"，校方不予支付。2003年，B公司将A中学告上法庭，要求返还投资款，同年该市某区人民法院向A中学送达了《偿还通知》，之后又发出了《民事裁定书》，裁定A中学偿还所欠的工程款，但均未能得到执行，目前该案仍在诉讼中。

分析： "捐资"与"投资"一词之差，差之千里，对合同条款中的字句必须字字细审，否则一字一词之差就会完全违背自己最初的意思表示。

【实例6-3-5】 某工程施工合同在工程价款结算一栏中写明"工程价款采用固定价方式，装饰材料调差除外，变更签证增减按照投标所报的下浮率同比例调整"。在竣工结算时，甲方与乙方对"除外"这一表述各执一词：甲方认为，"除外"是指装饰材料调差不在固定价格结算范围内，应当按实计算，同比下浮。乙方则认为，"除外"是指装饰材料调差不在下浮之列，双方就"除外"的理解发生了分歧。

【实例6-3-6】 某工程，在签订施工合同时采用"足够深度，抹灰要平整，保温厚达到一定的标准"等不严明的词语，使工程在竣工时不能准确地进行验收和结算，从而引起因施工合同签订的疏忽和用词不严谨的施工索赔。

6.3.2 双方权利义务条款的筹划

甲方工作与乙方权责条款应注意：

(1) 双方各自工作的具体时间要填写准确。
(2) 双方所做工作的具体内容和要求应填写详细。
(3) 双方不按约定完成有关工作应赔偿对方损失的范围、具体责任和计算方法要填写清楚。

【实例6-3-7】 某工程，由于甲方管理人员的原因造成的间歇性停工（临时性停工），由于甲方和乙方处理不合理的设计图纸造成耽搁，由于甲方供应的设备和材料推迟到货引起的施工中断，这些因素造成施工单位窝工和工效降低。但合同中，双方对损失的计算方法并没有约定，工程结算时，大家对工效降低的补偿产生纠纷。

分析： 上述情况甲方应承担施工单位窝工或停工期间人工费、机械设备占用费、施工管理费等部分费用，合同中事先的约定显得非常重要。

【实例6-3-8】 某工程合同，在甲方驻工地代表条款中，只注明了甲方驻工地代表，而其委派人员一栏中却是空白，但在实际工程联系中，在工程签证等各种资料上签字的多是甲方驻工地代表委派人员，而非甲方驻工地代表本人，该工程施工中发生了一些结算争议事件，但对甲方签字的效力双方产生扯皮。

分析： 目前签订工程合同甲乙双方大都采用国家标准合同文本，但其中有些项目需要进一步明确或注明具体操作步骤。甲方在合用条款中对监理工程师和甲方工地代表（工程师）双方赋予的职权不明确或发生职权交叉现象。影响监理工程师依据合同在其职权范围内客观公正地处理施工过程中发生的一系列问题。《民法通则》明确规定，企业法人对它的法定代表人及其他工作人员的经营行为承担民事责任。建设工程施工过程中，甲方、乙方、监理方参与生产管理的工程技术人员和管理人员较多，但往往职责和权限不明确或不为对方所知，由此造成双方不必要的纠纷和损失。合同中应明确列出各方派出的管理人员名单，明确其各自的职责和权限，特别应将具有变更、签证、价格确认等签认权的人员、签认范围、程序、生效条件等规定清楚，防止其他人员随意签字，给各方造成损失。

6.3.3 施工组织设计和工期条款的筹划

定额的编制原则之一是考虑"正常的施工条件"，建设工程在不同地点，不同环境条件下，会出现各种各样的"非正常的施工条件"。这种"非正常的施工条件"下发生的各种各样问题，往往都无法直接反映在施工图中。如，建筑材料因道路不通或其他障碍不能直接送达施工场地；临时施工道路铺筑所发生的各种工程量；将施工现场范围外的水源、电源接引至施工现场的工程量；未含在定额中的基础工程中的抽水、排水工程量的处理；按原设计已完成的工程量后因设计变更而拆除并另发生新的工程量等。另外，实践中关于工期的争议多因开工、竣工日期未明确界定而产生。开工日期有"破土之日"、"验线之日"、"进场之日"之说,竣工日期有"验收合格之日"、"交付使用之日"、"申请验收之日"之说。无论采用何种说法,均应在合同中予以明确,并约定开工、竣工应办理哪些手续、签署何种文件。对中间交工的工程也应按上述方法作出约定。

【实例6-3-9】某工程,乙方先期按合理工程进度计划组织施工,到后期需要加快进度时,就向甲方提出种种保证按时竣工的施工措施费用,理直气壮的要求进行现场签证。在要么按期竣工,说明有组织能力,要么说明自身能力不行的无形压力下,甲方的现场管理人员不得不屈服并进行签证。

分析:甲方对工期要求越紧,乙方索赔的成功率就越大。甲方在合同中对工期要进行合理的约定,切忌作出一些不合理的约定,或施工中盲目要求赶工,这些问题都有可能招致乙方的索赔。

6.3.4　质量与检查条款的筹划

根据国务院《建设工程质量管理条例》的规定,工程质量监督部门不再是工程竣工验收和工程质量评定的主体,竣工验收将由甲方组织勘察、设计、施工、监理单位进行。因此,合同中应明确约定参加验收的单位、人员,采用的质量标准,验收程序,须签署的文件及产生质量争议的处理办法,同时合同应约定达到不同质量等级时相应的造价调整办法,以激励乙方努力创造优质工程等。

当乙方的施工质量不符合施工技术规范的要求,或使用的设备和材料不符合合同规定,或达不到双方约定的质量标准,或在保修期未满之前未完成应该负责修补的工程时,甲方有权向乙方追究责任(含经济责任)。工程验收时,甲、乙方的纠纷往往围绕分项工程、分部工程、单位工程是否合格而产生。这个问题伸缩性较强,除了明显的施工缺陷外,对工程的评价往往无法确定双方完全一致的标准。这方面发生的分歧,应该严格按照工程质量验收规范去衡量。

【实例6-3-10】某公路工程公司中标一道路施工项目,在施工期间,甲方管理人员要求乙方必须达到优良工程,而合同约定为合格工程(质量标准提高费用合同中没有约定)。由于提高了质量标准,结算时乙方向甲方提出增加施工费用的要求,甲方则坚持按合同价结算,双方发生争执。

分析:乙方为达到甲方高质量标准的要求,付出了较合格工程更多的人力和物力,因此,增加工程费用是合理的,应该按人工和材料消耗成本的一定百分比增加费用(比率按当地规定或合同约定)。合同价是以设计图纸及计算为基础,并考虑到一些费用的上升因素而确定的。实践中,甲方如要提高质量等级,可事先在合同中约定,并让乙方承诺达到此标准甚至不再增加优良工程费用,但合同后再改变质量标准很容易招致索赔。

【实例6-3-11】 某中介咨询单位对一投资额为1500多万元的市政工程进行审价时，该项目已由甲方自己进行了初审，审核人员从合同入手，发现合同规定："工程质量必须达到优良并在国家定额的基础上总造价下浮2.7%，如达不到优良在下浮的基础上再扣乙方工程总造价2%"，该工程验收为优良，本不应增加造价，但甲方审核的造价没有考虑上述合同规定，一方面按该市工程造价有关管理办法计算了优质优价增加造价2%，另一方面却没有扣减工程造价下浮的2.7%。经审核人员复审，核减工程造价70多万元。

分析：工程结算阶段，对合同中对不同质量等级的造价调整办法一定要注意。

6.3.5 安全施工条款的筹划

甲方提供的施工图或做法说明及施工场地应符合防水、防电、防气、防事故的要求，主要包括电气线路、煤气管道、自来水和其他管道畅通、合格。乙方在施工中应该采取必要的安全防护和消防措施，保障施工人员及相邻其他安全的安全，防止相邻单位渗漏水、停电、物品毁坏等事故的发生。如遇上述情况发生，属甲方责任的，由甲方负责和赔偿，属乙方责任的，由乙方负责修复和赔偿。

6.3.6 合同价款与支付条款的筹划

（1）合同价款及调整条款注意点。

1）填写第23条款的合同价款及调整时应按《通用条款》所列的固定价格、可调价格、成本加酬金三种方式，约定一种写入本款。

2）采用固定价格应注意明确包死价的种类。如：总价包死、单价包死，还是部分总价包死，以免履约过程中发生争议。如某工程的承包方式为"包工包料，一次性包死"，而结算办法是"按实结算"，前后矛盾导致无法执行。采用固定价格必须把风险范围约定清楚。采用固定价格必须把风险费用的计算方法约定清楚。风险费用的计算方法，甲乙方应在合同中明确，如双方应可约定一个百分比系数，也可采用绝对值法。对于风险范围以外的风险费用，应约定调整方法。风险范围以外合同价款的调整方法，双方应当在专用条款内约定。有时政府造价管理部门公布了工程造价执行新定额时间段，之前的工程造价是不能调整的。如果双方在合同补充栏内注明人工和机械台班执行新定额，那么仅仅只能调整预算中的这两项，则不能调整全部费用。

【实例6-3-12】 某工程中，甲方要求将合同价定死，乙方在进行市场分析调查后，认为存在材料价格上涨的风险因素，要求在专用条款中明确"由于政府指令造成的材料涨价由甲方进行补偿"。施工过程中，由于该市进行××河的治理，政府全面禁止开采砂石，使当地砂石材料每立方米增长了十几元。竣工结算时甲方不得不按约定对材料价格进行了按实调整。

分析：乙方事前的认真调研工作能避免增加施工成本的损失。在合同谈判时，用专用条款来明确风险范围。范围越明确越详尽，乙方在合同执行过程中所承担的意外风险就越小。

【实例6-3-13】某H型轻钢结构车间工程，合同定价为120万元。甲乙双方在签订合同中约定竣工结算时，材料价格按实决算，钢材价格随市场浮动。由于合同签订时H型钢单价为2800元/t，处于钢材价格的最低谷，当工程刚开工，钢材价格就大幅上扬到4000元/t，致使竣工结算金额达到145.52万元，超概算25.52万元，致使甲方投资大幅增加。

分析：如果甲方在合同签订时约定采用其他结算方式，就会降低甲方的风险。

【实例6-3-14】某土建工程，甲乙双方在合同条款既约定4%的包干系数，又在结算方式条款中约定按实结算。一般，按实结算的结算方式可以不给包干费用，但本例中乙方既计取了28万元的包干费用，同时对所有的增加项目又作了签证计取了相应费用；最终经过甲方委托的中介咨询单位审价人员与乙方协商，核减了包干费用。

分析：甲乙双方签订施工合同时，工于心计的乙方往往在结算条款上暗作文章，设置陷阱。工程合同直接影响工程结算的编制和审核工作，同时也约束合同双方的工程结算；在进行竣工结算审价时，应首先了解合同中有关工程造价确定方面的具体约定，以此决定审价的重点及可审范围，同时还要了解该条款有无违背常规及政策文件。

3）采用可调价格合同时：甲方一般规定招标时乙方投标价格按当时同期工程造价管理部门公布的信息造价计算，竣工时按同期发布的信息造价调整结算，防止有的价格调整方式未明确导致结算争议。比如，施工用水电费实际收费价格和定额价格的价格差的计算和补差方式未明确。

(2) 合同价款填写的注意点。《协议书》第5条"合同价款"的填写，应依据建设部第107号令第11条规定，招标工程的合同价款由甲方、乙方依据中标通知书中的中标价格在协议书内约定。非招标工程合同价款由甲方、乙方依据工程预算在协议书内约定。合同价款是双方共同约定的条款，要求第一要有协议，第二要确定。暂定价、暂估价、概算价都不能作为合同价款，约而不定的造价不能作为合同价款。

(3) 工程预付款条款的注意点。填写第24条款的依据是建设部第107号令。填写约定工程预付款的额度应结合工程款、建设工期及包工包料情况来计算。应准确填写甲方向乙方拨付款项的具体时间或相对时间。应填写约定扣回工程款的时间和比例。

(4) 工程进度款条款的注意点。填写第 26 条款的依据是《合同法》第 286 条、《建筑法》第 18 条、建设部第 107 号令第 15 条。工程进度款的拨付应以甲方代表确认的已完工程量，相应的单价及有关计价依据计算。工程进度款的支付时间与支付方式可选择按月结算、分段结算、竣工后一次结算（小工程）及其他结算方式。乙方申报竣工结算和甲方办理结算的时间，双方最好在合同补充条款中明确，以防止结算办理时间普遍太长现象发生。对不能如期结算工程款的，应说明处理办法，如将工程拍卖折价等。

【实例6-3-15】某工程，甲方、乙方在合同中约定工程经验收合格交付使用，并将全部资料交付城建档案馆后 30 天内进行竣工结算。施工中，甲方对工程内的打桩、水电、装饰、空调设备、铝合金等分项工程指定了施工队伍，并在形式上要求这些分项施工队服从乙方的管理，但事实上这些分包队伍与甲方有较密切的各种关系，他们撇开乙方而直接与甲方进行联系和操作。实际上肢解分包的分项工程分包队只服从甲方的管理，许多施工资料不完全甚至没有，乙方对工程内肢解分包的施工队伍缺乏约束力。工程竣工后，整个工程由于各分项分包队的原因而无法收全施工资料及时送交城建档案馆，甲方提出由于资料未归档而拒绝结算，拒绝工程尾款的支付。

分析：根据《建筑法》的规定，提倡对建筑工程实行总承包，禁止将建筑工程肢解分包，一些心术不正的甲方借此在合同条款中设下陷阱，使乙方在工程竣工时难以结算。对于本例中的情况，乙方应该阻止或拒绝工程肢解分包，由于种种原因已经造成了分项工程另行发包，乙方也应该在对工程总包的前提下，要求甲方另找的分项工程施工队伍要纳入总包方的管理，对工程的质量、资料进行统一管理，平衡协调负责到底，并要有文字记录，分清职责，避免互相扯皮。

【实例6-3-16】某商厦工程，甲乙双方在施工合同《协议书》第九条约定："发包人向承包人承诺按照合同约定的期限和方式支付合同价款及其他应当支付的款项"；《通用条款》26.1 条约定"在确认计量结果后的 14 天内，发包人应向承包人支付工程款（进度款）"；33.4 条约定："发包人在收到竣工结算报告及结算资料 56 天内仍不支付的，承包人可以与发包人协议将工程折价，也可以由承包人申请人民法院将工程折价拍卖，承包人就工程折价或拍卖的价款优先受偿"。实际施工中，甲方在收到竣工结算报告及结算资料 56 天后仍不支付的工程款，后乙方诉诸至法院，价值 400 余万元的工程，最后被法院竟以不到 300 多万元的低价被拍卖。

分析：工程折价拍卖的条款较好地保护了乙方利益，同时也增加了甲方支付风险。一旦出现工程被折价或拍卖的情况，甲方的损失将是很惨重的。所以，中介咨询单位合同阶段竣工结算筹划人员必要时应提醒甲方注意防范工程款支付风险，不能兑现的事情不要写在《专用条款》里。结算筹划人员可以在法律法规允许的前提下，向甲方提出一些防范化解风险的建议，如可以在《专用条款》中约定，如果出现工程款不能按照约定期限支付时，允许乙方将已完工程的某一部分，以约定的价格充抵工程款。

6.3.7 材料设备供应条款的筹划

材料设备供应条款应注意：填写第 27、28 条款时应详细填写材料设备供应的具体内容、品种、规格、数量、单价、质量等级、提供的时间和地点。应约定供应方承担的具体责任。双方应约定供应材料和设备的结算方法（可以选择预结法、现结法、后结法或其他方法）。

6.3.8 工程变更条款的筹划

工程变更包括设计变更、进度计划变更、施工条件变更，也包括甲方提出的"新增工程"，即原合同工程量清单中没有包括的工程项目。为有效地控制造价，无论任何一方提出的工程变更，均应由甲方签发工程变更通知。工程承包合同大都包括工程变更条款，甲方有权向施工单位发布指令，要求对工程的项目、数量或质量工艺进行变更，对原合同的有关部分进行修改，而乙方必须照办。上述纠纷往往出现在乙方按照甲方的意图完成施工任务后，没有书面资料或书面资料不详尽、经济签证漏项或基础数据失真，这些都影响工程造价的确定。在审查工程造价时，审价人员应认真核对变更资料，并到施工现场核实工程量增减情况，了解施工过程和施工方法，有理有据地调整工程变更价款。由于任何工程在施工过程中都不可避免设计变更、现场签证和材料差价的发生，所以均难以"一次性包死，不作调整"。合同中必须对价款调整的范围、程序、计算依据和设计变更、现场签证、材料价格的签发、确认作出明确规定。同时对签证也应约定计价办法。

6.3.9 违约、争议、索赔条款的筹划

(1) 填写违约条款的注意点。

1) 在合同第 35.1 款中首先应约定发包人对《通用条款》第 24 条（预付款）、第 26 条（工程进度款）、第 33 条（竣工结算）的违约应承担的具体违约责任。

2) 在合同第 35.2 款中应约定承包人对《通用条款》第 14 条第 2 款、第 15 条第 1 款的违约应承担的具体违约责任。

3)还应约定其他违约责任。

4)违约金与赔偿金应约定具体数额和具体计算方法,要越具体越好,具有可操作性,以防止事后产生争议。

(2)争议与工程分包条款的注意点。

1)填写第37条款争议的解决方式是选择仲裁方式,还是选择诉讼方式,双方应达成一致意见。

甲乙双方如果发生纠纷,当事人可以自行和解或请求调解。调解不成,施工合同《通用条款》37.1条提出了仲裁和诉讼两种解决方式,当事人可以任选一种。中国人的传统观念认为仲裁比对簿公堂好,既不伤和气又能解决纠纷,倾向于第一种解决方式。殊不知诉讼有法定管辖,仲裁无法定管辖。仲裁最大的特点是双方自愿。合同纠纷发生后,如果当事人中某一方存心拖延,双方可能会为选择一个仲裁委员会和首席仲裁员而久拖不决,最后还得上法院。我国实行的是二审终审制。二审下来,没有一年半载纠纷是解决不了的。因此,在甲方选定争议解决方式时,中介方应当向甲方讲清仲裁的概念、原则、程序、效力和可能出现的情况,分析、比较仲裁和诉讼两种解决方式的优缺点,选择适合于工程特点的解决方式,以缩短解决纠纷的时间。

2)如果选择仲裁方式,当事人可以自主选择仲裁机构。仲裁不受级别地域管辖限制。

3)如果选择诉讼方式,应当选定有管辖权的人民法院(诉讼是地域管辖)。

4)合同第38条分包的工程项目须经发包人同意,禁止分包单位将其承包的工程再分包。

6.3.10 其他条款的筹划

(1)需要补充新条款或某条某款需要细化、补充或修改,可在《补充条款》内尽量补充,按顺序排列如49、50…。补充条款必须符合国家、现行的法律、法规,另行签订的有关书面协议应与主体合同精神相一致,要杜绝"阴阳合同"。

(2)关于审价费的规定。为了防止乙方高估冒算和虚报工程量,如可在合同中约定,工程造价增减率超过5%部分的审价费由乙方付款。

(3)工程施工中不可避免地会遇到不可抗力或自然条件给乙方增加工程量,如遇大雨,增加的排水、清理塌方工作量等。这种因不利的自然条件导致乙方必须花费更多的时间和费用,甲方应该给予乙方以适当补偿。施工合同《通用条款》对不可抗力发生后当事人责任、义务、费用等如何划分均作了详细规定,甲方和乙方都认为不可抗力的内容就是这些了,于是,在《专用条款》上打"√"或填上"无约定"。国内工程在施工周期中发生战争、动乱、空中飞行物体坠落等现象的可能性很少,较常见的是风、雨、雪、洪、震等自然灾害。达到什么样程度的自然灾害才能被认定为不可抗力,《通用条款》未明确,实践中双方难以达成共识,监理工程师在处理乙方提出的索赔时颇为棘手,乙方确实受到损失,若不同意乙方索赔,乙方便会指责监理工程师不公正。同意给予乙方赔偿损失,合同依据又不足,左右为难。所以,在订立此项条款时,一定要注意与双方当事人约定,对可能发生的风、雨、雪、洪、震等自然灾害的程度应予以量化。如几级以上的大风、几级以上的地震、持续多少天达到多少毫米的降水等,才可以认定为不可抗力,以免引起不必要的纠纷。

第7章　工程实施阶段竣工结算的筹划

7.1　工程实施阶段竣工结算筹划程序

工程实施阶段，乙方的筹划重点在于发现设计变更、签证、索赔中的机会点；甲方的工作重点在于过程的有效控制，使设计变更、签证等得到有效的掌控；中介方的工作重点在于协助甲方，利用自己的专业知识对变更、签证、索赔进行有效的审核。

7.1.1　乙方的筹划程序

【实例7-1-1】某建筑公司设计变更、签证、索赔筹划程序

××建筑公司	设计变更、签证、索赔筹划程序		文件编号	×××
序号	×	版本号	A/0	文件页码	共×页

1. 目的

为加强变更、签证、索赔工作的管理，维护企业的合法权益，保障企业利益最大化，督促双方履约，保证工程项目顺利完成，特制定本程序。

2. 范围

本办法是项目经营管理的一部分，适用于本工程项目经理部全体人员及所属各分包单位。考虑到目前国内索赔的事实难度，本项目定义的索赔是承包商在合同实施过程中，根据合同及法律规定，对应由发包方承担责任的干扰事件所造成的损失，向发包方提出请求给予经济补偿和工期延长的要求。

3. 职责

3.1　项目经理部：项目经理部负责全面履行合同和开展索赔工作。

（1）项目经理：支持合同管理员的工作，并参与重大、重要的索赔工作。

（2）商务经理：协助项目经理履行合同，负责项目经理部内部各有关部门和人员在合同履约、索赔和结算过程的协调配合，指导合同管理员工作，并亲自牵头组织重大、重要的索赔工作。

（3）合同管理员：在商务经理的指导下做好日常合同分析和索赔的基础工作。

(4) 物资人员：落实材料设备需用计划，分清来源和采购渠道，对发包方供应的材料计划设备做好进场验收、登记工作，保证材料、设备质量并保证施工需要。由于发包方供应物资或由于发包方（包括监理、设计）原因影响造成物资采购损失及其他相关损失的，由物资人员收集、整理资料，报合同管理员并协助其与发包方办理索赔。

(5) 预算人员：负责编制和深化工程概（预）算书及工料分析，根据各业务部门提供的索赔意向书或信息，做好索赔分析，并整理报领导审批后报出。

(6) 财务人员：根据合同约定收取工程款，发生发包方拖欠工程款时，牵头向发包方发出索赔意向通知，并参与索赔过程。

3.2 技术部：编制和贯彻施工方案，处理施工过程中的技术问题，协调、督促、办理技术洽商，及时办理涉及技术的签证，建立台账。

3.3 工程部：按计划组织保证生产，及时与甲方及监理办理施工过程中的签证工作，做好记录，建立台账。

3.4 索赔小组：遇复杂的索赔事件或发包方拒绝商议处理索赔，项目经理部成立索赔领导小组，索赔小组视具体情况设定，一般可包括项目经理、商务经理、工程人员、技术人员、专业分公司的有关人员、合同管理员等，并上报公司合约部，合约部应主动牵头组织有关人员参加索赔工作。

3.5 商务部：负责变更、签证、索赔工作日常管理，具体负责人为项目经理和商务经理，各部门及时向商务部报送各种有关资料。

4. 工作程序

4.1 资料的收集、分析。

(1) 变更、签证、索赔情况发生后，有关业务人员要配合合同管理人员立即着手收集整理与变更、签证、索赔有关的基础及细节资料，以便在索赔报告中应用，或在发包方要求时出示。

(2) 需收集的资料及负责人。

1) 施工日志：工程人员现场记录施工中发生的各种情况，然后摘录较重要的对施工有不利影响的事件整理，或每日（每周）摘要，由专人报送监理和发包方。

2) 来往信件：与监理、发包方、设计者和其他有关方面的来往信件都由项目经理指定专人收发，原件送合同管理员。

3) 气象资料：工程部人员负责整理保存真实、完整、详细的天气情况记录。

4) 备忘录：监理、发包方、设计单位的口头指示和电话指示，项目经理部接收人都要会同合同管理员整理成书面备忘录，请其签字确认后，原件由合同管理员保管。

5) 会议纪要：项目经理部要求与发包方及监理之间举行的各种会议，在会议结束后及时形成由参加者签署认可的会议纪要，参加会议各方保存原件各一份，我项目由合同管理员保存，会议纪要的整理工作一般由监理牵头。要落实会议纪要的签字问题，会议纪要如果未制定签字确认制度，将造成会议纪要内容一边倒，仅有甲方及监理对施工企业的要求，施工企业对他们的要求不予记载。落实会议纪要签字认可制度后，会议纪要的内容才能更全面，有力地保障了我方的权利。

6) 工程进度计划：由工程技术部门保存各种进度计划及相关的各种修改文件，包括经理部的进度计划、分包商进度计划。

7) 工程成本核算资料：项目财务人员负责保存工程成本分析资料，会计账表，回收工程款台账及单据。

8) 工程照片和录像：由工程人员或项目经理指派的专人选定一些固定的角度来定期、连续拍摄同一工程部位的施工形象。遇到干扰工程顺利进行的事件发生时，临时对能在工程上反映的干扰事件本身、干扰后果等拍摄。照片和录像由工程人员或专人保管，与干扰事件有关的照片送合同管理员一份。

9) 工程报告：各种工程试验报告、检查报告、施工报告、进度报告、特别事件报告等由有关业务人员保管。

10) 工程图纸：所有工程图纸、勘探资料、现场调查备忘录、招标图纸、施工图纸、竣工图纸以及各种图纸修改等，由技术部门保管，并印发至有关部门。

11) 报价资料：所有报价资料、中标资料、施工合同（分包合同）、结算资料等由经营部保存。

12) 材料证明：所有材料质量证明、物资购销合同、发包方验收记录（包括过程验收资料）等有关材料、设备的文件由物资人员保存。

4.2 洽商变更、签证、索赔和处理原则。

（1）洽商变更。

1) 在施工准备之前办理的洽商变更，如有费用发生做洽商变更增减账（凡是技术洽商均伴随有经济洽商发生，只是依据合同是否需报出索要）。

2) 在施工准备期间办理的洽商变更，除做洽商变更增减账外，还应按实际发生计取施工准备期间此洽商变更给我方造成的损失费用。

3) 在施工中或项目已按施工图施工完以后办理的洽商变更，除做洽商变更增减账外，并按实际发生计取施工准备期间、施工中及返工处理的损失费用。

（2）现场签证。按施工现场实际发生（无论费用多少）随时办理。其中量小或无法按预算定额方式计算的，由技术人员负责办理点工签证。为避免日后

第7章 工程实施阶段竣工结算的筹划

业主委托审价人员的理解纠纷，鉴于不同的签法，在以后的工程结算审核过程中会有不同的结果。我们推荐按以下优先顺序填写签证：

1) 直接签金额。
2) 签工程量及单价。
3) 签内容及工程量。
4) 签处理办法及内容。
5) 签原因及处理办法。

1)、2) 签法业主一般最后多会认可金额；3) 签法审价人员容易在单价上进行审减；4)、5) 签法，审价人员可能会重新判断所签内容是否应计入工程造价。

(3) 索赔。

1) 非乙方（项目经理部）原因造成工程不能正常顺利进行（即不能正常进行乙方承包范围内工作）除赔偿乙方经济损失、工期顺延外，要由责任者对此承担责任。

2) 承担合同外的额外工作：应发包方及监理要求承担合同外工作，按实计算发生费用。

4.3 变更、签证、索赔的工作程序。

(1) 发生洽商变更时，技术部在接到洽商变更后立即印发至商务部及其他相关部门，并在第2天牵头会同商务部组织有关人员对洽商变更做综合技术及经济费用分析，参加部门及人员：工程部、商务部及签证索赔领导小组主要成员。分包单位有关人员必须列席会议，经济损失的原始资料由责任人或分包单位做好详细的施工记录，并请监理单位（或业主）签认后再报给商务部。

(2) 现场签证的原始资料由专业责任人或分包单位做好详细的施工记录，及时报请现场监理工程师及甲方现场代表签认后报商务部。

(3) 索赔事件发生后，由工程部在事件发生后立即通报给商务部，并于事发第2天会同商务部牵头组织有关部门及人员做综合的工期及经济费用分析。参加部门及人员：技术部、商务部及签证索赔领导小组主要成员，分包单位有关人员必要时列席会议。经济损失及工期延误由专业责任人做好详细的施工记录，并及时书面提供给商务部。

(4) 发出索赔意向通知书：事件发生后，有关人员开会分析判断是否向发包方发出索赔意向通知报告，对工程造成影响明显容易计算损失的可直接提交索赔；对工程影响时间长，不容易计算损失的比较复杂的，可首先向发包方发出索赔意向通知，随后经过收集资料分析损失后向发包方提交索赔报告。

(5) 收集、分析资料。
(6) 提交索赔报告。
(7) 索赔谈判：由商务经理牵头组织有关人员与发包方商议索赔报告的处理，必要时请公司有关部门及人员参加。
(8) 索赔价款的收取：随发生、随计取、随回收。

4.4 考核与奖罚。

(1) 索赔工作按工作成效实行奖罚制度，由商务经理牵头，一般性的索赔每月考核，每季总结评定，重大或重要的索赔即时考核，并依据考核结果进行奖罚，奖罚执行项目经理部奖罚制度，由商务经理具体考核报项目经理批准。

(2) 索赔奖励。按照合同条款应该索赔的项目，如若能够按精确的数额索赔回来，经理部应按本单位"合同管理实施细则"，给合同管理人员一定的奖励，如因工作人员工作疏漏，未能有效地如数索赔而造成企业损失，对合同管理人员应给予相应的处罚；对于索赔理由不充分的项目，经过合同管理人员努力，能够比较理想的索赔回来，或者能够将风险当作机遇，通过索赔将一部风险转变为效益，经理部应给予重奖。奖励处罚金额由经理部在"合同管理实施细则"中明确。对于在各项合同管理工作中，利用职权、营私舞弊、损害企业利益的有关人员严肃处理，对于个别触犯法律的应交有关部门，追究法律责任。

拟定人	审核人	批准人	批准日期	实施日期
商务部	×××	×××	××年×月×日	××年×月×日

7.1.2 甲方的筹划程序

【实例7-1-2】某房地产公司设计变更、现场签证筹划程序

××房地产开发公司		设计变更、现场签证筹划程序	文件编号	×××
序号	×	版本号	A/0	文件页码	共×页

1. 目的

为了加强设计变更及现场签证管理，有效地控制投资，确保工程质量和工程进度，特制定本管理办法。

2. 范围

本管理办法适用于××房地产开发公司的设计变更及现场签证、索赔的管理。

第7章 工程实施阶段竣工结算的筹划

3. 职责

3.1 公司预算部负责本办法的制定、修改、解释、指导、监督检查。

3.2 公司有关部门、人员（包括经办、审批、资料管理等）负责贯彻执行本管理办法。

3.3 商务代表制度。为实现对房地产项目开发全过程（从前期配套、方案设计直至项目竣工结算）结算管理。公司将委派项目的商务代表。商务代表的选配将建立内部专业化造价管理队伍与借助外部专业造价咨询机构相结合的办法。

工程实施阶段商务代表的职责是：

(1) 深入工地现场办公，参加工地例会。

(2) 参与审定项目施工组织设计。

(3) 审核现场技术代表（本单位工程部等）的签证单、设计变更，测算因变更引起的造价增减，并按管理权限报批。

(4) 参与审定月度、季度支付申请。

商务代表制度的构想是公司实施竣工结算筹划管理的一种探索，有待在实践中继续改进、完善，以达到控制成本，提高项目综合效益的目的。

4. 工作程序

4.1 设计变更及现场签证应执行的原则

(1) 权力限制原则：公司对设计变更及现场签证管理实行严格的权限规定，不在权限之内的签字一律无效，如对公司造成损失，追究越权签字人的责任。

(2) 时间限制原则：公司对设计变更、现场签证及结算实行严格的时间限制，禁止事后补办。

(3) 一单一算原则：一个设计变更及现场签证单应编制一份结算单，且对应一个工程合同。

(4) 一月一清原则：每月15日前，我公司、承包单位应就截止上月末已完工且手续完备的设计变更及现场签证签字确认，交部门领导复核。

(5) 完工确认原则：设计变更及现场签证完工后，发包方现场工程师和监理工程师必须在完工后7日内签字确认，如属隐蔽工程，必须在其覆盖之前签字确认。

(6) 原件结算原则：设计变更及现场签证的结算必须要有齐备的、有效的原件作为结算的依据。

(7) 多级审核原则：设计变更及现场签证的造价结算至少要经过二级以上的审核。

(8) 法律约束原则：50万元以上的工程合同，发包单位与承包单位签署工程合同的同时，应与承包单位另行签订《关于设计变更及现场签证的协议》（格式见附件），作合同补充协议，供双方执行。50万元以下的工程合同应有符合本管理办法的相应条款。

(9) 标准表格原则：所有的设计变更及现场签证单都必须使用规定的标准表格。

4.2 设计变更内容、格式要求及流程

(1) 设计变更的内容及格式要求。

1) 设计变更是对设计内容进行的修改、完善、优化，一般需要设计单位的签字、盖章，或者发包单位的有关职能部门（设计部、工程部）代签。

2) 设计变更的主要类型：

① 由于设计单位的施工图出现错、漏、碰、缺等情况，而导致做法变动、材料代换或其他变更事项；

② 由于发包单位设计部改变建设标准、结构功能、使用功能、增减工程内容，而导致做法变动、材料代换或其他变更事项；

③ 由于工程部、项目组、监理单位、承包单位采用新工艺、新材料或其他技术措施等，而导致做法变动、材料代换或其他变更事项；

④ 由于销售部、购房业主要求提出变更，而导致做法变更、材料代换或其他变更事项。

3) 所有设计变更必须使用公司规定的标准表格（见附件），并明确以下内容：编号、工程名称、发生的时间、发生的部位或范围、变更的内容做法及原因说明、增加的工程量、减少的工程量、相关图纸说明。

4) 同设计院对接的部门和经办人员应要求设计院按规定的统一格式填写设计变更单，如设计院未按规定格式填写或另有附图，经办人员应另行按规定格式填写设计变更单作内部审批、结算用，设计院的文件只能作为附件。

5) 所有设计变更只有加盖《设计变更、现场签证协议书》中留有印样的专用章或发包单位公章才能生效，承包单位也应加盖有效印章。

6) 发包单位自行提出的设计变更是否需要设计院盖章签字，由公司根据具体规定执行，如果无须设计单位确认，则由发包单位相关职能部门签字确认。

7) 发包单位、承包单位均应对设计变更单进行编号（可按归属合同连续编号，总承包合同还应分专业连续编号），并整理归档、妥善保存；双方都应设置设计变更、现场签证事项的单据交付记录，即交付对方单据时要求对方签收，接受方不得拒签。

(2) 设计变更办理一般流程：

1) 对于设计院发生的结构专业或安装专业的变更指令，在本流程中是按与工程部对接考虑。

2) 设计部、工程部在填写设计更单时，应根据事件的重要性由部门经理或其授权人签署。非设计院提出的重大设计要求应按当地主管部门的规定，由设计院发出。设计变更若涉及需要重新报建的需通知相关部门；如涉及对客户销售承诺的改变需通知营销部。

3) 设计部、工程部在填写设计变更单时，若因本专业变更导致其他专业需要一同变更的，应发相关通知（如因墙体位置改变导致水电管线移位）。

4) 预算部在对变更费用进行估算时，应对措词不清，结算时易引起分歧、纠纷的变更单退回，要求提出部门表达清楚，不能引起歧义。

5) 现场工程师确认时，只需要按照相应的设计变更文件确认完成或未完成的事实，而不需要确认具体的工程量。但当无法根据设计变更文件直接计算出工程量，或者相应设计变更文件的某条或某件只完成一部分时，监理工程师及项目组现场工程师（或造价中介机构造价工程师）应直接在变更单中确认相应的工程量。

6) 对于造价调减的设计变更，发包单位现场工程师（或造价中介机构造价工程师）要及时跟踪、落实、核定减少的具体数额，并与承包单位形成书面记录，防止因漏报而给公司造成损失。

7) 工程部应严格按变更金额签发的权限报批，为提高效率，公司领导、职能部门经理可根据实际需要，在自身职能范围内，对下属职员作书面授权，但授权人仍为责任人。

8) 设计变更最后应由商务代表审定签批。

4.3　现场签证的内容、格式要求及流程

（1）现场签证的内容及格式要求。

1) 现场签证是指对施工管理中发生的零星事件的确认，例如：因设计变更引起的拆除、地下障碍的清除迁移、现场简易通道的搭建、临时用工等。现场签证的主要类型：

① 因设计变更导致已施工的部位需要拆除（需注明设计变更编号）；

② 施工过程中出现的未包含在合同中的各种技术措施处理；

③ 在施工过程中，由于施工条件变化、地下状况（地质、地下水、构筑物及管线等）变化，导致工程量增减，材料代换或其他变更事项；

④ 发包单位在施工合同之外，委托承包单位施工的 2 万元以内的零星工程；

⑤ 合同规定需实测工程量的工作项目；

⑥ 其他。

2) 所有的现场签证单都必须使用公司规定的标准表格（见附件），并明确以下内容：编号、工程名称、发生的时间、发生的部位或范围、变更签证的内容做法及原因说明、增加的工程量、减少的工程量、相关图纸说明。

3) 关于临时用工的签证事项，双方应在签证通知单上洽商确定以下问题：工作内容及工作量、工日、工日单价（如属综合单价，则包含人工费、管理费和利润，并明确是否包含税金）。

4) 所有现场签证单只有加盖《设计变更、现场签证协议书》中留有印样的"专用章"或发包单位公章才能生效，承包单位也应加盖有效印章。

5) 发包单位、承包单位均应对现场签证单进行编号（可按归属合同连续编号，总承包合同还应分专业连续编号），并整理归档、妥善保存；双方都应设置设计变更、现场签证事项的单据交付记录，即交付对方单据时要求对方签收，接受方不得拒签。

(2) 现场签证的一般办理流程。

1) 监理及项目工程师在签证前必须认真核对签证工程的施工时间、工作内容、发生原因、发生的工程量、工日数、机械台班数以及签证所发生的费用应由何方负担等。特别是对发生的原因以及责任单位的交代应详细、明了。

2) 对于措词含糊容易引起歧义的签证，现场工程师在签署时应征求预算人员意见，预算人员审核重大签证费用也应避免用词不准在结算时造成经济纠纷。

3) 签证内容完成后，工程部和预算部工程师应避免签署类似"情况属实"或"工程量属实"等模糊性内容，而必须实测实量后签字确认完成或未完成的事实或者工程量、材料材质和规格、工日数、机械台班等。原则上监理工程师不应直接在签证上签认有关单价和总价。所有的确认和签证单都需经预算部负责人核准后方为有效。

4) 如果签证单附有交工图纸，则监理及项目工程师应核准图纸是否与实际施工结果相符，并在图纸上签字确认，此时可以不对工程量进行确认，由预算部按照图纸核算工程量。

5) 预算部经理对签证单上直接签订的工程量的准确性负责。

6) 如签证单涉及隐蔽施工、金额、工日、机械台班及其他事后不可复核的项目时，则应由工程部及预算部工程师共同现场认定。

7) 所有签订最后应由商务代表审定签批。

4.4 设计变更及现场签证办理时间的规定

(1) 正常的设计变更和现场签证单，应在有效签字人共同签署完成，并与承包单位核定费用后，才通知承包单位开始实施。特急类（指如果不立即实施将造成更大损失的）设计变更和现场签证，可以先实施再核定费用；如属隐蔽工程及事后不可复核的工程，则必须要求承包单位在隐蔽部位覆盖之前或拆毁前提出预算并核对清工程量。

（2）对于费用未审定的设计变更和现场签证单，发包单位工程部必须督促承包单位尽快计算变更签证费用，最迟在变更签证内容全部施工完后的 10 日内（自监理及甲方工地代表确认完工情况的日期开始计算），向甲方报送完整的变更结算。设计变更单由预算部负责 10 日内核定其工程量，审核完变更结算；现场签证由工程部经理初审，预算部会审。

（3）设计变更与现场签证协议中应规定"承包方违反变更签证结算上报时间的违约条款"。如：每拖延 1 天，则扣减上报结算总价的 5%，扣完为止。

（4）监理、现场工程应在变更签证内容完成后的 5 个工作日内在设计变更和现场签证单上对完成时间和完成情况进行说明。

（5）承包方应每月 15 日前将上月已经核完费用的变更签证单作一份汇总表上报给发包方，发包方按合同约定的付款比例同期支付。成本管理部应将变更、签证发生的情况分析汇总，报送公司领导、设计部、工程部，并进行数据综合分析，提出相应的管理建议。

4.5 设计变更及现场签证结算的格式要求

（1）变更签证的结算书应包括：变更或签证单原件以及与变更签证相关的所有往来函件、结算书、监理审核意见、施工合同中相同工作内容的综合单价、费率合同或合同缺项时应附取费表、材料调差依据、不执行定额的应附工料分析表、其他需要说明的与造价有关的问题等。工程部对变更和签证事实予以认定，预算部对工程量取费标准和价格予以认定。

（2）预算部内部审核不得少于两极审核。

（3）变更签证结算书的内容必须完整、准确，并可以制定防止承包单位高估冒算的约束措施，如在设计变更与现场签证协议中约定："变更结算报价超过最终审定价 10%，将把最终审定价按同等比率降低"。

（4）双方核定设计变更或现场签证的造价后，应在变更签证单上注明核定费用，并由双方责任人签字、盖章。

公司各部门务必严格执行本管理办法，在执行过程中，相关部门可根据实际情况编写具体的操作细则。相关部门编制的《实施细则》，报公司预算部核实，经公司领导批准后方可实施。

（5）表格。

××房地产开发公司设计变更单如表 7-1-1 所示。

××房地产开发公司现场签证单如表 7-1-2 所示。

（6）支持文件。关于设计变更、现场签证的协议。

表 7-1-1 ××房地产开发公司设计变更单

施工单位		所属合同		合同编号	
事项名称					
适用范围（注明对应的图纸；适用的房型及楼号）				提出时间	
□技术核定　□设计变更		提出方：（1）设计院；（2）建设单位；（3）购房客户；（4）其他			
变更原因					
施工前					
变更内容（如附有变更图纸请注明）					

注：① 变更单审批通过后，由项目部分施工单位，分合同连续编号（总包需分专业）；② 商务代表未签字、不盖甲方指定印章无效；③ 没有完成情况说明，造价师不予以结算；④ 完成后 10 个工作日内上报预算，超时扣款（每月 15 日前汇总呈报）；⑤ 技术核定以甲方最后认可为准，重要的技术核定需设计院确认；⑥ 超过 5000 元的设计变更请在本单空白处加盖会签章

工程部经理	
预算部经理	
商务代表	
总经理	
变更提出人员	

估价 □＜5000 元	□≥5000 元	造价师：

5000 元以下建设单位工程部、商务代表同意即可；超过 5000 元需报公司会签

施工后				
完成情况	实施完成时间	质量状况	监理工程师	甲方工程师

乙方结算价（附每单的结算书）	
乙方预算	
最终审定价	

双方签认：

注：本单由设计部（建筑）或工程部（结构安装）填写，提出部门、施工方、监理、项目组、预算部各一份

表 7-1-2　　　　　××房地产开发公司现场签证单

施工单位		所属合同		合同编号	
事项名称					
适用范围（注明施工地点、适用范围）				提出时间	
提出方：（1）设计院；（2）建设单位；（3）其他					
签证原因					
施工前					
签证内容（如附有图纸请注明）					

注：① 签证单审批通过后，由项目部分施工单位，分合同连续编号（总包需分专业）；② 商务代表未签字、不盖甲方指定印章无效；③ 没有完成情况说明，造价师不予以结算；④ 属事后不可复查工程量或做法的签证，需工程人员与预算员一同签认方有效；⑤ 完成后 10 个工作日内上报预算，超时扣款（每月 5 日前上月汇总呈报）；⑥ 超过 5000 元的签证单请在本单空白处加盖会签章

工程部经理	
预算部经理	
商务代表	
总经理	
提出人员	

乙方估价：		乙方预算：	
甲方审核估价：		甲方预算：	

5000 元以下建设单位工程部、商务代表同意即可；超过 5000 元需报公司会签

施工后				
完成情况	实施完成时间	质量状况	监理工程师	甲方工程师

乙方结算价（附每单的结算书）	
乙方预算：	
最终审定价	

双方签认：

注：本单由设计部（建筑）或工程部（结构安装）填写，提出部门、施工方、监理、项目组、预算部各一份

关于设计变更、现场签证的协议

甲方（发包人）：××房地产开发公司
乙方（承包人）：

甲、乙双方经协商于_____年___月___日签订了_____合同，为规范与该合同有关的设计变更、现场签证（以下简称"变更""签证"）的管理工作，分清责任，提高结算效率，保护甲乙双方的利益，特签订以下协议：

（1）乙方对于甲方正式发出的变更、签证，应及时、完整地执行，并保证工程的质量和进度要求；甲方应按照变更、签证的内容及其完成情况及时、足量地支付乙方变更签证的价款。

（2）关于变更、签证办理的约定。

1）甲方发出的变更、签证通知单，应加盖甲方指定的印章，否则乙方可以不接受；乙方出具的要求甲方结算价款的变更、签证单，如果没有甲方指定的印章，甲方将不予结算费用。

2）甲、乙双方指定的有效印章式样如下：
（甲方印章样式）　　　　（乙方印章样式）

3）合同履约中，甲、乙双方填制的变更、签证通知单都应使用甲方提供的标准表格，否则甲方可以不予审核费用，乙方可以不予接受。

4）甲、乙方均应对变更、签证通知单分专业连续编号、妥善保存；甲、乙双方都应设置变更、签证事项的单据交付记录，交付对方单据时应要求对方签收，接受方不得拒签。

（3）关于变更、签证计价及结算的约定。

1）变更、签证的计价严格执行与其相关的主合同的经济条款，执行相同项目的综合单价或套用相同的定额、取费标准、材料调差方式。当没有合适的定额套用时，双方可以按当时当地的市场合理低价协商确定。

2）在双方核对变更、签证的价款时，乙方负责事先就每张变更、签证通知单做一份完整结算书，提交于甲方；甲方不接受乙方以汇总方式编制的多项变更、签证事项的结算书。

3）结算书的内容必须完整、准确，若结算报价超过最终审订价10%以上，将把最终审定价同比降低10%以上。结算书一般包括以下内容：① 结算总费用；② 原合同相同工作内容的综合单价；③ 套用定额编号的直接费计价表；④ 间接费的取费表；⑤ 综合调差系数和主材调差数据；⑥ 定额以外项目的工料机分析；⑦ 变更签证单原件及所有相关的往来函件、其他需要说明的与造价有关的问题。

4）乙方接受甲方发出的变更通知单后，应立即组织计算变更费用，最迟在该变更内容全部施工完毕后 10 日内（从监理及甲方工地代表确认完工情况的日期计算）向甲方报送完整变更费用计算；每迟报 1 天，将扣除最终定价的_____％。

5) 原则上甲乙双方应在每项变更签证实施前，商谈确定总费用；特急变更签证也应在施工后 10 天内谈定价款；乙方提交的变更签证结算书，应与事先商谈的价格一致。

6) 关于临时用工的签证事项，双方应在签证通知单上协商确定以下问题：工作内容及工作量、工作时间、工作人数、取定的人工单价（是综合单价，已含管理费和利润）。

7) 当变更、签证的工作内容完成之后，乙方要及时督促监理和甲方工地代表在完工后 5 日内签字确认，否则甲方可以不予审核费用。对于隐蔽工程和事后无法计算工程量的变更和签证，必须在覆盖或拆除前，会同监理、现场工程师、商务代表共同完成工程量的确认和费用谈判，否则甲方可以不计价款。

8) 因设计变更或现场签证涉及可重复利用的材料时，应在拆除前与甲方谈定材料的可重复利用率，否则视为乙方 100％ 的回收利用。

9) 双方核定变更、签证事项的价格后，应在结算书上注明最终审定价格，并由双方签字、盖章后生效。

10) 每月 15 日前，甲、乙方应就截止上月末已确定最终费用的变更、签证的费用结算书，进行综合性核对，并形成核对与商谈记录清单。甲方应按主合同约定的付款比例同期支付。

(4) 其他。

本协议与双方签订的主合同，具有同等法律效力；主合同的条款与本协议有矛盾时，以本协议为准。

甲方（盖章）　　　　　　　　　　乙方（盖章）
签字：　　　　　　　　　　　　　签字：
时间：　　　　　　　　　　　　　时间：

拟定人	审核人	批准人	批准日期	实施日期
预算部	×××	×××	××年×月×日	××年×月×日

7.1.3　中介方的筹划程序

【实例 7-1-3】 某造价咨询公司设计变更、现场签证、索赔筹划程序

××造价咨询公司	设计变更、现场签证、索赔筹划程序		文件编号	×××
序号	×	版本号	A/O	文件页码	共×页

1. 目的

为了协助业主做好工程变更、工程签证、工程索赔费用的审核与确定，以工程合同为依据，有效地控制成本，维护雇主利益，确保工程质量和工程进度，特制定本管理办法。

2. 范围

本程序适用于受业主雇佣的项目的设计变更及现场洽商签证、索赔的管理。

3. 职责

3.1 本公司造价控制部负责对工程项目的竣工结算筹划管理。具体职责为：审核设计变更、现场签证，核查索赔资料，审核索赔费用，提出竣工结算筹划意见。

3.2 为保证竣工结算筹划工作的有效，我公司造价控制人员在工作前应建议业主：对工程签证等管理实行量价分离的二级约束机制，规定现场监理工程师仅对签证事件的真实性和工程量数据的准确性确认，对其可能引起的费用变化或工期变化要求承包商另行填写费用洽商申请表或工期临时延期申请表，由本单位造价工程师独立审核判断，形成了二层次管理，相互制约的机制，最大限度地降低了工程签证可能带来的工程造价失控风险。

4. 工作程序

4.1 设计变更的审核程序

（1）审核设计变更的必要性。对影响工程造价的设计变更、签证，应从专业技术需要的角度，提出合理化方案，供业主选择。

1) 工程变更按其影响造价的程度，可分为 a、b、c 三类。

① a 类变更：这类变更不涉及变更设计原则，不影响质量和安全经济运行，且不增加或减少工程费用（或合同价款）；

② b 类变更：这类变更工程内容有变化，造价有增减，但变更价款在合同规定的承包商包干费用范围内；

③ c 类变更：这类变更涉及变更设计原则，变更设计方案及主要结构和布置，修正主要尺寸及主要原材料和设备代用，且变更价款在合同规定的可追加或减少费用的范围内。

2) 各类工程变更的处理。

① 属于 a 类变更：由监理工程师签认，但需向造价工程师备案。

② 属于 b 类变更：必要时（合同结算规则要求按分项、分部工程计算费用；或业主要求提供考核设计变更增加的费用），造价工程师要对工程变更申请表的估算费用进行核查，并记入《核查记录》，同时按分项、分部工程进行统计。否则，与 a 类变更的处理方法相同。

③ 属于 c 类工程变更：由造价工程师核查变更申请估价和设计修改通知单

的估价并与承包商协商后确定价款,填写《核查记录》,同时按分项工程进行统计。

对于通过设计变更扩大建设规模,提高建设标准的,要看是否有原审批部门的批准;运用价值工程理论,对变更的技术可行性、经济合理性进行必要的论证与综合评价后再决定进行变更。

(2) 审核设计变更合规性。审核设计变更手续是否合理合规,是否符合甲乙双方的事前约定。根据变更引起造价变更的数额实行分级审批制,明确审批权限,加速变更工作的进展。同一原因引起的、数额较大的变更项目不应肢解为多个变更项目申报而逃避审批。

必要的变更应先作工程量和造价的增减分析,经业主同意,设计单位审查签章,出具相应的图纸和说明方可发变更通知。对不符合程序的口头变更、便条变更的工程量不予认可。监理公司发现设计图中的问题,需要进行变更时,必须征求业主和设计单位的意见。对监理公司和施工单位擅自更改设计图的,不予认可。

(3) 审核设计变更的真实性。

1) 审核设计变更是否真实存在。为分析变更的原因,明确责任,应对变更进行分类管理,比如:可以分为施工类、设计类、业主管理类,并制定相应的奖罚措施。

① 由于施工不当,或施工错误造成的变更,监理工程师应注明原因,此变更费用不予处理,由施工单位自负,若对工期、质量、投资效益造成影响的,还应进行反索赔;

② 由设计部门的错误或缺陷造成的变更费用,以及采取的补救措施,如返修、加固、拆除所生的费用,由监理单位协助业主与设计部门协商是否索赔;

③ 由于监理部门责任造成损失的,应扣减监理费用。

2) 审核变更中涉及的其数量及计价的真实性。

① 审核设计变更部位的工程量增减是否正确,是否得到了如实反映。变更是否已全部实施,若原设计图已实施后,才发变更,则应注明(因牵扯到原图制作加工、安装、材料费以及拆除费)。若原设计图没有实施,则要扣除变更前部分内容的费用。若发生拆除,已拆除的材料、设备或已加工好但未安装的成品、半成品,均应由监理人员负责组织建设单位回收。属变更削减的内容,也应按上述程序办理费用削减,若施工单位拖延,监理单位可督促其执行或采取措施直接发出削减费用结算单。

② 审核变更部位的定额套用是否合理。设计变更应视作原施工图纸的一部分内容,所发生的费用计算应保持一致,并根据合同条款按国家有关政策进行费用调整。材料的供应及自购范围也应同原合同内容相一致。

③ 审核设计变更计算过程是否规范。审核工程量的计算是否按合同中约定的计量规则进行计算，有无高估冒算。

4.2 现场签证的审核程序

(1) 审核洽商签证的真实性。

1) 审查洽商签证的程序是否规范。审查程序是否符合甲乙双方事先约定的签证程序。审查洽商签证手续是否齐全。洽商签证必须分别由监理公司、建设单位、施工单位共同签字确认，如果只有一方签字或缺少某一方签字，说明洽商签证的手续不全，也必然影响洽商签证的真实性。涉及材料价格的签证应在建设单位组织下，会同承包方赴市场，确定本工程所监控主要建筑材料的品种、规格和单价。

2) 审查洽商签证内容与竣工图、隐蔽工程记录和完工项目的内容是否一致。如果不一致，说明洽商签证的内容存在虚假情况，必须纠正。

(2) 审查洽商签证的有效性。

1) 审查开始后，必须封存施工单位移交的所有资料，包括洽商签证，不允许施工单位补办任何洽商签证，特别是隐蔽工程项目的洽商签证，凡是审查开始后补办的洽商签证一律无效。

2) 审查施工日记、监理日记、值班日记与洽商签证的时间是否一致。如果不一致，说明洽商签证的时效性存在问题，必须进一步查清。

3) 审查洽商签证的内容有无重复，尤其要注意工程项目整体办理洽商签证后，是否又以单项办理洽商签证。预算中包含的项目不得进行签证，已签证的工程量，应予扣除。

(3) 审核洽商签证的正确性。

1) 审查洽商签证的数量，包括个数、面积、体积、重量的计算是否正确。

2) 审查洽商签证的单价、金额计算是否正确。

3) 结合建设单位与施工单位签订施工合同的内容，特别是洽商签证的一些优惠条款，如合同规定 1000 元以下（含 1000 元）的洽商签证在工程结算时不作增减调整等，从而审查洽商签证是否可以列入工程结算。

工程变更与工程现场签证审核的依据应充分，设计变更手续、签证程序应齐全，内容与实际情况应相符，所选用的计价方式应合理并符合施工合同规定，工程设计变更及现场签证价格的审核与确定应由相关的专业造价工程师签发。

4.3 索赔的审核程序

(1) 索赔事件预防。定期开展履约检查，监督施工单位履约的同时，及时发现业主履约的不足并予提醒，提醒主动提高服务意识，为对方履约创造适当条件。

(2) 索赔事件的处理。要监督施工单位索赔证据是否确凿、依据是否充分、责任是否明晰、是否符合时效、索赔计算值是否合理准确，索赔事件是否作为有经验的承包商可以预见，在索赔事件发生后，是否采取了控制措施。

(3) 索赔风险转移。业主为抵挡不可预见的风险，应投保建安工程一切险与第三方责任险，并应要求承包人为其自身的人员财产投保，以把业主的部分风险进行转移；签订保险合同时，应注意免除责任条款及免赔额度的高低。

(4) 反索赔保障。业主为维护自身权益免遭侵犯并保证反索赔成功，在招标时应要求对方提供履约担保，一旦违约，可立即通过第三方采取措施，保证自己的利益并规范对方履约。

4.4 工程竣工，造价咨询公司向业主出具"工程造价监控审核报告"或"竣工结算筹划分析报告"。

拟定人	审核人	批准人	批准日期	实施日期
造价控制部	×××	×××	××年×月×日	××年×月×日

7.2 图纸会审的竣工结算筹划

7.2.1 乙方合理增加工程量的技巧

(1) 迎合甲方主观的喜好。一些甲方的领导对基本建设管理程序与方法并不了解，但却喜欢表现自己对建筑的喜好，这些特点均有可能被乙方牢牢抓住，成为乙方竣工结算筹划的一个重要突破口。一些甲方在工程建设中，特别是在住宅楼的建设中，无视监察部门的监督，少报多建，擅自提高住宅标准，最终会导致结算价的升高。

【实例7-2-1】某住宅楼外装饰原设计采用价廉物美白水泥拉毛，工程实施中，甲方领导在开始装饰前根据自己观点与喜爱要求乙方将白水泥拉毛外装饰改为面砖。此项变更使工程造价提高近8万元。

分析：有的甲方领导甚至在某一分部分项工程施工完毕后，又提出变更要求，使得施工人员不得不打破原有的施工组织设计，重新安排施工，造成人工、材料及机械的浪费。同时也给乙方创造了索赔的机会。

(2) 利用设计的粗心。当前个别设计单位和设计人员以追求经济利益为目标，只求速度，不重质量，设计工作不深入、不细致，图纸标注不清晰，该出详图的不出，只能让人猜谜；一些地方考虑不周到，该有梁的地方无梁，不该有柱的地方有柱，设计中相当一部分不尽合理。尽管投标之前有图纸答疑，但往往建设单位急于开工建设，在投标之前没有足够的时间将发现的问题妥善解决，致使有相当一部分施工内容没有在投标报价中包含，留下了较大的活口，因此设计变更自然而然地频频发生。

【实例 7-2-2】 某教学楼工程，地槽开挖至设计深度时，由于地耐力达不到设计要求，使本可以通过扩大毛石基础断面就可以解决的问题，却变为钢筋混凝土条形基础，白白的多花 20 多万元。该工程仅设计变更 50 多项，基本上边施工边变更，从而使费用不断增加。

分析： 有的设计单位不具备地质勘察能力，在无详细地质资料的情况下，就主观臆断盲目进行基础设计，使得工程未施工，就埋下了变更的因素。

7.2.2 乙方合理转移风险的技巧

在图纸会审时候，对于结构复杂、施工难度高的项目，乙方要认真分析，要从既能方便施工、有利于加快工程进度、确保质量，又能降低资源消耗、增加工程收入方面加以考虑，积极提出修改意见，对一些明显亏本的子目，在不影响质量的前提下，提出合理的替代方案，以降低工程成本。

【实例 7-2-3】 某工程投标时，乙方报价 25cm 路面三渣基层为 20 元/m^3，而正常价格为防 30 元/m^3，如按中标价施工，会引起较大的三渣基层单项亏损，乙方项目部开工后向甲方和设计单位说明，三渣基层施工的难度，得到了认可，后将三渣基层改为水泥碎石稳定层，避免了工程单项亏损，为工程最终达到目标成本打好了基础。

7.3 施工组织设计的竣工结算筹划

7.3.1 乙方变更施工组织设计增加预算法

乙方进驻施工现场后，如发现施工方案要修改，如果提出的修改施工方案理由合理，一般程序是：先书面报告现场监理工程师批准，再由监理方向甲方工地代表报告。实际施工中，如果几方都不认真执行，那将成为乙方"合理"增加费用的机会。

【实例 7-3-1】 某单位宿舍楼工程，甲方招标文件要求按定额工期完成。原设计图纸基础是条形基础，乙方投标预算是按条形基础开挖。实施施工中，乙方以赶工期为由，执意要求甲方和监理方同意基础开挖改为满堂开挖。甲方告诫乙方要预留好回填余土量，特意要求将开挖余土放置工程隔壁废弃的操场上。可是乙方却大量外运余土，造成回填土方不够，要向外购置余土。本来向外购置余土是乙方自己责任造成的，自己应负担，可是甲方工地代表只是简单地从节省造价角度着想，主动建议乙方将甲方单位在创建全国卫生城工作中拆除的围墙垃圾填入回填基槽内。垃圾整车直接倒入基坑，堆高至正负零，严重违反了土方回填的技术操作规程。

分析：本案中，即使是满堂开挖，外运余土，监理方和工地甲方代表对外运超量余土应负有责任，起码监督不力。本案中乙方变更施工方案，只是简单地报告一下，随意性较大，监理方和甲方代表也没有认真认证，草率同意，监督不力，最终将会造成甲乙方事后结算扯皮现象。

【实例 7-3-2】 某综合楼工程的基坑开挖，施工现场并不宽敞，乙方既无施工组织设计又无土方调配方案，也未进行土方堆积容量计算，致使在无法堆积的情况下用汽车清运了一部分，结果在结算时引起争议，甲方最终不予承认，使乙方在经济上蒙受损失。

7.3.2 甲方对施工组织设计变更的审查

对于一些维修工程，其工作量带有不可预见性，使许多项目的施工方法无法纳入监理部门审查过的施工组织设计，而现场的施工组织与将来的结算密不可分。

【实例 7-3-3】 某设施大修工程，在施工时发现大检修工程施工面受限制，与施工组织设计有所不同。实施施工时，按照乙方的布置，物料堆放点超过定额水平运输距离 1m；另，因现场情况有变，金属抱杆不能按照施工组织设计的位置安装，抱杆移动 30m。以上同原施工组织不符合之处乙方事前均征得了监理与甲方的同意并认证。事后，结算时，此部分乙方所造成的结算增加了近 30 万元，令监理与甲方大吃一惊。

分析：物料堆放点安排在什么位置，直接影响工程造价，超过定额水平运输距离就会有两次倒运的计入。如果现场监理不懂预算，水平运输距离哪怕只超过 1m、2m，却能使造价超出几万，甚至十几万。因现场情况有变，按当地定额规定金属抱杆不能按照施工组织设计的位置安装，在当地预算定额中抱杆移动超过 15m 后，每增 15m 人工费增加 1 倍、超过 60m 时按新建一座计算，这势必会使造价增加。因此甲方代表、监理部门在遇到工程有大的变动时，应及时通知造价工程师，互通信息进行专业互补，而不能让乙方想怎么干就怎么干，这样才能在合理的情况下把投资控制到最低。在定额计价模式下，施工组织设计直接关系到结算造价的确定，对其的审核与监督执行就显得非常重要了。

【实例 7-3-4】 某工程，中标单位的技术标中，土方工程的施工方案采用的为机械挖土，但投标预算中是按人工开挖考虑计价，对此问题甲方在评标时并未注意。事后乙方按技术标中人工挖土方案报结算，因此多增工程款近 30 万元。

分析：预算编制工作不细致，造价计价内容与施工方案不相符，造价编制无编制说明，均反映了乙方的水平实力和诚信度，而招标单位的前期工作及招标文件提供的有关技术资料、评标过程的不完善也是工程造价不能有效控制的主要因素。

7.4 工程签证的竣工结算筹划

工程签证是施工过程发生的与设计图、施工方案、施工预算项目或工程量不相符，需调整工程造价的补充、追加认可。工程技术人员应与造价业务人员密切配合，熟悉预算涵盖内容，划分需签证项目，以便工程结算准确反映工程造价。

7.4.1 工程签证常发生的情形

（1）工程地形或地质资料变化。最常见的是土方开挖时的签证、地下障碍物的处理。开挖地基后，如发现古墓、管道、电缆、防空洞等障碍物时，乙方应将会同甲方、监理工程师的处理结果做好签证，如能画图表示的尽量绘图，否则，用书面表示清楚；地基如出现软弱地基处理时应做好所用的人工、材料、机械的签证并做好验槽记录；现场土方如为杂土，不能用于基坑回填时，土方的调配方案，如现场土方外运的运距，回填土方的购置及其回运运距均应签证；大型土方机械合理的进出场费次数等。工程开工前的施工现场"三通一平"、工程完工后的垃圾清运不应属于现场签证的范畴。

【实例7-4-1】某工程，因人工成孔桩开挖对于持力层的要求，与图纸和预算不一样，在实际施工中，均在开挖后由甲方现场签证。即对于桩这部分的施工，是以实际施工中的为准的，因为地质的因素，这里有不可预见的成分在里面，所以桩的施工是以施工签证为准。

分析：在这些签证中，乙方如果处理得好，利润会相当丰厚。

【实例7-4-2】某工程，乙方低价中标，根据施工前测算，该项目很可能亏损，而且该工程业主要求乙方垫部分资金。实际施工中，乙方想尽办法，合理增加有利润空间的项目，从而扭亏为盈，如清淤及外调土是本标段的"大头"，项目累计签证清淤量达3.2万m^3（而投标时仅为8700m^3），同时，在签证增加清淤量时又自然增加了外调土方量，通过对合同外增加的外调土单价实行签证又增加了结算收入，仅此两项就创收近100万元。

分析：本例中乙方在施工中，采用竣工结算筹划的一系列措施和办法，不仅走出了当初亏损几成定局的阴影，而且实现扭亏转盈，创造的经济效益还很可观。

（2）地下水排水施工方案及抽水台班。地基开挖时，如果地下水位过高，排地下水所需的人工、机械及材料必须签证。另外甲方要注意，基础排雨水的费用一般已包括在现场管理费中,一些乙方通常仍然会报甲方签证重复骗取一定的费用。在这里要注意"来自天上的水"与"来自地下的水"的区别,如是来自天上的雨水,特别是季节性雨水造成的基础排水费用已考虑在现场管理费中,不应再签证,而来自地下的水的抽水费用一般可以签证,因为来自地下的水更带有不可预见性。

(3)现场开挖管线或其他障碍处理(如甲方要求砍伐树木和移植树木)。

(4)土石方因现场环境限制,发生场内转运、外运及相应运距。

(5)材料的二次转堆。材料、设备、构件超过定额规定运距的场外运输(注意:一定要超过定额内已考虑的运距才可签证),待签证后按有关规定结算;特殊情况的场内二次搬运,经甲方驻工地代表确认后签证。

(6)材料、设备、构件的场外运输。

(7)备用机械台班的使用,如发电机等。

(8)工程特殊需要的机械租赁。

(9)无法按定额规定进行计算的大型设备进退场或二次进退场费用。

(10)工程其他零星修改签证。

(11)由于设计变更造成材料浪费及其他损失。工程开工后,工程设计变更给乙方造成的损失,如施工图纸有误,或开工后设计变更,而乙方已开工或下料造成的人工、材料、机械费用的损失,如设计对结构变更,而该部分结构钢筋已加工完毕等。工程需要的小修小改所需要人工、材料、机械的签证。

(12)停工或窝工损失。停工损失:由于甲方责任造成的停水、停电超过定额规定的范围。在此期间工地所使用的机械停滞台班、人工停窝工以及周转材料的使用量都要签证清楚。

(13)由于拆迁或其他甲方、监理因素造成工期拖延。

(14)不可抗力造成的经济损失。工程实施过程中所出现的障碍物处理或各类工期影响,应及时以书面形式报告甲方或监理,作为工程结算调整的依据。

(15)甲方供料时,供料不及时或不合格给乙方造成的损失。乙方在包工包料工程施工中,由于甲方指定采购的材料不符合要求,必须进行二次加工的签证以及设计要求而定额中未包括的材料加工内容的签证。甲方直接分包的工程项目所需的配合费用。

(16)续建工程的加工修理。甲方原发包施工的未完工程,委托另一乙方续建时,对原建工程不符合要求的部分进行修理或返工的签证。

(17)零星用工。施工现场发生的与主体工程施工无关的用工,如定额费用以外的搬运拆除用工等。

(18)临时设施增补项目。临时设施增补项目应当在施工组织设计中写明,按现场实际发生的情况签证后,才能作为工程结算依据。

(19) 隐蔽工程签证。由于工程建设自身的特性，很多工序会被下一道工序覆盖，涉及费用增减的隐蔽工程一些管理较严格的甲方也要求工程签证。

(20) 工程项目以外的签证。甲方在施工现场临时委托乙方进行工程以外的项目的签证。

7.4.2 工程量签证

(1) 乙方增加工程量签证的方法。如何增加现场签证，各个乙方都有自己的秘诀。目前的工程施工现场一般设有甲方代表、驻地监理，一些甲方仅把设置监理视为完成国家规定要求，经常将监理架空，现场很多事是甲方代表说了算。相对甲方，乙方在专业技术上处于强势，乙方往往会采用一些"技巧"合理地增加工程量签证：

1) 当某些合同外工程急需处理时，乙方往往容易不顾事实，夸大事实，并要求签证。

2) 当处理一些复杂、耗时较长的合同外工程时，乙方经常请甲方代表、监理去现场观看，等时过境迁（一般不超过签证时效），他们只记事情不记尺寸时，再去签证。

【实例7-4-3】某工程独立基础中，固定框架柱时，需要在柱的四面焊支撑筋来固定，从而导致工程成本增加，在混凝土板的施工中，目前常用焊铁支撑来防止钢筋被踩蹋，在浇筑混凝土时，可以保证钢筋不会下沉影响结构受力，但也会导致成本增加。在实际施工中，这些技术措施是为了保证施工质量而做的，这些甲方是可给可不给的，因为你也可以用别的方式来保证施工质量。

分析：对这些可给可不给的项目，乙方要采取一些策略性的办法，像这类的项目还是都能签出一部分来，甲方有时也不是不讲道理，技术措施的施工签证能要出一部分来就不错了。

3) 对某些非关键部位但影响交通等的工程，故意拖时完成，甲方为了要求乙方尽快完工，腾出交通通道，通常会要求乙方赶工，这样乙方就可以赚取甲方部分赶工措施费。

4) 地下障碍物以及建好需拆除的临时工程，最好等拆除后再签证。

(2) 甲方对隐蔽工程签证的审核。对隐蔽项目，不仅要现场取证，而且需要对取得的现有证据，谨慎地逐个一一排解，排解时可采用顺藤摸瓜的方法，循序渐进地将情况逐个了解清楚，使原本隐蔽的信息明朗化、清晰化。

基本建设工程项目有许多都是隐蔽项目，建成完工后能看到的只是结果而没有过程。在这种情况下，就必须要求甲方在全方位参与工程建设与管理的前提之下，亲临施工第一现场，进行检查和监督，审核工程实际完成量，审查工程质量、检测分析工程施工进度的快慢。甲方应做到：

1) 只有正确的量才会有正确的造价。工程通过图纸或变更、签证计算工程量，图纸部分问题较少，问题多出在签证上。

2) 工程量的计算在工程结算中是最难的，重点应放在审查工程量是否重复计算。因为在工作中发现设计单位只对图纸及变更部分负责，但图纸减少部分却没有明确的书面纪录，而监理单位只对签证部分负责。这两个单位各负其责，并没有考虑工程量重复的问题。

3) 有些乙方对工程量增加部分的变更能及时签证，但对减少部分往往没有签证，工程只增不减，或者只对减少的主体工程进行签证、变更，而配套工程减少部分却不做变更签证，特别是一些隐蔽工程，事后往往无法确认，其损失不可低估。

4) 签证应该准确、及时、客观。必须对现场情况有清楚的了解，签证准确及时。设计、监理、预算、审价共同到现场联审，共同商讨，不失为省事、省时准确签证的好办法。

【实例7-4-4】某教工住宅楼的基础工程中，由于地下水位较高，在签证中乙方加大了抽水台班的数量，并加大了水泵的型号，结算时甲方委托的审核签证人员通过分析发现了工程量被加大，而且没有甲方基建部门人员的签字和盖章。通过走访甲方等多方查证，通过甲方进行协商降低了近20万元费用，并进一步完善了签证管理。

分析： 甲方基建管理部门必须建立计划管理、招投标管理、合同管理、监理管理、预结算管理等一系列管理制度，并严格执行，这是控制造价增加风险的根本途径。

【案例7-4-5】某工程在正常施工过程中，施工现场的情况多种多样，变更、签证经常发生，如清理现场垃圾、处理现场问题、外购土等。该工地甲方现场代表非常不负责任，对现场实际发生的工程量不加测量，凭自己估算，或者故意加大工程量（如垃圾土外运，垃圾土全部运完后，谁也无法核实）。造成变更、签证工程量的不准确，加大了工程费用。

分析： 工程技术管理人员缺乏经济头脑，对工程造价缺乏必要的认识，工作责任心不强，工作不深入、不细致，必然造价投资大幅增加。

(3) 中介方对一般签证的审核。施工过程中难免或多或少地发生一些签证现象。如何处理即将发生或已发生的签证费用，将会直接影响到工程造价。甲方一般由现场代表或分管领导处理此事。由于不少甲方对工程概预算专业不甚精通，处理不妥就会给乙方留下索赔的伏笔。由于中介造价工程师在施工全过程实行动态的、事先的、主动的造价监控，能及时发现并堵塞由于甲方误签合同和签证等造成的工程费用之漏洞，为甲方在施工中节省大量的不必要的工程费用开支。

洽商签证审核，是指受甲方雇佣的中介咨询单位依约对设计变更、施工变更和使用材料变更等洽商签证内容的合法性、合理性和真实性进行审查，并评价其有效性和正确性，维护甲方的经济利益。

【实例7-4-6】某工程，采用清单计价，固定单价合同，合同规定措施费不做调整。实际施工中发生了打桩释放孔、防震沟、安全防护栏杆等费用，乙方填列此项费用要求甲方办理现场签证。

分析：打桩释放孔、防震沟、安全防护栏杆等费用因属于技术措施费、安全施工措施费，一般在合同总价中包干使用，一般不允许再以签证形式重复计取。

【实例7-4-7】某工程，乙方将工程开工前的施工现场"三通一平"、工程完工后的垃圾清运均报甲方审批办理现场签证。同时在处理地下障碍物拆除工程时，乙方也办理了现场签证。

分析：甲方在审批签证时，必须注意签证单上的内容与设计图纸、定额中所包含的内容是否有重复之处，有了重复项目内容审查时必须予以剔除。因为有些工作内容虽然图纸上没有反映，但已包含在定额子目所规定的基本工序之中。如开工前的施工现场"三通一平"、工程完工后的垃圾清运均不能再签证，处理地下障碍物拆除工程可按现场签证处理，但应扣除原招标或施工图预算中已给的土方开挖量，避免重复计算。

签证的审核步骤有：

1) 真实性审核。当前，建筑市场各种主体法律意识比较淡薄，一些乙方常常在签证中弄虚作假，虚列内容，扩大范围。个别设计单位、监理公司不负责，随意在变更、签证中签字。一般签证书面材料中应有甲方驻工地代表、乙方、监理工程师的签字盖章。随着社会发展，电脑、复印机、扫描仪等现代化办公设备已相当普及，提高工效的同时也给不法者提供了便利。工作实践中，经常发现许多签证在签字过程中出现模仿笔迹、变造复印、其他人代笔等多种作假形式。签证有无双方单位盖章，印章是否伪造，复印件与原件是否一致等是真实性审核的重要内容。签证是甲方与乙方之间在工程实施过程中对已订合同的一种弥补或动态调整，相当于一份补充合同，与主体合同具有同等法律效力，因而在形式上应该是双方签章齐全真实。审核时复印件应与原件核对，签证的印章应与投标书中印章相比对，以保证签证形式合法、内容翔实合理，防止乙方通过这些造假在签证上虚增材料数量、工程量、费用等。所计签证真实性的审核要重点审查签证单所附的原始资料。如停电签证可以到电力部门进行核实，看签证是否与电力部门的停电日期、停电起止时间记录相吻合。

【实例7-4-8】某工程，中介咨询单位发现一个工程的签证，甲方和乙方提供的签证复印件不一致，经过反复核实，发现部分签证与工程实际情况不符，经向甲方驻工地代表进行调查了解，乙方提供的签证上的签名系别人模仿他的笔迹签署的。

分析：对签证审核时，首先要认定签名盖章、复印件的真实性。

【**实例7-4-9**】某办公大楼工程中，乙方仅凭一张洽商签证就要求报水暖专业所使用的各种管材1000多m，并得到设计单位、监理公司签字确认，但经审核实际报废水暖专业所使用各种管材只有300m。

分析：对签证中的数量一定要现场核实。现场核实工作量要求甲方、乙方、中介方三方同时到场，咨询单位审核人员一般安排2人以上参加，认真测量并做好勘测记录。勘测记录由甲、乙方和审核人员签字认可，作为调整结算的依据，并与结算书等一并归档备查。

【**实例7-4-10**】某工程挖了一个大土坑，其容积为Mm^3，还没有进行下一道工序时，据说突遇暴雨，结果前功尽弃，挖出来的土又被雨水冲进了坑里，需要重新挖坑。同时坑里又积满了雨水，需要用抽水机抽水，这些都是意外增加的工程量，乙方为此办理了一张工程签证单。表面看来，此事有时间有地点有经过，有原因，需要重新挖土和抽水，合情合理，无可非议。从手续上看，有乙方提出的要求签证的申请，有甲方驻现场工程师的签字证明、监理的审查批准意见，简直是天衣无缝。但具体计算工程量时，却令人产生了两点怀疑：① 该签证的重新挖土工程量竟然等于原挖土工程量Mm^3，如果再加上坑中水的体积，其总体积将会大于Mm^3，而这是不可能的；② 即使是真的抽了水，但抽水的总量应该小于（最多等于）原挖土体积Mm^3，但签证上却说，使用抽水量为每小时Nm^3的抽水机抽了W个台班。而8NW的乘积，竟然是M的800多倍，显然没有道理。中介审核人员据此认为这是一张乙方骗取甲方签证的过失签证而被否定，仅此一项审核减少近10万的工程款。

分析：利用各工程量之间的相互关联是甄别签证所述事情真伪的有效方法。

【**实例7-4-11**】1994年动工的某市××大厦至今甲乙双方对造价多少各执一词，仅土方、地下室工程、水电消防等就相差180多万元。例如台班抽水，按照施工常识，做地下室工程才需要台班抽水，这项工程的台班抽水最多只需3个月。在工程签证上，台班抽水竟从1994年9月抽到1996年4月12日。而另一张《隐蔽工程验收记录》显示，1996年4月，××大厦已经盖到8楼。按照原来设计图纸，地下室工程的花费是40余万元，但签证的工程造价就达80余万元。

分析：利用各类资料的相互关联关系也是甄别签证所述事情真伪的有效方法。

2）合理性审核。一些乙方为了中标，在招标时采取压低造价，在施工中又以各种理由，采取洽商签证的方法想尽办法补回经济损失。所以对乙方签证的合理性必须认真审核。

【实例7-4-12】某改建工程，乙方上报洽商签证编号达405号，而且要求补偿经费达2700万元，经审核后有效洽商签证只有198号，实际补偿经费为1200万元，其他洽商签证都是施工的具体做法，不应涉及经费补偿。

【实例7-4-13】某工程，乙方报价包括运土方500m^3运距1km费用，基础完工后，乙方又办一次签证，再计400m^3运土运距1km费用。

3）实质性审核。对于工程量的签证，审核时必须到现场逐项丈量、计算，逐笔核实。特别是对装饰工程和附属工程的隐蔽部分应作为审核的重点。因为这两部分往往没有图纸或者图纸不很明确，而事后勘察又比较困难。在必要的情况下，审核人员在征得甲方和乙方双方同意的情况下，进行破坏性检查，以核准工程量。

【实例7-4-14】某中介咨询单位审核某道路工程量时，发现图纸和签证均表示二灰碎石厚度16cm，但审核人员在现场勘察时发现路边有一处厚度远远不足，便组织双方人员到现场，运用专门的仪器随机取点，核准厚度仅为11.5cm，从而降低该道路工程竣工结算价20多万元。

分析： 破坏性检查只是事后审核的一种方法，而更有效的审核办法是事中跟踪审核。在隐蔽工程被覆盖之前，深入施工现场，获得第一手资料，为竣工结算审价打下基础。

【实例7-4-15】某影剧院屋面翻建工程，审核人员施工中曾三次去施工现场，特别是大面积的吊顶，由于在面层覆盖前，到现场取得轻钢龙骨的规格、间距的大小等有关原始数据资料，所以在结算审价时，这份原本很麻烦的签证就变得异常简单。

7.4.3 材料价格签证

按行规，设计图纸对一些主材、装饰材料只能指定规格与品种，而不能指定生产厂家。目前市场上的伪劣产品较多，不同的厂家和型号，价格差异比较大，特别是一些高级装饰材料。故对主要材料，特别是材料按实调差的工程，进场前必须征得甲方同意，对于一些工期较长的工程，期间价格涨跌幅度较大，必须分期多批对主要建材与甲方进行价格签证。

（1）签证时间点的合理筹划。市场经济条件下，价格信息是时时刻刻不断变化的，掌握了价格变动规律为我所用，必会取得较好的效果。

【实例7-4-16】某乙方施工的一项绿化工程，甲方要求图纸改为某种名贵的树种，本地信息价上又没有单价，需从外地买回。但在签证中，甲方只签数量，未签单价，竣工结算财政局审核时，审核方根本不认这个单价，双方发生纠纷。

分析：乙方施工当时就应签署单价，否则在结算时就很麻烦。

【实例7-4-17】某工程，乙方投标报价中因失误材料价格定得太低，预估工程下来仅材料差价这块就要损失20余万（合同注明施工期间材差不调），该工程原定于2002年1月开工，因甲方的原因该工程一直推迟到2003年1月开工，此时恰逢施工用的主材大涨，项目部还依据开工期比投标期晚了近1年的事实，成功实现价差索赔共计34.8万元。

【实例7-4-18】某小区，共有16幢住宅楼，分别被5家乙方承建，该工程结算方式为按实结算，主材按甲方签证价竣工结算时调整。施工期间恰逢建材价格不稳大起大落之机，A单位每次均选在建材价格的相对高点报监理与甲方签证，且签证批次的进货量较大（该小区监理工作较疏忽，只控制单价，但对乙方所报采购量并未审核），在价格相对低时，签证批次的进货量很少。而B单位恰恰相反，在低价位时反而报进货量很大，在高价位时反而高进货量很少。竣工结算时，主材按加权签证价结算，同样建筑面积、同样图纸的两幢总造价不足300万元的住宅楼，A单位仅材差就较B单位多结近5万元。

分析：签证时点合理筹划，往往成为乙方多结算材差的一个手段。

【实例7-4-19】某厂综合楼基础工程，开挖后发现粉煤灰层，经现场勘察需要进行大开挖，对基础做砂石回填处理；基础部分的结算，若套用主体工程的类别造价为36.8万元，经甲方、乙方多次探讨，加上市场询价，考虑到此工程的特殊性，对所有材料按市场价进入计算，不再执行调价系数；最终造价为22.7万元。

【实例7-4-20】中介审价人员在对某单位燃油锅炉安装工程时审核时，发现同一品牌同一产地的2台输油泵，乙方结算报价6000元/台，经过市场调查，实际价格才2700元/台。在审核地下救护车库消防工程时，中介通过对安装材料价格进行市场调查，经过对工程量和材料价格的审核，结算报价为91.24万元，中介审定价为71.94万元，审减了19.30万元。

分析：乙方常常对施工用主要材料虚报价格，或者以次充好、以假乱真。审价人员必须实地查验，进行市场调查，以便取得该种材料的真实价格。

(2) 材料价格签证确认的方法。相对于其他签证来说，材料价格签证的确认是比较难的。客观上，各地区《价格信息》对普及性材料有明确指导价，而对装饰材料的价格没有明确指导，由于其品种、质量、产地的不同，导致了价格的千差万别，甲方也不能清晰、具体地提供材料的详细资料。比如花岗岩，它的品种繁多，有的价格每$100元/m^2$左右，有的高级进口材料却达到每平方米上千元，仅凭现场目测，不易分清楚它们价格的高低，审价人员要想准确地确定这些材料的价格几乎是不可能的。比较可行的办法是：组织双方人员，走向市场，寻求最接近实际情况的价格，以有力的事实证据取得双方的一致认可。

1) 调查材料价格信息的方法。

① 市场调查。审核人员可到当地的大型建材市场，对拟调查的材料价格进行详细咨询，多家比较，以顾客的身份与经销商协商最低购买价格。这种方法特点是获取信息直接、相对较准确，有说服力，实际效果较好。

【实例7-4-21】某装饰工程，乙方自行采购地板砖，甲方认为价格过高，不予确认，而乙方认为该地板砖比一般地板砖质量好，价格应该高一些，双方发生争执。审核小组对市场上的各种地板砖价格进行了调查，对此种规格的地板砖价格询问了多个商家的报价，计算出此地板砖的平均价，得到了甲、乙双方的认同。

【实例7-4-22】担任某工程审价的造价工程师李××连续几昼夜查阅工程记录，又逐个楼层摸清所用材料的品种、数量，决心再到购买这些材料的市场里摸清价格底细。李工心里十分清楚，工程审核如有一丝的松懈马虎，就会给甲方带来数十万甚至几百万元的损失。"坐在屋里审价是算不清、审不明的。"第二天，他开始奔波在几个大型的建材市场。历时54个日日夜夜，他白天跑商场核对，夜里埋头细细核算，仅记录的账页材料就有1尺多厚。和乙方公开核对结算的那天，李工一项接一项打出掌握的"底牌"："你们报价每盏260元的感应灯，市场价格只卖26元，这有商场的证言为据；你们报价每900元/m³的火山石，当时市场批发600元就可买到；你们报价每220元/m²花岗岩地砖，当时市场价格为180元，这些也有商店的票据为证……"，这个装饰公司10多名"谈判"老手顿时愣了，不得不在核减1100万元协议上签字。他们最后感言道："李工把咱们的底细能摸得这么清楚，我们做梦也没想到啊！"

分析：要把工程造价如实审核清楚，掌握当时材料购买价格是关键。通过各种证据掌握各种材料的大致实际采购价格至关重要。

② 电话调查。对于异地购买的材料、新兴建筑材料、特种材料，或在审核时间紧的情况下，可采取与类似生产厂家或经销商进行电话了解，询得采购价格。

③ 上网查询。在网上查询了解材料价格，具有方便、快捷的特点。随着信息化进度的加快，各省市陆续都建立了官办或民办的造价信息网站，对及时、准确查找到材料价格信息提供了可能。

④ 当事人调查。材料真实采购价格，乙方对外常常会加以封锁，中介审核人员要搞准具体价格，还要调查可能的不同知情者，如参与考察的人员、甲方代表、监理人员、乙方材料采购人员以及业内人士等，从而获得一些活动情况，以便定价时参考。

2) 取定材料价格的方法。调查取得价格信息资料后，就要对这些资料进行综合分析、平衡、过滤，从而取定最接近客观实际并符合审价要求的价格。

① 应考虑调查价格与实际购买价格的差异。由于市场变异，时间的变更，调查人的能力等因素，可能会出现调查价格会高于或低于实际购买价的现象。一般情况下，大宗订购材料价格应低于市场价格一定比例，零购材料价格不应高于市场价格。另外材料价格是具有时间性的，材料价格的时间点应与工程施工的时间段基本吻合，也就是说，不宜用项目施工前或项目竣工之后一段时间的材料价格作为计价标准，应以施工期内的市场实际价格作为计算的依据。

② 参考其他价格信息。取定材料价格时还应综合考虑下面几种价格资料：

A. 参考信息价。目前各地区定期发布《建筑材料价格信息》指导价格，其作为工程项目概（预）算和编制标底的取价依据，在审价时，要利用这种法规性文件的指导作用计取材料价格。

B. 参考发票价。参考乙方的购货发票，虽然可能存在假、虚、空等问题，但在市场调查的基础上，可作为参考的依据之一。

C. 参考口头价。有时乙方可能拿不出某种材料的价格凭证，只提供"口头价格"，这里的水分可能更大一些，更应慎重取舍。

D. 参考定额价。定额价格是加权平均价，具有较强的指导作用，一般来说土建材料与市场差异不大，但许多装饰材料则可能出入较大，应分别对待。

E. 其他工程中同类建材价格。在同期建设的工程中，已审定工程中所取定的材料价格，可作为在审工程材料价格取定参照，甚至可以直接采用。

③ 理论测算法。甲、乙双方因非标（件）设备引起的纠纷也是经常发生的。非标（件）设备是指国家尚无定型标准，生产厂家在没有批量生产，只能根据订货和设计图纸制造的（件）设备。这种纠纷多数因对计价方法的认知不同。非标（件）设备的价格计算方法有：系列设备插入估价法、分布组合估价法、成本计算估价法、定额估价法。一般审价认为，应采用成本计算估价法。它的费用构成是：材料费、加工费、辅助材料费、专用工具费、废品损失费、外购配套件费、包装费、利润、税金、设计费等。成本计算估价法能使设备接近实际价格。

由新型材料价格引起的纠纷也很多。目前，新型建筑材料发展迅速，价格不被大多数人所了解和掌握，结算时甲、乙双方常常因价格争执不下。这就需要审价人员向厂家进行调查咨询，在此基础上，综合考虑其他费用，如采购保管费、包装费、运输费、利润、税金等进行估价，这样计算出的价格双方均能接受。

3）取价策略。

① 做好相关准备。目前市场上建筑材料品种众多，质量良莠不一，价格差异大。调查之前，应对材料的种类、型号、品牌、数量、规格、产地及工程施

工环境、进货渠道进行初步了解。掌握这些因素与价格的差异关系，有利于判断价格的准确性；掌握所调查材料相关知识，防止实际用低等级材料，而结算按高等级材料计价；掌握乙方材料的进货渠道及供货商情况，以便实施调查时有的放矢。

②注意方法策略。审价人员到市场调查价格信息，由于不是真正的潜在顾客，经销商一旦察觉到是在打探商业内幕，便会拒绝提供或消极提供有关信息，因此调查时一定要注意方法策略。一是询问时要给对方以潜在顾客的感觉。二是注意对不同调查对象进行比较。调查时要注意专卖店与零售店，大经销商与小经销商之间的价格差异，还要同时了解同种商品在市场中价格为什么会产生的差异，争取做到多询问、多打听、多比较、多观察。

③平时注意收集资料。审核人员在平时工作中就应留意收集价格信息，同一材料价格在不同工程上可以互为借鉴。重视市场材料价格信息的变化，建立价格信息资源库，使用时及时取用。

【实例7-4-23】某医院门诊大楼装饰工程是该市重点建设工程项目。为节省有限的建设资金，该院领导高度重视结算筹划。该工程自立项后，即委托造价咨询公司进行本项工程的全过程造价监控工作。在招标过程中，严格执行国家招投标法的规定。并将花岗石、大理石、铝塑板等28种主要装饰材料价格，经市场调查，控制在一个合理的幅度范围内，在招标文件中加以明确，有利地杜绝了招投标过程中的"抬高标底"现象。在施工过程中，由甲方、乙方和造价咨询单位联合组成工作组，走访市场，货比三家。调查并确定主要装饰材料价格。并作材料价格签证。经测算，此项工作与同类型装饰工程相比较，在不影响原建筑设计效果的情况下，节省建设投资资金25%以上。

7.4.4 综合单价签证

本节重点介绍工程量清单计价模式下单价的签证与审核。

（1）清单计价方法下，单价的使用原则。一般，在工程设计变更和工程外项目确定后7天内，设计变更、签证涉及工程价款增加的，由乙方向甲方提出，涉及工程价款减少的，由甲方向乙方提出，经对方确认后调整合同价款。变更合同价款按下列方法进行：

1）当投标报价中已有适用于调整的工程量的单价时，按投标报价中已有的单价确定。

2）当投标报价中只有类似于调整的工程量的单价时，可参照该单价确定。

3）当投标报价中没有适用和类似于调整的工程量的单价时，由乙方提出适当的变更价格，经与甲方或其委托的代理人（甲方代表、监理工程师）协商确定单价；协商不成，报工程造价管理机构审核确定。

(2) 清单计价方式下,单价的报审程序。

1) 换算项目。在工程实施中,难免出现材料调整,如面砖的规格调整,在定额计价模式下,只要进行子目变更或换算即可,但在清单模式下,特别是固定单价合同,单价的换算必须经过报批。一般,每个单价分析明细表中的费用费率都必须与投标时所承诺的费率一致;换算后的材料消耗量必须与投标时一致,换算前的材料单价应在"备注"栏注明;换算项目单价分析表必须先经过监理和甲方计财合同部审批后再按顺序编号页码附到结算书中。有关表式如表7-4-1所示:

表 7-4-1　　　　　　　　换算项目综合单价报批汇总表

工程名称:

序号	清单编号	项目名称	计量单位	报批单价	备注

编制人:　　　　　　　　　　　　　　　　　　　　　　　　　　　　复核人:

表 7-4-2　　　　　　　　换算项目综合单价分析表

工程名称:

编制单位:(盖章)　　　　　　　　　　　　监理单位:(盖章)

清单编号:						
项目名称:						
工程(或工作)内容:						
序号	项 目 名 称	单位	消耗量	单价	合价	备注
1	人工费 $(a+b+\cdots)$	元				
a						
b						
	……					
2	材料费 $(a+b+\cdots)$	元				
a						
b						
	……					
3	机械使用费 $(a+b+\cdots)$	元				
a						
b						

续表

序号	项 目 名 称	单位	消耗量	单 价	合 价	备 注
	……					
4	管理费（1+2+3）×（ ）%					
5	利润（1+2+3+4）×（ ）%	元				
6	合计：(1-5)	元				

编制人： 复核人：
监理单位造价工程师： 业主单位造价部： （经办人签字）
　　　　　　　　　　　　　　　　　　　　　　　　　　（复核人签字）
　　　　　　　　　　　　　　　　　　　　　　　　　　（盖　章）

2）类似项目。当原投标报价中没有适用于变更项目的单价时，可借用类似项目单价，但同样需要进行报批。一般，每个单价分析明细表中的费用费率都必须与投标时类似清单项目的费率一致；原清单编号为投标时相类似的清单项目；类似项目单价分析表必须先经过监理和甲方计财合同部审批后再按顺序编号页码附到结算书中。有关表式如表7-4-3及表7-4-4所示：

表 7-4-3　　　　　　　类似项目综合单价报批汇总表

工程名称：

序　号	清单编号	项目名称	计量单位	报批单价	备　注

编制人： 复核人：

表 7-4-4　　　　　　　类似项目综合单价分析表

工程名称：
编制单位：（盖章）　　　　　　　　　　　　　　　监理单位：（盖章）

清单编号：		原清单编号	
项目名称：		计量单位	
工程（或工作）内容：		综合单价	

序号	项　目　名　称	单位	消耗量	单价	合价	备注
1	人工费（$a+b+\cdots$）	元				
a						
b						
	……					

续表

序号	项目名称	单位	消耗量	单价	合价	备注
2	材料费（a+b+…）	元				
a						
b						
	……					
3	机械使用费（a+b+…）	元				
a						
b						
	……					
4	管理费（1+2+3）×（　　）%					
5	利润（1+2+3+4）×（　　）%	元				
6	合计：（1-5）	元				

编制人：　　　　　　　　　　　　　　　　　复核人：
监理单位造价工程师：　　　　　　　　　　　业主单位造价部：　（经办人签字）
　　　　　　　　　　　　　　　　　　　　　　　　　　　　　　（复核人签字）
　　　　　　　　　　　　　　　　　　　　　　　　　　　　　　（盖　章）

3）未列项目。当原投标报价中没有适用或类似项目单价时，乙方必须提出相应的单价报审，其实相当于重新报价。一般，每个单价分析明细表中的费用费率都必须与投标时所承诺的费率一致；为防止乙方借机胡乱报价，甲乙双方应事前在招投标阶段协商确定"未列项目（清单外项目）取费标准"或达成参考某定额、费用定额计价。未列项目单价分析表中的取费标准按投标文件表"未列项目（清单外项目）收费明细表"执行；参照定额如根据定额要求含量需要调整的应在备注中注明调整计算式或说明计算式附后；未列项目单价分析表必须先经过监理和甲方计财合同部审批后再按顺序编号页码附到结算书中。参考表式如表7-4-5及表7-4-6所示：

表7-4-5　　　　　　　　　未列项目综合单价报批汇总表
工程名称：

序　号	清单编号	项目名称	计量单位	报批单价	备　注

编制人：　　　　　　　　　　　　　　　　　　　　　　　　　　　复核人：

表 7-4-6　　　　　　　　未列项目综合单价分析表

工程名称：
编制单位：（盖章）　　　　　　　　　　　　　　　监理单位：（盖章）

清单编号：				参考定额			
项目名称：				计量单位			
工程（或工作）内容：				综合单价			
序号	项目名称	单位	消耗量	单价	合价	备注
1	人工费（$a+b+\cdots$）	元				
a						
b						
	……					
2	材料费（$a+b+\cdots$）	元				
a						
b						
	……					
3	机械使用费（$a+b+\cdots$）	元				
a						
b						
	……					
4	管理费（1+2+3）×（　）%					
5	利润（1+2+3+4）×（　）%	元				
6	合计：（1-5）	元				

编制人：　　　　　　　　　　　　　　　　　　　复核人：
监理单位造价工程师：　　　　　　　　　　　　　业主单位造价部：（经办人签字）
　　　　　　　　　　　　　　　　　　　　　　　　　　　　　　　　（复核人签字）
　　　　　　　　　　　　　　　　　　　　　　　　　　　　　　　　（盖　章）

7.5　设计变更的竣工结算筹划

7.5.1　乙方利用变更创利的方法

（1）设计变更产生的原因归纳起来有：
1）修改工艺技术，包括设备的改变。

2) 增减工程内容。
3) 改变使用功能。
4) 设计错误、遗漏。
5) 提出合理化建议。
6) 施工中产生错误。
7) 使用的材料品种的改变。
8) 工程地质勘察资料不准确而引起的修改，如基础加深。

由于以上原因所提出变更的有可能是甲方、设计单位、乙方或监理单位中的任何一个单位，有些则是上述几个单位都会提出。

(2) 乙方利用设计变更创利的方法。乙方除按合同规定、设计要求进行正常工程施工外，要利用投标时所发现的招标文件、设计图纸中的缺陷以及投标中的技巧，抓好设计变更这个环节。设计变更，特别是有利于乙方的设计变更，是当前乙方创利的重要手段，主要有：

1) 当结构的某些主要部位已设计，其辅助性结构的设计注明由乙方设计，或某些分项工程设计注明由乙方设计，设计单位认可的情况（这等同于帮设计干活），如大型结构的预埋件、构造配筋、加固方案等，遇到这种事情就好比天上掉馅饼，要好好把握机会。

2) 当设计要求与自己已熟悉的施工工法不一样时，要想法让设计改变工法，采用省时省工省机械，有利于自己创利的工法。

3) 申请变更设计图中既难做又不值钱（或报价低）的项目，相应地增加报价高的工程量，如去掉檐廊装饰，增加基础深度、桩布置密度、梁柱截面尺寸配筋等。

4) 让设计单位将规范（或定额中）已包含在工程项目中的附加工作内容，写入设计结构要求中作为强制要求，如灌注混凝土桩要超灌1m，地下结构必须外放20cm等。

5) 为赶工期而提高混凝土强度等级，要让设计出变更通知，说明是为满足工程施工要求而提高等。

7.5.2 甲方对设计变更的控制

(1) 设计变更的签发原则。设计变更无论是由哪方提出，均应由监理部门会同甲方、设计单位、乙方协商，经过确认后由设计部门发出相应图纸或说明，并由监理工程师办理签发手续，下发到有关部门付诸实施。但在审查时应注意以下几点：

1) 确属原设计不能保证工程质量要求，设计遗漏和确有错误以及与现场不符无法施工非改不可。

2）一般情况下，即使变更要求可能在技术经济上是合理的，也应全面考虑，将变更以后所产生的效益（质量、工期、造价）与现场变更往往会引起乙方的索赔等所产生的损失，加以比较，权衡轻重后再做出决定。

3）工程造价增减幅度是否控制在总概算的范围之内，若确需变更但有可能超概算时，更要慎重。

4）设计变更应简要说明变更产生的背景，包括变更产生的提出单位、主要参与人员、时间等。

5）设计变更必须说明变更原因，如工艺改变、工艺要求、设备选型不当、设计者考虑需提高或降低标准、设计漏项、设计失误或其他原因。

6）甲方对设计图纸的合理修改意见，应在施工之前提出。在施工试车或验收过程中，一般不再接受变更要求。

7）施工中发生的材料代用，办理材料代用单。要坚决杜绝内容不明确的，没有详图或具体使用部位，而只是增加材料用量的变更。

（2）设计变更实施中注意事项。设计变更的实施后，由监理工程师签注实施意见，但应注明以下几点：

1）本变更是否已全部实施，若原设计图已实施后，才发变更，则应注明。因牵扯到原图制作加工、安装、材料费以及拆除费。若原设计图没有实施，则要扣除变更前部分内容的费用。

2）若发生拆除，已拆除的材料、设备或已加工好但未安装的成品、半成品，均应由监理人员负责组织甲方回收。

（3）设计变更的费用结算。由乙方编制结算单，经过造价工程师按照标书或合同中的有关规定审核后作为结算的依据，此时也应注意以下几点：

1）设计变更应视作原施工图纸的一部分内容，所发生的费用计算应保持一致，并根据合同条款按国家有关政策进行费用调整。

2）材料的供应及自购范围也应同原合同内容相一致。

3）属变更削减的内容，也应按上述程序办理费用削减，若乙方拖延，监理单位可督促其执行或采取措施直接发出的削减费用结算单。

4）合理化建议也按照上面的程序办理，奖励、提成另按有关规定办理。

5）由设计变更造成的工期延误或延期，则由监理工程师按照有关规定处理。凡是没有经过监理工程师认可并签发的变更一律无效；若经过监理工程师口头同意的，事后应按有关规定补办手续。

7.5.3 中介对设计变更的审核

对建设项目变更情况的审核。重点是：概（预）算的调整是否依照国家规定的编制办法、定额、标准，由有资质的单位编制，是否按规定程序报批。同时应审核：

(1) 审核设计变更是否必要。随着建筑市场竞争的日益激烈，投标单位为了增加中标机会，常采取多种投标策略，如以退为进策略（即在投标中先报低价争取中标，再寻找机会索赔），对于乙方正当的要求应予以支持，而对于有的乙方利用工程变更的机会高估多算工程量以抬高工程造价的不正当行为，坚决予以制止。

【实例7-5-1】某工程设计为10cm厚钢筋混凝土楼板，已能满足荷载要求，现乙方提出水电埋管难度较大，为便于施工，要求设计变更为12cm厚楼板；原设计为C25级混凝土，施工方为提前拆模加快进度，要求改用C30级混凝土。设计单位仅从设计角度考虑，同意将板厚10cm改为12cm，C25改用C30级混凝土。甲方认为设计已认可不会有问题，也表示签章。造价工程师审核后提出异议：变更工程结算时，只能按10cm厚楼板和C25级混凝土计入工程造价。其楼板增厚2cm和C30与C25级混凝土的差价均由甲方承担，工程造价无形提高。楼板增厚2cm和改用C30级混凝土的问题属于施工组织设计中技术措施，有经验的乙方都有办法处理此事，且技术措施费以开办费形式包干使用，一般不予调整。乙方要改厚楼板或代用高级别混凝土，其差价只能由乙方自行消化（实际上乙方已在工期方面得益），不能转嫁至甲方，应签证注明此变更不涉及增加费用。

(2) 审核设计变更手续是否合理合规。审核设计变更的内容是否符合规定，手续是否齐全；有无擅自扩大建设规模和提高标准的问题。

(3) 审核设计变更及其数量的真实性。要点在于：
1) 审核设计变更部位的工程量增减是否正确；
2) 审核变更部位的定额套用是否合理；
3) 审核设计变更部位的增减是否得到了如实反映；
4) 审核设计变更计算过程是否规范。

【实例7-5-2】1989年，某县投资建设汽车站工程项目，项目概算投资250万元。该县交通局组织实施建设，施工方为该县第五建筑公司。此项目合同工期1年，自1993年12月18日至1994年12月31日。由于多种原因，实际建设工期直到1997年5月才完工，同年12月26日竣工验收。该工程合同价为193.29万元（不包括主材差价、机械费调整及税款）。出身为国家公务员的该站交通局副局长付某出具虚假工程变更签证，施工方工程报结算价为520万元，加之几年的工程看管费、银行贷款利息、违约金和窝工、停工损失等费用，投资单位共需支付各类费用计901.76万元。2003年9月，通过审价人员2个多月的认真细致的审价工作，审定该建设项目决算总造价应为292.16万元。

7.6 工程索赔的竣工结算筹划

统计资料表明，通过项目管理，可提高利润的3%~5%，而通过索赔管理，则可提高利润的10%~20%。由此可见索赔是影响工程造价的一个非常重要的因素。

由于施工中现场条件、气候条件、施工进度、物价的变化，以及合同条款、规范、标准文件和施工图纸的变更、延误等因素的影响，使得工程承包中不可避免地出现索赔，索赔是工程承包中经常发生的现象。索赔是双向性的，是一种权利的主张，如果对方不履行或不适当履行义务时，受损方提出补偿自身损失的要求，是维护自己的正当权益，是增加利益或减少损失的正当手段。同时，索赔也是对合同的补充和完善，是承包、发包双方之间承担风险比例的合理再分配，是合同管理的正常业务。

7.6.1 乙方索赔的机会点

(1) 索赔的根据。索赔是社会科学和自然科学融为一体的边缘科学，也可说是一门"艺术"。涉及商贸、财会、法律、公共关系和工程技术、工程管理等诸多专业学科，存在于社会的方方面面，如建设工程造价索赔依据。建设工程造价索赔，是指乙方在履行合同过程中，根据合同、法律及惯例，对因甲方的过错造成损失，要求给予补偿的行为。索赔不是惩罚，而是一种合法的权益主张行为。随着世界经济的全球化，乙方"低中标、勤签证、高结算、高索赔"的国际惯例将逐步盛行。索赔与反索赔是市场经济中不依人的意志为转移的客观规律。索赔成败的关键是索赔依据。其内容应该涵盖事实根据和法律依据两方面。

1) 索赔的法律依据主要是指强制性规范和约束性文件。全国人大及其常委会制定的法律和法规，如《建筑法》、《合同法》等；国务院颁布的行政法规，如《建设工程质量管理条例》等；建设部、工商行政管理局、中国建设银行等发布的部门规章，如《建设工程施工合同示范文本》、《建设工程价款结算暂行办法》等；地方人大、政府制定的地方性法规，主要指《×××省（市）建筑市场管理办法》、《××省（市）建设工程结算管理工作的意见》等；建筑市场、招标办、城建委执行的工程合同文件，主要指合同示范文本；招标文件、投标文件、中标通知书；工程定额、预算说明；技术规范、标准等。

2) 索赔的事实根据主要是指建设工程资料及原始证据。主要包括：甲方有关资料，如资质、资信、概算、投资等；施工日志，如施工现场记录、监理现场意见等；往来信件，如有关工程建设过程中的传真、专递、信函、通知等；

气象资料,如冬雨期施工记录、天气变化情况反映等;施工备忘录,如甲方、监理对现场有关问题的口头或电话指示、随笔记载、双方对专题问题的确认意见等;会议纪要,如甲方、监理、乙方、签字的会议记录;视听资料,如工程照片、录像、声响等;工程进度计划资料,如进度计划、材料调拨单、月度产值统计表等;工程技术资料,如图纸、技术交底、技术核定单、变更设计、隐蔽工程验收记录、开工报告、竣工报告等;财务报表资料,如预付款支票、进度款清单、用工记时卡、机械使用台账、收款收据、施工预算、会计账簿、财务报表等。

(2) 索赔机会点。

1) 甲方的行为潜在着索赔机会。根据现行合同文本通用条款内容和工程实践,索赔的机会点主要在以下几个方面:

① 因甲方提供的招标文件中的错误、漏项或与实际不符,造成中标施工后突破原标价或合同价造成的经济损失;若甲方提供的清单工程量与实际差异较大时,乙方的索赔也将大大增加;工程量的错误使乙方不仅会通过因不平衡报价获取了超额利润,而且还会提出施工索赔;工程量的错误还将增加变更工程的处理难度。由于乙方采用了不平衡报价,当合同发生设计变更而引起工程量清单中工程量的增减时,会使得甲方不得不与乙方协商确定新的单价,对变更工程进行计价。

【实例7-6-1】某项以清单计价的固定单价合同工程,合同总价为600万元,工期为6个月。在施工中发现由于甲方工程量计算错误,致使实际工程量比清单中的工程量要少得多,且竣工实际完成工程量产值仅为280万元,工期为3个月。经双方确认:施工设备撤回基地的费用为10万元;施工人员遣返的费用为8万元。最后,乙方提出并经甲方确认后的施工费用索赔:因施工设备撤回基地的费用索赔补偿额为(600-280)×10/600=5.33万元;因施工人员遣返的费用索赔补偿额为(600-280)×8/600=4.27万元;甲方共向乙方支付费用补偿额9.60万元。

分析:本例系工程量减少所致的施工索赔。

【实例7-6-2】某工程项目,合同总价为600万元,工期为30个月,合同中规定:增减同类型工程量按原合同清单的综合单价执行。在施工中由于设计变更而增加了很多同类工程量,经乙方申请申报,甲方批准工期顺延2.5个月,增加工程量的价款为20万元。最后,乙方提出并经甲方确认后的施工费用索赔——"因工程量增加致使乙方现场管理费增加的费用索赔补偿额"为(2.5-30×20/600)×2.4=3.6万元。(注:2.4万元/月,是双方认可的现场管理费)

分析:本例系工程量增加所致的施工索赔。

② 甲方未按合同规定交付施工场地。

③甲方未在合同规定的期限内办理土地征用、青苗树木补偿、房屋拆迁、清除地面、架空和地下障碍等工作。导致施工场地不具备或不完全具备施工条件。

④甲方未按合同规定将施工所需水、电、电信线路从施工场地外部接至约定地点，或虽接至约定地点但没有保证施工期间的需要。

⑤甲方没有按合同规定开通施工场地与城乡公共道路的通道或施工场地内的主要交通干道、没有满足施工运输的需要、没有保证施工期间的畅通。

⑥甲方没有按合同的约定及时向乙方提供施工场地的工程地质和地下管网线路资料，或者提供的数据不符合真实准确的要求。

⑦甲方未及时办理施工所需各种证件、批文和临时用地、占道及铁路专用线的申报批准手续而影响施工。

⑧甲方未及时将水准点与坐标控制点以书面形式交给乙方。

⑨甲方未及时组织有关单位和乙方进行图纸会审，未及时向乙方进行设计交底。

⑩甲方没有妥善协调处理好施工现场周围地下管线和邻街建筑物、构筑物的保护而影响施工顺利进行。

⑪甲方没有按照合同的规定提供应由业主提供的建筑材料、机械设备。

⑫甲方拖延承担合同规定的责任，如拖延图纸的批准、拖延隐蔽工程的验收、拖延对乙方所提问题进行答复等，造成施工延误。

⑬甲方未按合同规定的时间和数量支付工程款。

⑭甲方要求赶工。

⑮甲方提前占用部分永久工程。

⑯因甲方中途变更建设计划，如工程停建、缓建造成施工力量大运迁、构件物质积压倒运、人员机械窝工、合同工期延长、工程维护保管和现场值勤警卫工作增加、临建设施和用料摊销量加大等造成的经济损失。

⑰因甲方供料无质量证明，委托乙方代为检验，或按甲方要求对已有合格证明的材料构件、已检查合格的隐蔽工程进行复验所发生的费用。

⑱因甲方所供材料亏方、亏吨、亏量或设计模数不符合定点厂家定型产品的几何尺寸，导致施工超耗而增加的量差损失。

⑲因甲方供应的材料、设备未按合约规定地点堆放的倒运费用或甲方供货到现场、由乙方代为卸车堆放所发生的人工和机械台班费。

2) 甲方代表的行为潜在着索赔机会。

① 甲方代表委派的具体管理人员没有按合同规定提前通知乙方，对施工造成影响；

② 甲方代表发出的指令、通知有误；

③ 甲方代表未按合同规定及时向乙方提供指令、批准、图纸或未履行其他义务；

④ 甲方代表对乙方的施工组织进行不合理干预；

⑤ 甲方代表对工程苛刻检查、对同一部位的反复检查、使用与合同规定不符的检查标准进行检查、过分频繁的检查、故意不及时检查。

【实例7-6-3】在某小区工地，冬天甲方要求装修，项目部及时指出冬期施工的危害性，甲方执意施工。后发现墙体掉皮、空鼓严重，只好返工。后来乙方项目部果断向甲方提出索赔，获索赔金额16万元。

【实例7-6-4】某工程，本来合同签订是外墙抹灰墙面，而现在变成贴面砖，面砖甲供，这正好是索赔的绝佳机会，贴外墙面砖的市场人工单价远远高于定额人工单价，订立人工单价执行市场单价的补充协议，把抹灰人工亏损的一部分也弥补回来。

分析：工程量变化、设计有误、加速施工、施工图变化、不利于自然条件或非乙方原因引起的施工条件的变化和工期延误等均可成为乙方索赔的导火线。

3) 设计变更潜在着索赔机会。

① 因设计漏项或变更而造成人力、物资和资金的损失和停工待图、工期延误、返修加固、构件物资积压、改换代用以及连带发生的其他损失；

② 因设计提供的工程地质勘探报告与实际不符而影响施工所造成的损失；

③ 按图施工后发现设计错误或缺陷，经甲方同意采取补救措施进行技术处理所增加的额外费用；

④ 设计驻工地代表在现场临时决定，但无正式书面手续的某些材料代用、局部修改或其他有关工程的随机处理事宜所增加的额外费用；

⑤ 新型、特种材料和新型特种结构的试制、试验所增加的费用。

4) 合同文件的缺陷潜在自索赔机会。

① 合同条款规定用语含糊、不够准确；

② 合同条款存在着漏洞，对实际可能发生的情况未做预料和规定，缺少某些必不可少的条款；

③ 合同条款之间存在矛盾；

④ 双方的某些条款中隐含着较大风险，对单方面要求过于苛刻，约束不平衡，甚至发现某些条文是一种圈套。

5) 施工条件与施工方法的变化潜在着索赔机会。

① 加速施工引起劳动力资源、周转材料、机械设备的增加以及各工种交叉干扰增大工作量等额外增加的费用。

② 因场地狭窄、以致场内运输运距增加所发生的超运距费用。

③ 因在特殊环境中或恶劣条件下施工发生的降效损失和增加的安全防护、

劳动保护等费用；以上三项索赔成立的条件是招标文件及合同对此几项内容未有预先约定。

对于在地下室结构的土建工程，地下室围蔽、土方工程及防水工程的可变因素最多（比如由于天气恶劣造成的护壁崩塌、防水失效等），造成的损失很难预料，它应作为投资控制的重点。监理单位有责任预测工程风险，并根据风险大小制定对策。比如可以采用合同价包干的形式，对工程的某些分部工程进行总价承包或单价承包，比如围蔽工程、土方工程、打桩工程等。而对于可能造成工期、费用索赔的各要素，要充分考虑，制定防范性对策。比如要密切注意天气预报，做好防洪防震工作，避免不必要的损失。又比如在支付工程款方面，要做好资金的拨放计划，如甲方不能按时支付进度款，监理单位要提醒甲方事先与乙方沟通、协商，签订缓交协议，从而在一定程序上避免由于拖欠支付工程款而引起的索赔。

④ 在执行经甲方批准的施工组织设计和进度计划时，因实际情况发生变化而引起施工方法的变化所增加的费用。

6）国家政策法规的变更潜在着索赔机会。

① 投标时的材料单价与实际施工时期单价差异大，超出约定值；

② 国家调整关于银行贷款利率的规定；

③ 国家有关部门关于在工程中停止使用某种设备、材料的通知；

④ 国家有关部门关于在工程中推广某些设备、施工技术的规定；

⑤ 国家对某种设备、建筑材料限制进口、提高关税的规定。

7）不可抗力事件潜在着索赔机会。

① 因自然灾害引起的损失；

② 因社会动乱、暴乱引起的损失；

③ 因物价大幅度上涨，造成材料价格、工人工资大幅度上涨而增加的费用。

8）不可预见因素的发生潜在着索赔机会。

① 因施工中发现文物、古物、古建筑基础和结构、化石、钱币等有考古、地质研究价值的物品所发生的保护等费用；

② 异常恶劣气候条件造成已完工程损坏或质量达不到合格标准时的处置费、重新施工费。

9）分包商违约潜在着索赔机会。

① 甲方指定的分包商出现工程质量不合格、工程进度延误等违约情况；

② 多承包商在同一施工现场交叉干扰引起工效降低所发生的额外支出。

（3）开展索赔的方法。

1）仔细研究招标文件和承包合同并采取相应的风险控制措施。

2）组建强有力的索赔小组。

第7章 工程实施阶段竣工结算的筹划

3) 引导设计向有利于自己的方向进行变更,并结合不平衡报价,创造各种有利的索赔机会。

4) 选择合适的索赔时机,工程建成25%~75%应是大量地、有效地处理索赔事项的时机。

5) 采用合理的计价方法。

【实例7-6-5】 某工程,乙方在施工基础开挖土方时,发现劣质土或不能满足地基承载力要求的其他因素,需要进行处理才能满足基础的施工条件。

分析:在工程招标时,由于对工程施工的地质情况掌握不足或因时间紧迫,在工程招投标时根本无法了解清楚,工程中标后签订施工合同的也忽视这方面的因素或说明,从而造成索赔事项的发生。

【实例7-6-7】 某工程在招标时,甲方或设计未向乙方说明基础开挖可能出现地下水,要求乙方在投标报价时考虑因开挖土方可能出现地下水需采取施工措施的费用。在中标后的图纸会审或签订施工合同时又忽视了此项措施费。但在实际施工时确实因开挖土方时出现了地下水,而且甲方已签字确认。乙方有权向甲方提出索赔,因此而增加的抽水台班和人工费应给予补偿,引起的工期延误应予顺延。

分析:此索赔事件的依据是双方签订的施工合同和招标文件以及图纸会审和甲方或代理人的签证单。

(4) 索赔的计算。计算施工索赔和如何计算施工索赔是挽回因发生索赔事件经济损失的重要步骤。由于工程项目建设施工的复杂性和长期性,使索赔内容复杂多样,如人为障碍、不利的自然条件、不可预见因素、设计遗漏、工程价款支付、人工、材料、机械、银行利息等方面的索赔,计算较为复杂。其主要费用有:

1) 人工费:因施工索赔事件发生而增加的完成合同以外工作所花费的人工费。也就是额外劳务人员的雇用和加班工作以及索赔事件发生引起的工时工效降低所消耗的费用。

2) 材料费:因索赔事件发生,使材料实际用量超过合同内的计划用量而增加的材料费和材料因市场价格浮动(合同中规定)需调整的材料费以及索赔事件发生导致材料价格浮动(超过合同规定)、超期储备、二次运输等增加的费用。

3) 机械费:因索赔事件发生,额外工作增加的机械使用费,工效降低以及机械停工、窝工的费用(包括设备租赁费和折旧费)。

4) 管理费:因索赔事件发生,额外增加的现场管理和公司(总部)管理费。

5) 利息:因索赔事件而发生的延期付款利息、增加投资利息、索赔款利息。

索赔费用计算：

$$索赔费用 = 工程结算造价 - 工程预算造价（或合同价）$$

索赔费用 = 每个或每类索赔事件的索赔费用之和 = Σ索赔费用 a、b、$c\cdots$

编写完整和具有说服力的索赔报告，也是索赔成功的关键。索赔事件发生后，虽然有了依据、事实和费用的计算，没有强有力的文字说明和表达能力，被索赔的一方不理解或不了解索赔事件的具体情况和索赔内容等，也不可能赔，要求索赔的一方也就达不到索赔的目的，就不可能挽回因索赔事件发生对工程项目建设施工中的损失。因此，编写好索赔报告是一项法律、经济、技术、专业、语言性强、有技巧的复杂工作。首先是对索赔的合同依据、索赔事实、索赔费用和时间计算，对索赔的客观事实与损失的因果关系作有理有据的说明。其次是索赔报告必须准确，对索赔的事实要实事求是，计算的数据要准确无误，语言要婉转恰当，文字简明扼要、条理清楚、重点突出，使对方能由浅入深地理解和了解索赔事件的来龙去脉，报告内容有的用图形或表格比文字表达清楚，可以用图形或表格表示一目了然。

【实例7-6-8】某项目，工程总造价8000万元，其中该项目部实际完成工程计量为5848.57万元，工程于1999年开工，2001年上半年竣工。项目经初步审价，扣除经营成本及上级管理费（184.42万元）后，亏损额还达976.29万元，亏损率是工程结算收入的16.69%。本项目涉及工程变更签证费用307.29万元，五大材调整费用219.92万元，石子补偿费用56万元，共计583.96万元。在工程施工过程中签证、索赔没有一步到位，在工程近完工时一次性索赔，已过时效，未被确认，此项费用占工程结算收入的9.985%。

7.6.2 甲方索赔审查的筹划

（1）审查索赔证据是否合理。重点审查：

1）索赔理由是否与合同条款、有关法规文件相抵触，论述索赔理由是否有理有据，具有说服力，索赔依据是否充分合理。

2）索赔事项发生是乙方责任？甲方自身责任？双方责任？第三方责任？划分责任范围各负其责。同时，索赔事项发生时乙方是否采取有效措施，制止事态扩大，以防造成更大损失。

3）乙方是否按照法定期限提供索赔报告、索赔依据、索赔费用。

【实例7-6-9】××公司催化裂化工艺及热力外管工程中，乙方以现场地形条件不利为由，提出增加大型机具使用费，并在计算该项费用时采用涂改发票的方法，经核查发票原件，乙方承认了涂改发票的行为，对此甲方按实际发生数进行了核减。

分析： 在处理索赔报告时应该调查核实、去伪存真。

（2）审查费用索赔要求、计价办法是否合理。重点审查：

1）索赔费用计算内容一般包括人工费、材料费、机械使用费、管理费、利润等，应严格审查其款项，公正合理地审查其索赔报告申请，剔出不合理费项，确定合理费项。

2）确定索赔合理的计价方式。索赔计价方法通常有实际费用法、总费用法、修正费用法。必须采用合理的计价方式才能避免计价重复，如工程量表中的单价是综合单价，已包含许多费项，若计价方式不合理很容易使一些费项重复。

3）停工损失费计取。通常应采取人工单价乘以折算系数计算，停工机械补偿应按机械折旧费或设备租赁费计，但不包含运转操作费用。

4）正确区分停工损失费和作业方法降效费。我们知道凡是改做其他工作都不能计停工损失费，但可以计适当的补偿降效损失。然而由于乙方引起工期滞后而加速赶工期的也不应计增效费用。

（3）审查工期顺延要求是否合理。

1）划清工期拖延的责任，分清是乙方，还是甲方或是第三方责任，是否给予工期补偿和费用补偿。

2）确定工期补偿是否在施工网络中的关键线路上的施工内容。否则，对非关键线路上工期影响应考虑自由时差情况，然后再考虑相应工期调整情况。

3）乙方是否有明示和暗示放弃施工工期索赔的要求。同时监理师要尽可能参与全施工过程，预料索赔有可能发生的情况，及时要求乙方采取有效预防措施，降低不必要的损失，并且监理师应尽可能避免返工，减免材料浪费，施工成本加大，从而减轻乙方心理压力，减少乙方因成本上升而造成的利润损失。

【实例 7-6-10】某校正在建设的 2 栋教室大楼，在招标文件中，由于误计算大楼高度将工程定为四类，在投标预备会上投标人没有提出异议，中标后乙方发现该工程达到三类的标准，并要求改为三类，增加造价 90 多万元，同时要求计算赶工费数 10 万元，这些索赔要求都被甲方否定。

分析： 乙方是根据招标文件、图纸和其他相关资料进行投标，认可招标文件约定，并签订了相应的合同，故不能索赔。

7.6.3 甲方反索赔的筹划

（1）反索赔的原因。

1）对乙方履约中的违约责任进行索赔。根据《建设工程施工合同》规定，因乙方原因不能按照协议书约定的竣工日期或工程师同意顺延的工期竣工，或因乙方原因工程质量达不到协议书约定的质量标准，或因乙方不履行合同义务或不按合同约定履行义务的其他情况。乙方均应承担违约责任，赔偿因其违约给甲方造成的损失。

① 工期延误反索赔。影响到甲方对该工程的利用，乙方赔偿甲方的盈利损失和工期延误而导致的各种费用的增加，但累计赔偿额一般不超过合同总额10%。

② 施工缺陷反索赔。当乙方的施工质量不符合施工技术规程的要求，以及未完成应该负责修补的工程时，甲方有权向乙方追究责任。

③ 乙方在工程保修期内不履行维修义务。

④ 乙方不履行的保险费用。

2）对超额利润的索赔，如果工程量增加很多（超过有效合同价的15%）使乙方预期的收入大增，因工程量增加乙方并不增加固定成本，合同价应由双方协商调整，收回部分超额利润，这符合"薄利多销"的常理。

法规的变化导致乙方在工程实施中降低了成本，产生了超额利润，应重新调整合同价格，收回部分超额利润。

3）对指定分包商的付款索赔。甲方合理终止合同或乙方不正当地放弃工程的索赔，则甲方有权从乙方手中收回由新的乙方完成工程所需的工程款与原合同未付部分的差额。

4）由于工伤事故给甲方人员和第三方人员造成的人身或财产损失的索赔，乙方运送建筑材料及施工机械设备时损坏了公路、桥梁或隧洞，道桥管理部门提出的索赔等。

(2) 反索赔的措施。

1）强化管理，降低索赔风险。

① 计划管理。对基建项目的投资、工期和质量要有一个符合实际的计划，推行限额设计（即按照批准的可行性研究报告及投资估算控制初步设计，按照批准的初步设计总概算控制技术设计），严格控制工程造价，减少结算和付款风险。国家规定，凡因设计单位错误，漏项或扩大规模和提高标准而导致工程静态投资超支，要扣减设计费3%~20%。

② 招投标管理。进一步加强规范设计、监理和施工过程的招投标，树立全面的招投标理念，把设计和监理推向市场，并对设计进行监理，进一步监督设计的质量和进度。杜绝边施工边设计，不给乙方因为工程变更而获得大量的索赔机会。通过制定招标文件和对乙方进行资格审查，把不合适的乙方和项目经理挡在投标的门外。

③ 合同管理。甲方应认真研究合同条款的内涵，签订内容全面，切实可行的合同，要充分考虑到工程在未来建设和结算中的各种可能的风险，把工程建设管理紧扣在合同之内。对索赔费用的结算原则作明确的规定，以保证索赔部

分的利润水平与投标价相当。

④ 监理管理。明确监理的职责范围，对工程材料质量、施工质量、工期进行全面的监督。对施工过程中的签证材料进行严格的审查，分清责任，对于乙方自己责任造成的一切损失，一律不与签证；应该签证的及时核实和签证；对于无法核实的，超过时限的不予签证；承包商擅自变更的不予签证。

2) 对乙方所提出的索赔要求进行评审和修正。

① 索赔是否具有合同依据，凡是工程项目合同文件中有明文规定的索赔事项，乙方均有索赔权，否则，甲方可以拒绝这项索赔；

② 索赔报告中引用的索赔证据是否真实全面，是否有法律证明效力；

③ 索赔事项的发生是否为乙方的责任，属于双方都有一定责任的情况，确定责任的比例；

④ 在索赔事项初发时，乙方是否采取了控制措施，如果乙方没有采取任何措施防止事态扩大，甲方可以拒绝该项损失补偿；

⑤ 索赔是否属于乙方的风险范畴，属于乙方合同风险的内容，如一般性天旱或多雨、国内的物价上涨等，甲方一般不会接受这些索赔要求；

⑥ 乙方是否在合同规定的时限内（一般为发生索赔事件后的28天内）向甲方和工程师报送索赔意向通知。

7.7 工程竣工清理和交接的结算筹划

建设项目工程竣工验收合格后，甲方首先要及时组织乙方进行竣工清理，做好交接前的各项准备工作。工程审核人员要做好相关的审查：

（1）工程用材料需要办理退库的要及时办理退库手续。

（2）施工过程中所租用甲方的设备、设施、房屋等，要按照租用协议交付相关的租金，该费用从工程结算款中一并扣回，使用坏的设备、设施、房屋要无偿修复好，达到租用前的标准。

（3）乙方的各种设备、设施要按照合同条款规定的时间及时撤出施工场地，最后达到场地平整，具备交接条件。其次，要做好工程项目交接的相关工作，工程审核人员要审查工程交接是否成立了组织机构，参加单位和人员是否齐全，分工是否明确，主要工程、设备、设施、材料等是否做到了逐一交接，对交接过程中存在的问题由项目负责人和驻工地代表安排相关单位进行整改，确保工程交接及时，为后续项目生产奠定良好的基础。

第8章 竣工结算阶段
竣工结算的筹划

工程竣工验收完毕，进入结算阶段，至此甲乙双方的经济关系将基本结束。结算阶段，是决定工程成本和企业经济效益利害相关的时候，也是预结算工作在具体工程项目中至为关键的时候，结算工作的好坏直接关系到工程成本和经济效益。

8.1 竣工结算阶段筹划程序

8.1.1 乙方的筹划程序

【实例8-1-1】某建筑公司竣工结算编制筹划程序

××施工单位	竣工结算编制筹划程序		文件编号	×××
序号	×	版本号	A/0	文件页码	共×页

1. 目的

为加强竣工结算的编制工作，维护企业的合法权益，在工作最后阶段保障企业利益最大化，特制定本程序。

2. 范围

本程序适用于公司承包工程竣工结算阶段的筹划工作。

3. 职责

3.1 项目经理部：负责竣工资料的整理与准备。

3.2 预结算部：负责结算的技术质量控制与筹划。

4. 程序

4.1 资料的整理与准备。

（1）全面收集、归集相关资料，为结算编制提供充分依据。与结算工作相关的资料进行广泛收集可保证结算编制内容的完备性，可保证结算审核工作的顺利进行，避免审核时产生过多疑问和矛盾。我公司应注意以下几方面资料的收集：

1）工程承发包合同。它是结算编制的最根本最直接的依据，因为工程项目的承发包范围、双方的权利义务、价款结算方式、风险分摊等都由此决定,另外结算中哪些费用项目可以计入或调整、如何计算也都以此为据。

2) 图纸及图纸会审记录。它是确定标底及合同价的依据之一。

3) 投标报价、合同价或原预算。它是实际做法发生变化或进行增减删项后调整有关费用的依据。

4) 变更通知单、工程停工报告、监理工程师指令等。

5) 施工组织设计、施工记录、原始票据、形象进度及现场照片等。

6) 有关定额、费用调整的文件规定。

7) 经审查批准的竣工图、工程竣工验收单、竣工报告等。

以上这些资料在施工项目管理中,分属于不同的管理部门和人员,从整个施工项目管理而言,项目部应统筹安排,合理分工,确保资料的完整,同时应及时提供给结算编制部门或人员,确保这些资料在结算中能发挥其应有的作用。

(2) 归集签证资料。要对现场签证资料、工程隐蔽记录进行集中整理,分类做好记录,并按时间顺序进行编号、对比和核对,做到与甲方没有漏签,如发现有漏签或因甲方的原因未办完手续应及时补办。在与甲方办理签证过程中应做到相互协商、耐心解释、晓之以理、动之以情,灵活运用。

(3) 深入工地,全面掌握工程实况。由于一些体形较为复杂或装潢复杂的工程,竣工图不可能面面俱到,逐一标明,因此在工程量计算阶段结算人员必须要深入工地现场核对、丈量、记录才能准确无误。编制结算时,要先查阅所有资料,再粗略地计算工程量,发现问题,出现疑问逐一到工地核实。

4.2 技术质量控制程序。在结算编制前,项目负责人牵头制定《结算编制工作事先指导书》,就的工程范围、技术统一口径、质量要求、成品格式、人员安排,计划进度等作出统一安排。事先指导书要做到编制、检查人人手一份。

(1) 编制依据包括外来资料,即甲方对结算的委托和对结算编制的各项要求。要确定结算编制的定额、取费、材料预算价格、以及有关要求。

(2) 统一技术口径:该工作贯穿编制结算的始终。无论是图纸中的问题,工程范围的问题,还是新工艺、新材料的应用,或是套用定额有疑义的问题,都必须及时地用书面的《技术统一口径》来统一各个单位工程结算的编制。

(3) 实行三级检查:实行校核、审核、审定三级检查制度。强调编制人做好自检,对出手成品质量负责。项目专业负责人要对专业共性的问题着重把关。实行三级复核制度,及时发现错误并加以纠正,以提高编审质量。由于编审项目的复杂性加上编审人员自身的局限性,难免在编审过程中不出差错,或判断失误、计算错误。三级复核制度可消除或降低此类的发生。项目的负责人的复核偏重于对原始数据、变更签证的合理性等方面的复核；技术负责人则偏重于对定额套用与换算、取费标准方面的复核；机构负责人则是对前二级复核的再复核，着重把握对整个编审过程的操作程序、工作方法等是否符合国家颁布的法律法规，机构内部所制定的规章制度。

(4) 成品格式：按《事先指导书》所要求的结算书格式出成品，单位及编制人等盖章。结算的"编制说明"中必须写清以下几点内容：本工程概况；结算编制的图纸、定额、取费、材料价格依据；编制的工程范围；需说明的其他问题。

4.3 多结工程款筹划程序。对甲方报出的工程结算要适当留有余量，并注意：

(1) 工程量计算留有余地：可算可不算的一定要算。

(2) 变更签证：应算尽算。

(3) 按有利于自己的角度解释合同条款，并按之编制结算。

(4) 含糊洽商部位：要善于利用洽商含糊不清的部位及甲方结算人员不熟悉工地及工作态度的不认真，努力增加收入。

(5) 变换定额编号：按有利于自己的角度套价。

(6) 对于按人工费取费的工程，努力套取定额人工费含量高的子目，以达到提高计费基数，增加工程造价的目标。

(7) 调整预算软件。

(8) 适当虚增工作项目，以便为审价留有余地。

拟定人	审核人	批准人	批准日期	实施日期
预结算部	×××	×××	××年×月×日	××年×月×日

8.1.2 甲方的筹划程序

【实例8-1-2】某房产公司竣工结算编制要求筹划程序

××房产公司		竣工结算书编制要求筹划程序		文件编号	×××
序号	×	版本号	A/0	文件页码	共×页

1. 目的

为做好建设项目竣工结算工作，有效地遏止施工单位在编制工程竣工结算书时脱离建设项目实际高估冒算，减少结算审核纠纷，降低审核费用，缩短审核时间，提高审核质量，特制定本工作程序。

2. 范围

本办法适用于本公司房屋建筑工程竣工结算。

3. 原则

3.1 所有竣工结算，必须在该工程验收合格后办理，对于未完工程或质量不合格者一律不得办理竣工结算。

3.2 工程竣工结算的各方，应共同遵循国家有关法律法规、省、市有关文件，做到依法办事、循规操作；坚持客观公正、实事求是的原则。

3.3 本公司建设项目竣工结算工作实行五个统一，即统一计量支付规则、统一编报程序、统一审核方法、统一结算原则、统一表格。合同至结算前应向施工单位要求结算办法，应向施工单位明确应提交的送审资料内容、结算编制要求、结算统一表格。

4. 职责

4.1 监理公司：负责工程结算的初审。

4.2 建设单位：负责制定竣工结算书的编制要求。

4.3 造价中介公司：受业主委托对竣工结算进行复审。

5. 工作程序

5.1 结算书编制流程。

为做好结算书的编制工作，施工单位应首先完成工程变更、签证的审批和竣工图及竣工资料的编制确认，并尽快完成工程量计算工作；同时还应完成乙供材料单价、新增（含换算、类似、未列）项目综合单价的审定工作。结算书编制流程如图8-1-1所示：

5.2 结算审核程序

（1）施工单位通过验收后应首先整理结算所需的必备资料，再根据结算资料组织结算编制工作，送审前应做好自审。

（2）施工单位自审完毕后应送交监理单位审核，监理和业主只在施工单位送审工程结算书的基础上审核，对没有在结算书上反映的项目将不予结算。监理单位必须严格按照施工合同、招标文件等要求及时组织审核工作，审核结果必须由监理单位重新出具结算书，要求有监理单位盖章，总监签字，造价工程师盖章。

（3）监理审核后应及时送交业主审核，业主复核后送有中介公司审查。审核的时限按国家文件规定。审核程序如图8-1-2所示：

5.3 资料送审程序

（1）施工单位应提供的送审资料目录一般如表8-1-1所示：

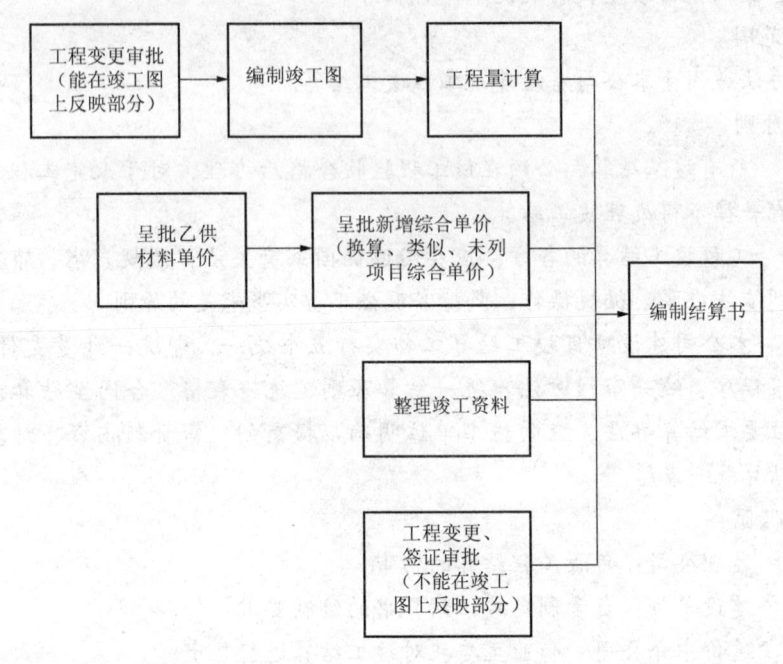

图 8-1-1　结算书编制流程

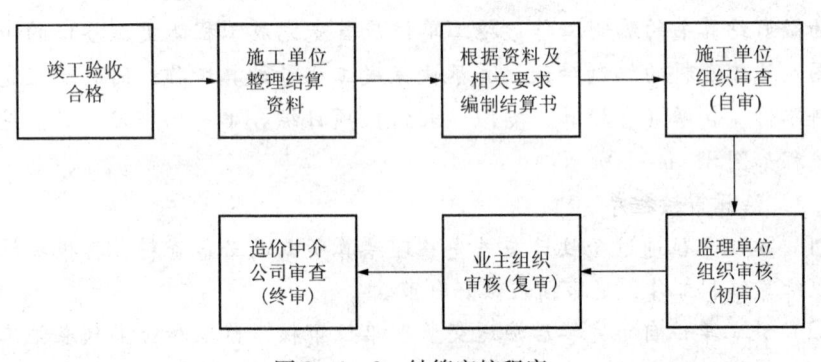

图 8-1-2　结算审核程序

表 8-1-1　　　　　　　　　　送审资料目录

序号	资料名称
1	建设项目送审资料签收表
2	工程结算书（加盖编制单位公章，编制人员签字、填写资格证号）
3	工程量计算书
4	钢筋抽料表

续表

序号	资料名称
5	图纸会审记录
6	设计变更单、设计变更审批表及相关支持材料
7	工程变更申请表、签证单
8	经审定的换算、类似、未列项目综合单价分析表
9	其他影响工程造价的资料
10	竣工图
11	合同文件
12	招标文件（含补遗书、招标文件澄清、答疑纪要）
13	投标文件中的经济标

（2）对施工单位提交的资料，业主应签收，签收参考表式如表8-1-2所示，实际工作中内容不限于此格式，越详细越好。

表8-1-2　　　　　　　建设项目送审资料签收表

序号	资料名称	页数	份数
1	建设项目送审资料签收表		
2	工程结算书（加盖编制单位公章，编制人员签字、填写资格证号）		
3	工程量计算书		
4	钢筋抽料表		
5	图纸会审记录		
6	设计变更单、设计变更审批表及相关支持材料		
7	工程变更申请表、签证单		
8	经审定的换算、类似、未列项目综合单价分析表		
9	其他影响工程造价的资料		
10	竣工图		
11	合同文件		
12	招标文件（含补遗书、招标文件澄清、答疑纪要）		
13	投标文件中的经济标		
	送交人：　　　　　　　　　　送交单位：（盖章） 送交人对上述资料的真实性、完整性负责。 送交日期：＿＿＿年＿＿月＿＿日 接收人：　　　　　　　　　　接收单位：（盖章） 接收日期：＿＿＿年＿＿月＿＿日		

(3) 对施工单位送审资料要求。

1) 结算书：施工单位应提交一式六份，监理单位应对送审结算进行审核，并重新出一式六份审核结算书（格式同施工单位送审结算书）。

2) 工程量计算书：监理单位应对送审计算书进行审核修改，并提供审核后的工程量计算书一式六份。参考示例见表8-1-3所示。

3) 钢筋抽料表：如采用手工抽料，应提供详细的抽料表（应注明钢筋所在构件名称、施工部位、钢筋编号等）和明细汇总表各一式1份；如采用专用软件抽料，另提供相应的电子文件（应转换成Excel表格）。参考示例见表8-1-4所示、表8-1-5所示。

表8-1-3 建筑及装饰装修工程量计算底稿

序号	项目编码（第1~9位）	项目名称	复件数	计算表达式	单位	工程量
※§1※ 一层平面图（建施02）→轴线G上伸→台阶							
1.1	清020102001	石材楼地面	1	(12 - 0.3 × 3 × 2) × (1.32 - 0.12 - 0.3)	m^2	9.18
1.2	清020108001	石材台阶面	1	(11.76 + 0.24) × (1.32 - 0.12 + 2 × 0.3) - 9.18	m^2	12.42
※§2※ 一层平面图（建施02）→轴线G→1砖墙							
2.1	清010302001	实心砖墙	1	{[墙长]11.76 ×（[墙高][1层高]3.6 -[导墙高]0）-（[C-1面积]8.096 × 2[樘] +[M-1面积]8.1 × 1[樘]）} ×[墙厚]0.24	m^3	4.331
2.2	清020406003	金属固定窗：{C-1全玻固定窗}	1	2[樘]×1	樘	2
2.3	清020402003	金属地弹门：{M-1平开铝门}	1	1[樘]×1	樘	1
※§3※ 一层平面图（建施02）→轴线D→1砖墙							
3.1	清010302001	实心砖墙	1	([墙长](11.76 - 0.24) × ([墙高][1层高]3.6 -[导墙高]0) - (([M-2面积]2.1 × 1[樘]) - (([M-2洞底宽]1 - 0.2) × 1[樘]) ×[导墙高]0) - (([M-2洞顶宽]1 + 0.5) ×[过梁高]0.12 × 1[樘])) ×[墙厚]0.24	m^3	9.406

续表

序号	项目编码（第1~9位）	项目名称	复件数	计算表达式	单位	工程量
3.2	清010410003	过梁	1	（（[M-2洞顶宽]1+0.5）×[过梁高]0.12×1[樘]）×[墙厚]0.12	m³	0.022
3.3	清020401004	胶合板门：{M-2夹板门}	1	1[樘]×1	樘	1
※§4※ 一层平面图（建施02）→轴线 C→1砖墙						
4.1	清010302001	实心砖墙：{C2：C5}	1	（[墙长]（1.2+1.2-0.24）×（[墙高][1层高]3.6-[导墙高]0）-（[M-3面积]1.68×1[樘]）-（（[M-3洞顶宽]0.8+0.5）×[过梁高]0.12×1[樘]））×[墙厚]0.24	m³	1.426
4.2	清020402005	塑钢门：{M-3塑钢门}	1	1[樘]×1	樘	1
4.3	清010410003	过梁：{C2：C5}	1	（（[M-3洞顶宽]0.8+0.5）×[过梁高]0.12×1[樘]）×[墙厚]0.12	m³	0.019
※§5※ 一层平面图（建施02）→轴线 B→120墙						
5.1	清010302001	实心砖墙：{B2：B5}	1	（[墙长]（2.4-0.24）×[墙高][1层高]3.6-[M-3面积]×1.68×2[樘]）-（[M-3洞顶宽]×0.8+0.5）×[过梁高]0.12×2[樘]）×[墙厚]0.115	m³	0.472
5.2	清010410003	过梁	1	（（[M-3洞顶宽]0.8+0.5）×[过梁高]0.12×2[樘]）×[墙厚]0.115	m³	0.036
5.3	清020402005	塑钢门：{M-3塑钢门}	1	2[樘]×1	樘	2

编制人： 日期：

表8-1-4　　　　　　　　　　钢筋汇总表

单体工程名称：

序号	名称	钢筋类型											接头数
		HPB235 钢/kg					HRB335 钢/kg						
		φ6	φ6.5	φ8	φ10	φ12	φ12	φ14	φ16	φ18	φ10	φ22	φ25	(后略)	

编制人：　　　　　　　　　　　　　　　　　　　　　　　　　　　　日期：

表8-1-5　　　　　　　　　　钢筋翻样表

工程名称：

构件名称/部位	构件编号	构件数量	钢筋编号	钢筋形状	规格	根数	单根长度/mm	总长度/m	总重量/kg

编制人：　　　　　　　　　　　　　　　　　　　　　　　　　　　　日期：

5.4　结算编制方法及要求。

（1）建设项目结算按房屋建筑工程合同标段组织，每个标段内结算造价划分为建筑及装饰装修工程、安装工程等（根据项目具体情况灵活划分）。

（2）为提高结算效率，我单位在每个建设项目结算前应按专业结算编制"结算指引"，报监理单位与施工单位周知，做为结算工作的指导。

（3）施工单位必须对送出结算书的完整性负责，即要求对于各专业结算必须一次性送审完毕，并在送出每一份专业工程结算书的同时，列明该标段、专业的总体情况说明、工程所包含的内容、工程名称、开工时间、验收时间等基本情况。

（4）标段内建筑及装饰装修工程结算书分为单体工程、公共部分现场签证两部分，结算时分别装订成册送审；其中公共部分现场签证结算书应一次性送审。各单体工程结算包括单体全部工程实体造价和单体工程现场签证。对照原招标清单所列项目，出现许多未列项目、类似项目和换算项目。这些项目属于施工图范围并非通常定义所指工程变更，要求各施工单位在编报竣工结算时，应将工程实施过程中，由各类设计变更、签证、材料单价申报审批形成的变更申请审批表中涉及此部分内容的项目，与合同清单项目汇总，形成工程实体综合单价包干项目。工程实体造价（或竣工图部分造价）分为综合单价包干项目和综合合价包干项目，结算时工程量应依据合同、招标文件有关规定按照竣工图计算，审核时按施工图加各类变更进行复核。单体内，工程变更申请表中无法反映在竣工图上的变更（或签证），结算时纳入单体现场签证汇总。

（5）工程量。

1）土建土方与区域土方的划分：打桩之前平整场地的土方量为区域土方，打桩后建筑物以内发生的土方量为土建工程土方，建筑物以外均为区域土方或路基土方。竣工结算编报时不得将建筑物土方与区域土方混淆或重复计算。

2）工程量计算原则：应按照招标文件中工程量清单编制及计量与计价规则执行。

3）建筑面积按《建筑工程建筑面积计算规范》（GB/T 50353—2005）计算规则。

（6）单价。

1）乙供材料结算单价确定原则：按合同文件等有关规定，乙供材料的供应商必须是甲方经招标认可的合格供应商，单价为甲方招标采购确定的单价。所有乙供材料经监理审核送建设单位审定后才能作为材料结算单价，且此单价是确定综合单价的依据。

2）综合单价：除合同规定外综合单价在合同执行期内固定不变，不作调整。具体规定如下：

① 招标时已有清单项目按原清单执行，综合单价不变，结算时不需提供单价分析表，只需注明该综合单价在投标文件中所在位置；

② 如为投标时暂定材料或投标时没有的材料，结算时根据施工合同规定换算项目单价，其计费原则不变；换算项目分析表必须经过监理、业主计财合同部审批后才能作为结算综合单价；

③ 若工程量清单中没有的项目，则首先参照工程量清单类似项目计价，类似项目单价分析表必须经过监理、业主造价部审批后才能作为结算综合单价；

④ 没有类似项目的，参照当地政府计价定额及其配套文件组综合单价，未

列项目单价分析表必须经过监理、业主造价部审批后才能作为结算综合单价。

（7）综合合价：综合合价项目按投标报价包干不作调整。

（8）现场签证项目。单体工程现场签证以"宗"与单体工程实体造价部分汇总。

5.5 结算表格格式要求

结算表格目录及说明如表 8-1-6 所示。

表 8-1-6　建筑及装饰装修工程结算表格目录及说明

序号	表格名称	表号	填表说明	表格用途
1	建设项目送审资料签收表	表 8-1-2	资料交接人应在此表上签字认可	便于资料管理
	第一册 工程结算书			
2	建筑及装饰装修工程结算书封面	图 8-1-3	应填写：1. 标段名称；2. 单体工程名称；3. 编制单位名称（加盖公章）；4. 编制、复核人员姓名及资格证号；5. 标段送审结算金额；6. 日期	
3	标段概况表	表 8-1-7	施工单位可自行调整	
4	编制说明	表 8-1-8	无具体要求，编制单位可根据工程实际情况填写	
5	建筑工程技术经济指标表		编制单位应结合工程实际情况认真填写	统计工程各参数指标
6	工程结算清单表（建筑及装饰装修工程）	表 8-1-9	本表反映的是工程实体和单体工程现场签证两部分结算金额，两部分分别列出汇总金额；工程实体中的综合单价包干项目和合价包干项目也应有汇总金额。本表中的清单编码应与招标文件一致；类似、换算、未列项目编号按审批时的清单编号填写。每项清单项目应在"备注"栏注明综合单价来源[如投标单价分析表　第×页、换算（类似）项目单价分析表第×页、未列项目单价分析表　第×页等]	主要反映单体工程建筑及装饰装修部分结算总额的组成及各清单项目的单价（合）价
	第二册工程量计算书			
7	建筑及装饰装修工程量计算底稿	表 8-1-3	无具体要求，编制单位可自行编制	工程量计算的具体计算式

第8章 竣工结算阶段竣工结算的筹划 255

续表

序号	表格名称	表号	填表说明	表格用途
	第三册钢筋抽料表			
8	钢筋汇总表	表8-1-4	无具体要求，编制单位可自行编制	能够清楚反映不同规格钢筋总量
9	钢筋翻样表	表8-1-5	无具体要求，编制单位可自行编制	钢筋详细放样计算式
	第四册相关资料			
10	单体现场签证汇总表	表8-1-10		方便审查
11	换算项目综合单价报批汇总表	表7-4-1	此表由每个换算项目综合单价汇总	方便审查
12	换算项目单价分析	表7-4-2	此表依据投标时的单价分析，换算主要材料单价，其他部分不应调整	主要材料换算后调整的综合单价分析表
13	类似项目综合单价报批汇总表	表7-4-3	此表由每个类似项目综合单价汇总	方便审查
14	类似项目综合单价分析表	表7-4-4	参照投标时类似项目清单单价（原项目编码应填写），根据工程实际特征调整，应在"备注"栏简单说明调整情况，本表应通过监理、业主认可	类似项目的综合单价分析表
15	未列项目综合单价报批汇总表	表7-4-5	此表将每个未列项目综合单价汇总	方便审查
16	未列项目单价分析表	表7-4-6	原投标时没有的项目，应注明参考的定额编码，依定额规定可调整系数的应在"备注"栏注明，取费原则按投标时的未列项目取费标准计取。本表结算前应通过监理、业主认可	原清单中没有且无类似项目可参照调整的项目单价分析表

××建设项目（_____标段）
（__单体名称__ 建筑及装饰装修工程）

结

算

书

送审金额：¥_____大写：_____（人民币）

编制单位：（盖章）

编 制 人：　　　　　　　　证号：

复 核 人：　　　　　　　　证号：

编制日期：20____年____月____日

图 8-1-3　结算书封面

表 8-1-7　　　　　××建设项目(××标段) 概况表

标段名称：

一、总体情况说明				
建筑面积		监理单位		
设计单位		施工单位		
工程基本概况：				

二、标段单体情况										
序号	单体名称	投标报价/万元	送审造价/万元	投标质量等级	评定质量等级	投标工期	实际工期	开工时间	验收时间	备注

表 8-1-8　　　　　　　　　编 制 说 明

单体工程名称：

表8-1-9　××建设项目(　××标段)建筑装饰装修工程结算清单表（示例工程）

单体工程名称：　　　　　　　　　　　　　　　　共　页　第　页

序号	项目编码	项目名称	项目特征描述	计量单位	工程量	金额/元 综合单价	金额/元 合价	备注
		一、综合单价部分						
		章节名称						
1	020101001001	水泥楼地面	【项目特征及工程内容】……	m²	100.000	20.00	2000	投标单价分析表（见第×册×页）
2	020101002001-1	水磨石楼地面	【项目特征及工程内容】……	m²	100.000	70.00	7000	类似单价分析表（见第×册×页）
3	020102001001-1	石材楼地面	【项目特征及工程内容】……	m²	100.000	396.11	39 611	换算单价分析表（见第×册×页）
	020103001001	橡胶楼地面	【项目特征及工程内容】……	m²	100.000	400.00	40 000	未列单价分析表（见第×册×页）
4		……						
		小计						
		……						
	综合单价部分合计							
		二、综合合价部分						
1		……						
2	综合合价部分合计							

续表

序号	项目编码	项目名称	项目特征描述	计量单位	工程量	金额/元 综合单价	金额/元 合价	备注
	工程实体造价（一+二）							
		三、单体现场签证部分						
1	工程变更号				宗			见变更申请单×页
		……						
	单体现场签证合计							
	合计（一+二+三）							

编制人：　　　　　　　　　　复核人：　　　　　　　　　编制单位：

注：1. "项目编码"按投标时的工程量清单编码顺序，工程变更号按时间顺序；类似、换算、未列项目编号按审批时的清单编号填写。

2. "项目名称"需要分章节且应填写项目特征及工作内容。

3. 备注栏应注明单（合）价来源，主要为：投标书单（合）价分析表、换算单价分析表、类似单价分析表、未列单价分析表、变更申请单。

表 8－1－10　　　　　　　　　单体现场签证汇总表

单体工程名称：

序号	编号	名称	单位	金额	备注
1	工程变更号	（略）	宗	20 000 元	
2	……				

编制人：　　　　　　　　　　　　　　　　　　　　　　　　复核人：

拟定人	审核人	批准人	批准日期	实施日期
造价部	×××	×××	××年×月×日	××年×月×日

8.1.3 中介方的筹划程序

【实例8-1-3】 某造价咨询公司竣工结算审核筹划程序

××造价咨询单位		竣工结算审核筹划程序		文件编号	×××
序号	×	版本号	A/0	文件页码	共×页

1. 目的

为加强和规范工程项目管理，特制定本办法。

2. 范围

凡受业主委托的新建、扩建、续建、改建工程项目，均应按规定进行审价。

3. 职责

根据业主授权，我方审价部门有权参与初设会审、施工图预算审查、合同会签、工程竣工验收等有关活动。

4. 程序

4.1 单项工程竣工结算审价的主要内容。

（1）审查直接费。

1）审查工程是否依据竣工图、设计变更及签证等实际情况办理竣工结算；招标工程还应审查其竣工结算是否按工程实际增减量及中标单价计算调整。

2）审查工程量计算是否依据规定的工程量计算规则，计算结果是否准确。

3）审查预算定额选用是否合规，套价是否符合定额标准；定额单价换算、补充是否合规、准确；工程量清单综合单价是否经甲方审批；估价、议价是否已经过甲乙双方协商一致，估价、议价部分是否有再参与取费的违规现象。

4）审查工程报告期直接费价格指数调整的人工费、机械费等，以及按价差法调整的建筑主材等，其计算调整是否合规、准确，不同报告期内所完成的工程量，是否按不同发布期价格指数，价格指数是否执行与合同工期挂钩。

5）审查工程措施费等是否合规准确。

（2）审查间接费：企业管理费计取标准是否合规，费用计算基数（人工费或直接费）是否正确。

（3）审查规费计取是否合规、准确。

（4）审查利润计算是否合规、准确。

（5）审查建筑主材等材料市场价差计算是否合规、准确，是否按规定不计取各项费用；审查钢筋实际用量是否按规定进行抽筋，计算是否合规、准确。

(6) 审查工程税（费）计取是否准确。

(7) 审查工程工期、质量是否符合合同规定及奖惩条款执行情况；审查工程验收遗留问题的解决处理结果。

(8) 审查工程竣工档案是否按规定归档，有关竣工资料是否完整、规范。

(9) 审查竣工图及工程签证与实际是否相符。因工程项目整体即为一个个单项工程组成，故工程项目整体的审价仍需化为一个个单项工程按以上程序审价。

4.2 审查方式。

(1) 根据工程项目实施所处的阶段，区别不同情况，采用送达与就地、全面审查与重点抽查、查阅书面资料与掌握实际情况，实行事前、事中和事后审核。

(2) 为保证审价质量，开展审价项目时，可采取各专业联合审价方式，抽调公司内有经验的工程技术、技经人员参加审价小组。

4.3 施工单位应配合提供的资料。施工单位应对工程相关资料的真实性、完整性负责。需提供的资料应包括：单项工程预（结）算书；业主认可的竣工图；工程变更及签证资料；工程量计算书；钢筋抽筋计算书；主材分析表；合同及招投标过程文件；适用定额及费用标准资料以及本单位（审价单位）认为应提供的其他资料。对建设单位和施工单位提供的资料图纸变更等进行合理的分析，看提供的资料是否真实。如一般的施工单位提供的资料，都是尽量的提供对提高造价有利的资料，在分析他们提供的资料时要与建设单位提供的资料对比分析，就很可能发现一些问题。审价人员还需要与现场实际施工情况相结合相互对照哪些是真的，哪些是假的。图纸的变更可能会增加工程造价，这就需要工作人员认真熟悉图纸、阅读设计说明，将变更资料与图纸相互对照，将原图纸的变更影响其他有关部位尺寸的变化，虽然没有变更资料但也应该按照变更后的尺寸进行计算。然后再到现场与实物相对照。

4.4 审价工作程序。

(1) 准备阶段。组织审价小组并制定审价工作方案。

(2) 实施阶段。听取业主的有关工程情况的介绍，询问有关问题，根据有关定额、费用标准、材料价及有关规定，对送审决（结）算进行逐项审核，对发现的问题及时与业主、施工单位交换意见，并做好审价增减表和审价工作底稿的认定签字工作。

(3) 报告阶段。审价终了，在集中审价人员意见的基础上，进行综合分析，对工程项目作出客观、公正的评价，提出审价报告。审价报告的内容一般应包括工程概况、工程审结情况、存在问题和审价意见或建议几个部分。报告要求实事求是，定性客观、准确，对存在问题要指出违反具体规定，分析原因并提出工作建议。

（4）处理阶段。审价报告经领导审定后，作出审价结论。

（5）归档阶段。工程项目审价工作结束后，应将审价过程中的相关文件资料进行整理，并按照审计档案管理办法规定归档。

4.5 审价处理。施工单位应对编报的工程结算书的准确性把关，经审价，送审项目核减率超过5%以上者，参考原施工合同，确认是否需要由施工单位支付审减审计费。

拟定人	审核人	批准人	批准日期	实施日期
审价部	×××	×××	××年×月×日	××年×月×日

8.2 乙方快速编制结算的方法

8.2.1 一般项目的结算

（1）熟悉基本资料。预算专业人员不但要熟悉施工图纸、工程所在地区预算定额，还要深入施工现场，对施工做法及材料使用情况要有充分的了解，认真对照施工方案的内容措施，分析预算定额所包含的工作内容及未包含内容，定额中的数量、单价组成。先领会和掌握招标文件，施工合同的条款及内容，熟悉施工图纸，深入工程现场，了解整个工程的概况及施工方案的措施内容。因施工图纸与投标图纸不同，标书工作量与实际工作量就不同，所以要详细核对两者的工程量。

【实例8－2－1】设计施工规范规定了现浇混凝土构造柱与圈梁相交节点处，其圈梁上、下的六分之一层高或450mm范围内，构造柱的箍筋间距为100mm；现浇混凝土圈梁的转角和丁角处增加构造筋以及300mm的拐角弯锚固长度。而大多设计施工图也没给详图节点，顶多交代一句如圈梁、构造柱构造措施见某某图集。对规范不熟悉，则会影响预算准确性，甚至有的预算人员忘记计算上述部位的钢筋量。

分析：若对这些规范上的细节较熟悉，计算到这些相关部位的工程量时就能运算自如，不会出现计算错误或漏项的情况。

（2）了解市场情况。市场价格千变万化，同一种产品因质量、产地、运输等因素的影响，所以价格不尽相同，这样就要求我们的预算人员全面了解市场信息及国家的有关规定，给材料采购人员提供价格信息，及时办理材料价格差价的签证，为控制工程成本提供有力依据。

（3）仔细避免失误。结算编制中容易出现的失误之一就是漏项，漏项就意味该得收益的损失。为了防止这一点，乙方应根据工程的具体实施情况考虑以下内容。

1）由于政策性变化而引起的费用调整。如间接费率的变化、材差系数的变化、人工工资标准、机械台班单价的变化等。政策、法规的变更。建筑工程工期一般较长，在合同实施期间，可能会有有关的政策，法规的变更。工程承发包作为一种民事行为，应在法律允许的范围内运作，受法律的保护，也受法律规范和调整。有关的政策、法规是法律在某一范畴的外延和具体表述，甲乙双方都有遵守的义务。有关计价的政策、法规的变更，必然地引起结算价的变更。我们必须严格按照文件所规定的内容、时间界限和标准执行，该增的坚决增，该减的坚决减，以计算出准确的结算价。预结算工作是法规性很强的工作，施工企业的经济管理部门一定要注意有关文件的传达、学习、贯彻、执行，并作为结算的重要依据。

2）投标时按常规计算，结算时需如实调整的费用。如大型机械进退场费（什么类型规格的机械进场多少次等）、墙体加固筋、甲供水电费的扣除等。

3）设计变更、签证、监理指令等导致增加的费用（发包方主动提出的部分）。这部分费用包括自身工作量的增加，及造成对其他工作的影响而增加的费用（也可作为索赔费用）。如楼层和建筑面积的局部增加，会导致脚手架和垂直运输费用的增加。工程量的增减。招投标工程的承包合同一般都有规定工程量应与招标文件内容一致。但实际上，绝大多数工程量都会因图纸变更，甲方代表指令，施工条件变化等等原因发生工程量的增减。工程量的增减要在结算时体现。工程量的增减必须有足够的证据，包括合同、补充协议、甲方代表或监理工程师的各种指令和通知、工程设计变更的图纸及所增减部分工程量的验收报告等。所有的证据应由有关的各方代表签章确认生效。

4）施工索赔费用。是由甲方未履行合同义务，或发生了应由甲方承担的风险而导致承包商的损失造成。如甲方交付图纸技术资料、场地、道路等时间的延误，与勘探报告不符的地质情况，发生了恶劣的气候条件（洪水、战争、地震），甲方推迟支付工程款，第三方的原因导致的乙方的损失（如设计、指定分包），甲供材的缺陷，设计错误导致的施工损失等。

5）合同规定的有关奖励费用：如提前竣工奖、赶工措施费、质量奖等。

6）由于变更删项，导致原让利优惠部分的退还费用。在现行的招投标中，乙方为了在竞争中获胜，一般都要在正常算得的造价基础上给出一定的优惠条件，而当甲方变更导致工程量减少或部分删项时，结算中除扣除对应费用外，应注意加上因原优惠而损失的费用。

7）签证导致的相关费用，如零星用工等。

8.2.2 附属、零星项目结算

一般，甲方往往只注重对主体工程结算的管理，而忽视了对附属工程结算的管理，从而造成附属工程结算高估冒算的现象，主要原因是：

（1）甲方在主观上不够重视，认为与上千万元的主体工程相比，上百万元甚至只有几十万元的附属工程是小项目，而将主要精力放在主体工程上，对附属工程疏于管理。如在附属工程发包时随意指定乙方，工程实施前未签订施工合同、实施过程中未注重资料的签证、收集，造成发生变更也未在结算中加以调整等。

（2）附属工程的乙方一般仍是主体工程的中标单位，甲方与乙方在主体工程的实施中，从不认识到熟悉，有了一定的感情基础，因此在实施附属工程时，甲方往往会碍于情面，放松了警惕。

（3）乙方存在"堤内损失堤外补"的不正当想法。在目前僧多粥少、建筑市场竞争激烈的情况下，乙方在主体工程招投标中为了中标，主动让利、低价中标现象普遍，并通过在实施过程中进行索赔、变更签证等方法，争取效益，即低价中标、高价结算，而利用甲方忽视附属工程的心态，高价结算附属工程，形成"堤内损失堤外补"的现象。

【实例8-2-2】某新建学校工程项目，双方签订附属工程合同近150万元，不仅下浮率明显低于主体工程，且许多材料单价远远超过同期市场价，甚至是同期市场价的数倍。

分析：甲方不应只重视主体工程的结算管理，疏忽了对附属工程的结算管理。附属工程是主体工程的一部分，应该遵循原主体工程招投标中的原则，而不能另行单搞一套结算标准，否则的话，不仅浪费了建设资金，而且严重损害了招投标的公正性，扰乱了建筑市场秩序。

附属工程结算应注意事项：

（1）做好前期准备工作。与主体工程一样，完整规范的设计施工图是乙方正确编制附属工程预算的依据，工作中，许多建设项目的附属工程连草图都没有，更不用说有完整规范的施工图了，这为乙方正确编制预算书留下了隐患。因此，一定要重视前期的准备工作，特别是完整的施工图，为乙方编制真实的预算打下良好的基础。

（2）签订附属工程合同前需慎重。附属工程作为主体工程的一部分，一定要遵循原主体工程投标时的原则，对优惠率、材料单价、施工变更、结算方法、付款方式等原则性问题应在合同条款中加以明确；乙方在此原则下编制的施工图预算是签订施工合同、确定合同金额的重要依据。因此，甲方在签订合同前，一定要重视对附属工程预算的审核，也可委托有资质的中介部门进行审核，避免在附属工程结算中留下隐患。

（3）甲方在附属工程实施过程中要重视相关资料的收集、整理，便于在工程结算中及时作调整。工程管理人员应重视对附属工程的施工管理，督促乙方严格按施工图进行施工，一旦需要发生变更，双方应及时签订变更联系单。同时，在整个建设过程中，甲方应重视对各种资料的收集、整理，为竣工后附属工程的结算作好准备。

8.2.3 不规范乙方常用结算灌水手法

（1）利用合同，开口多算。有的甲方对发包合同重视不够，仅与乙方商定工程范围、进度和质量等条款就签订合同，开工建设。到工程竣工结算时，才发现原发包合同一无工程价款，二无结算要求，连设计变更也没有限制的条款，甚至随意开口，合同对工程结算没有约束力，乙方借此夸大施工难度，不断单项报告甲方负责人签批增加工日和投资的条子；乙方办理结算时，又利用合同开口和其他漏洞高估多算，增加结算投资。

（2）利用隐蔽，抬高造价。有的建设项目只有"形式监理"（即有监理合同，但不要求派人驻现场监理）或监理工作不到位。甲方没有专人管施工现场，隐蔽工程没有验收、没有签证、没有记录，到竣工结算时，乙方才找设计人员、甲方补签证，然后列入结算。这种事后补签的隐蔽工程往往数量多计，甚至根本没有发生也列入结算。

【实例8-2-3】 某装饰工程中不锈钢包柱项目，经到实地解剖内层结构，发现乙方虚列细木工板基层子目，实际施工中根本没有。

分析： 有些乙方，利用装饰工程内部结构隐蔽性的特点做文章，将实际没有施工的项目，在工程结算书中堂而皇之地列出，企图蒙混过关。

（3）设计变更，事后签证。有的甲方不重视控制设计变更，不办理设计变更的审批手续，没有正式的设计变更通知单，没有设计变更引起的工程量与投资增减的记录。在工程的设计变更中，只计增加的工程量，不计减少的工程量，以达到多计的目的。

【实例8-2-4】 某乙方工作，利用洽商含糊不清的部位及甲方结算人员不熟悉工地及工作态度的不认真，通过一份洽商多要了60多万元。

（4）工程计量，虚报多报。主要表现为工程量不按国家统一规定的计算规则和竣工图尺寸计算。如建筑工程土方外运按开挖量，不扣除回填土数量；砌墙体未扣$0.3m^2$以上洞孔和钢筋检圈梁、柱等体积；框架间墙体规定按净长线计算，却用中心线长度计算，多算框架柱部分；综合脚手架应按建筑面积计算，却把不能计算建筑面积的杂物间面积也计入，少扣重叠交叉多算工程量等。由于没有按规定计算，造成竣工结算工程量增加而多报工程价款等。

【实例8-2-5】 某装饰工程中米黄花岗石楼地面项目，乙方不仅多计面层数量356m²，而且重计水泥砂浆找平1983m²。

分析： 工程量的增加，相应的材料数量价差及费用跟着增加，多计工程量和重复计算工程量以及只增项不减项，或多增项少减项是装饰工程乙方高估冒算最常见的手法之一。

【实例8-2-6】 某乙方计算基础土石方工程时，加大基础断面，增大放坡系数，增加基础深度，从而达到多计工程量在10%以上。比如定额规定顶棚净高超过3.6m又有装饰时才能计算满堂脚手架，但有的工程顶棚没有装饰或没有超过3.6m也计算了满堂脚手架；钢筋混凝土有梁板，梁与板交叉，计算梁高时不扣板厚；计算梁实体积时，主次梁长度全用中心线长，交叉部分重复计算；定额钢筋含量没有按施工图纸计算用量调整等。

分析： 要防止将已结算过的工程，放在其他工程结算中重新计算，或将同一工程分别多次混入其他工程进行结算。

(5) 化整为零，重复计算。在工程结算中，将一个工程结算书分成几个工程结算书来编制，使同一个工程量在几个结算书中同时出现，达到重复计算工程量的目的。重复计算定额已包括了的工作内容。如在进行了竖向布置挖填土方时，不得在计算平整场地；人工挖孔桩已含25m的运土，不再计25m以内的转运费，然而，计算时又套用相应定额的做法，使用一工作内容二次套用定额，犯了重复套用定额的错误。

(6) 结算单价，随意高套。不认真执行规定的综合单价或定额基价，随意高套，造成结算投资虚增。对清单或定额中的缺项套用子目或换算的理解有出入、高套定额。有的乙方套用定额子目时，不按实际施工工艺和标准选套定额，而是就高不就低，高套定额；有的乙方将分项工程定额子目中已综合的工序内容，又分解开来重复套用；有的干脆张冠李戴，故意串套定额，抬高造价。

【实例8-2-7】 某装饰工程中轻钢龙骨天棚项目，乙方实际做的是不上人型简单结构，定额套用的却是上人型复杂结构。

分析： 新材料、新技术、新工艺的发展，不断给装饰工程增加新的施工内容，而现行定额与新的装饰施工内容存有一定差距，不能像其他定额那样基本可以对号入座地运用，有的分部分项工程无法直接套用定额，价格有很大的不确定性，乙方往往以此肆意高估冒算。

【实例8-2-8】 某装饰工程中的壁橱项目，其制作是根据实际房型布置和甲方要求的造型实施的，无合适定额可套，结算时，乙方报价高出市场上同类家具1倍以上。

【实例8-2-9】 某乙方在套定额时，故意将单价低的项目串换成单价高的项目。如将预制过梁套用成现过梁；C20混凝土套用成C30混凝土，满堂基础套现浇板定额，这样一来，就致使工程造价虚增20%左右。

定额编制的滞后，跟不上新材料、新工艺的更新，使审价人员在结算过程中，经常遇到有些结算内容没有定额可套用，只能凭审价人员的经验，套用类似相近的定额，使造价确定存在随意性，从而导致审价人员结算审定的结果存在一定的偏差。

(7) 材料报价，深藏玄机。主材的型号、材质在设计中不明确，因装饰材料品种繁多，发展日新月异，材料因品种、质级、产地、供货渠道不一，价格亦悬殊较大，特别是新型材料、进口材料的价格更难准确确定，这给乙方有了可乘之机，常常以质劣价廉的材料冒充质优价高的材料，鱼目混珠，高算价格。建筑工程材料，尤其是装饰和安装工程材料，低价购进，高价结算。或"以次充优"进行最终结算。

【实例8-2-10】某装饰工程中电子感应门，乙方以冒牌产品顶替进口产品报价，高算价格达2.1万元。

【实例8-2-11】某工程，乙方将价格为80.79元/根的铸铁管，套用130.80元/根的排水铸铁管价格；将价格为1200元/m^3的国产硬木，套用2800元/m^3的进口硬木价格；将四川产20元/m^2的外墙面砖，套用广东产35元/m^2的外墙面砖价格等。

(8) 取费计算，多加少扣。不按合同要求套用费用定额。根据工程类别划分，三类工程却高套用二类工程。在县城（镇）的工程税金的却套用市区的费率等。间接费和利润等计算，往往出现规定应扣减的项目少扣或不扣，而规定不允许增加的项目又尽量增加。差价为负值的不计，只计算差价为正值的材料，造成负差少扣，多报结算总值。但有的项目结算中，当发现用指数法调差略高时，就随意把该用价差法调整的改为指数法调差；或本应采用指数法调差的，改用价差法，以便用少扣负差和扩大人工、机械费数量多调整人工费及机械费等手法，多计列入直接费的价差。对于人工费取费的工程，更改定额人工费含量达到工程造价的加大。有些小型工程结算，不按规定定额计算直接费，而是直接按市场价计算工程直接费，然后按定额套取相关费率，使取费基数扩大了近50%。

(9) 夸大难度，多计费用。有的乙方通过雕龙刻凤、梁枋彩画、重花门、镂花窗等造型，夸大艺术效果和施工难度，巧立设计费、补助费等名目，随意要价；有的在工期上作假，骗取工期提前奖或赶工费；有的项目中还列有音响调试、豪华灯具调试等不应计取的费用。如某总价为62万元装饰工程，乙方仅画了几张平面布置图和效果图就收取3万元的设计费用。

(10) 顺手牵羊，多多益善。有的材料是甲方供应结算的，乙方只供应辅助材料和具体施工，但结算书中仍将甲方供应的材料价格纳入总价内；有的项目乙方直接用取甲方的水电，但结算工程价款时水电费用亦不扣除。如某工程，乙方将甲供材料9.2万元纳入结算总价。

(11) 单位变换，小数搞错。

【实例8-2-12】 某工程结算，只有116kg重的"配电室变压器钢梁制作"项目，收取钢梁制作费竟高达数万元，简直成了天大笑话。经审价人员核实，原来是kg的重量，套用为t的定额，造成人工费、机械费多计4万多元决算比实际扩大了近千倍。

【实例8-2-13】 某工程结算在"钢筋混凝土基础"项目中，水泥数量原应为$200m^3 \times 0.291t/m^3 = 58.2t$，工程结算却成了582t，使水泥用量虚增了9倍。

(12) 涂改资料，偷梁换柱。有些甲方让乙方提交结算资料时，自己虽复印一份对应的签证资料，但并不提供给审价人员，这样容易让乙方钻空子涂改资料。

(13) 软件作弊，虚报多报。人们常常认为利用计算机编制工程项目预(结)算，只要工程量计算准确，定额套用正确，其结果就错不了，其实不然。一些单位正是利用人们对计算机过于信赖的心理，通过计算机及有关软件编制工程预结算进行作弊，其手法比较隐蔽，且具有一定的迷惑性。如：

1) 用定额册(章)说明中允许某些子目可做调整的有关规定，对相关子目或无关子目进行调整，通过多计定额直接费提高工程造价。

2) 利用某些软件定额子目数据可临时改变调整的特点，改变定额基价。某些工程预决算编制软件考虑到定额允许根据实际情况可以对某些子目进行调整的规定，为了方便用户，使软件具有更大的灵活性和适应性，在录入工程量时，定额基价可以临时改变。某些单位正是利用这一点，在编制工程项目预结算时有意改动定额基价，提高工程造价。一般为两种情况：一是定额基价总量增加。改变定额某一子目人工费、材料费或机械费，使定额基价增加，最终通过基本直接费的增加来虚增工程结算款；二是为了更隐蔽起见，保持定额基价总量不变，人工费或材料费增加，机械费相应减少。因为在安装工程预结算的编制中，其他费用的计取以人工费为基数，如直接费中的脚手架搭拆费、间接费、利润等，人工费的增加自然引起以上费用的增加。这也是提高工程造价常用的一种手法。

3) 改变材料损耗系数，擅自增大主要材料用量，通过提高材料费用以及材料运杂费来提高工程结算价款。各种主材的损耗量一般定额都有明确规定，而各种专业的主要材料损耗系数则不相同。有些预算编制软件在录入工程量的同时计算主材用量，需要用户根据实际情况分别输入主材损耗系数来计算主材用量；有的软件主材损耗系数虽然已经给出，但用户可以临时改变。以上这两种情况，都给蓄意作弊的基建工程预结算编制者有意增大主材损耗系数，通过提高材料费来达到增加工程结算价款提供了可乘之机。

4) 通过改变工程预结算软件数据库来提高基建工程项目结算价款。为了拓宽销路，使自己的软件具有更强的灵活性，更好地适应和贴近市场的实际变化，软件公司在编制工程预结算软件时，考虑到材料价格数据库和机械台班随市场行情变化的实际，这两个库的数据通常是允许用户改变的。正是这种方便用户的想法，为一些用户在编制工程预结算书时的作弊行为提供了更大的方便。他们通过改变数据库材料和机械台班单价来改变定额基价，从而使工程造价不能够得到真实的反映。

5) 更改预算软件自动计算的工作量，如高层建筑超高费等；在双方核对后的最终结算件上，在个别项目上二次更改。

8.3 甲方审核工程结算的方法

8.3.1 甲方审核结算的常用方法

(1) 业主自审。自审，即甲方内部组织审价人员自己审价。由于本单位人员自审会受到人力和专业水平的限制，不能满足各类项目审价的需要，审价速度和质量难以保证；自审结果没有可靠的法律支撑。由公司内部的审价人员审价，其公正程度容易受到制约，因而乙方可能对审价结果持怀疑态度，审价风险较大。自审的程序是：

1) 完善资料整理环节。一份完整的工程结算，必须有相应的计划、图纸、预算定额、取费文件、施工方案等，它不但是编制的依据，也是审价的依据。开展工程结算审价的前提就是乙方提供的结算资料必须是齐全、真实、有效的，并经过甲方认可的。

2) 全面审阅资料，确定审价重点。在资料齐全的基础上，审价人员必须无一遗漏地全面审阅这些资料，一般通读2~3遍，了解工程概况及结算的编制思路，结合计价单和取费表找出审价的重点，一般应关注以下几种情况：

① 工程量大而且费用较高的工程量；

② 工程量大而且费用较高的分项工程的定额单价；

③ 类似、补充综合单价或补充定额单价；

④ 各项费用的计取；

⑤ 市场购买材料的价差；

⑥ 对综合单价包死，工程量按实结算的工程量；

⑦ 合同价与结算价相差很大的"钓鱼"工程；

⑧ 专业性较强的工程，如河道测绘、清淤、压力检测、测厚、特种设备防

腐和园林绿化等。

3) 解剖重点子项，现场核对。深入现场、电话询问相关人员、市场调研核实，是掌握实际情况主要方法。核实工程实际与工程资料的一致性，保证工程技术资料的可利用程度，为下一步的计算审查做技术、数据准备。

① 深入现场。虚增工程量是工程结算中存在的普遍问题之一，不仅在工程管理部门审查中审减额所占比重最大，而且在审价中所占比重也很大。对工程量的审核除了依据图纸计算外，主要是深入现场实地测量和勘察，这样更容易发现问题，并使证据有理有力；

【实例 8-3-1】 某办公楼的装修工程结算审价时，编制人员依据甲方提供的内墙和顶棚的面积，计 3700m^2，满批腻子刷乳胶漆两遍。但经现场核实，其顶层房间全部吊顶（之前已吊好），走道顶棚也是钙塑板吊顶，因此实际刷乳胶漆工程量只有 1950m^2。

分析：有的工程依据施工图纸或签证单计算工程量都正确，可到了现场就会发现问题。

【实例 8-3-2】 某 ϕ273 管线防腐保温工程，两段总长 3800m，施工工序是：蛭石保温——钢丝网——粉面——缠玻璃布——刷面漆 2 遍，其中抹灰要求 20mm，这部分费用在整个结算中占比重很大，审阅整个结算资料，看不出任何问题，但是到现场核实发现，实际抹灰平均厚度不足 10mm。

② 电话询问。对于某些装置的检维修项目，如审价人员暂时无法到现场，也可以向现场施工员等第一线的施工管理人员核实。如某装置更新 2 根 ϕ108、ϕ273 的管线（数量不大），工程结算做了 50t 吊车 3 台班，70t 吊车 2 台班，经电话核实车间设备员，实际只用了 50t 吊车 2 台班，交换意见时，乙方无任何异议；

③ 市场调研。材料费在工程结算中占有很大的比例，无论是乙方自己购买的材料还是甲方供应的材料，都应按市场价计价或以市场价为指导，这时审价人员就必须进行市场调研货比三家，并做好记录，以便审价时用。

4) 突出做好工程结算审查。结合前面的审核重点及现场勘察、测量、验证的数据，对工程结算进行详细的审查。

① 工程量的审查。主要依据预算定额工程量计算规则，对前面选取的重点工程子项及其他相关子项，结合现场核实的数据进行比较、查找差异，确保工程量计算的真实性和正确性。审查中尤其注意工程量中，计算规则易混淆的分项工程、定额项目综合内容较多的分项工程和使用范围有限制的分项工程；

② 单价的审查。主要审核分项工程的名称、规格、内容、计量单位与结算是否一致；审核换算的单价，是否是合同或定额允许换算的，换算是否正确；审核补充单价；

③ 费用审查。主要审核费率、取费基础、适用范围。有些费用的计取是有限制条件的，如特殊施工技术措施费、远地施工增加费等。审核有无巧立名目、乱计费现象；

④ 材差的审查。主要审核材料用量分析是否正确；预算价、市场价取定是否正确。

5) 自审注意事项。

① 把握好尺度。审价人员开展工作时，必须以国家法律、法规、规范、定额为依据，但是也要注意原则性与灵活性相结合。因为在审价工作实践中，情况不断变化，如施工工艺、材料替代等经常更新，而各项定额的变动在时间上就可能滞后，且也不可能面面俱到，因此在实际操作时既要坚持原则又要灵活处理；

【实例 8 - 3 - 3】在油罐抗静电防腐施工中，常州某涂料化工研究院研制的 SF4 型抗静电耐油防腐涂料在油罐防腐工程中虽然已得到广泛应用，但定额无相应的分项子目。为此，审核人员进行了试验，计算出其消耗量第一遍为 $2kg/10m^2$，第二遍为 $1kg/10m^2$，结合相关定额套用，解决了无定额的矛盾，既合情合理又符合实际情况，乙方也欣然接受。

② 控制好速度。在实际工作中，提高审价的速度和质量是工程结算审价的两个基本问题。要控制好速度，在审价前，必须统筹兼顾，安排好审价计划。审价部门根据管理部门编制的审核计划，再合理编制审价计划，合理安排审价力量。在审价过程中，审价人员应做到心中有数，正确处理重点内容与非重点内容的关系。统筹安排不同乙方之间提供资料、现场核实、交换意见的时间，做到有组织地有条不紊地流水作业。

(2) 业主外包审价（委托审价）。外包审价即采取将建设工程项目竣工结算委托造价咨询公司进行审价，甲方派人参加并对审价全过程进行监控。采用此种方法，可以补充甲方审价业务能力不足的现状。目前，甲方在技术力量上处于弱势，工程技术力量有限，且一些建设项目的甲方并非长期从事建设工程，而乙方则是非常专业，特别是在如何抬高工程价款、如何与甲方结算工程款等方面的经验明显优于甲方。另外作为甲方内审部门，对乙方竣工结算出具审价结果报告缺乏法律支持，其公正程度会被乙方质疑。造价咨询公司的审计结果具有法律效力，且他们在工程项目竣工结算方面有较丰富的经验，无论在熟知国家建设工程相关政策、法规方面，还是在与乙方的"谈判"技巧方面，都可以弥补甲方的弱项，通过社会中介机构客观公正的审价结果，能起到保护甲方的合法利益，减少损失的功效。结算审价过程中，由于各种因素，也有可能造成工程造价的实际偏离了预期的可能性，从而造成预期的报酬和收益的下降，这种可能性越大，报酬不能实现或实现较小的程度就越高，则风险越大。

对外发包工程结算进行审核签证是外包结算审计监督的有效方法之一。其内容主要是对外包乙方在承包工程中，自发包施工项目开工前至完成"标的"内容竣工结算时，各项必备条件和审批手续是否齐全、完备、合规；审核送审工作量（外包乙方原编制量和价）是否审批；施工质量是否可靠，安全、进度是否保证，变更项目内容是否真实；抽查结算工作量计取是否准确、单价套用是否合适、费率计算是否正确等。虽然该工作注重结算工作的严肃性，能提高结算工作的质量，对控制工程造价、减低工程成本起到了一定地作用，无疑也为企业直接带来一定的经济效益。但是，现代审价是以抽样审价为基础的抽样推断审价，伴随着错综复杂的外部、内部环境因素，无法回避，就难免会形成审价风险。

参与审价过程，给甲方内审人员综合素质提高创造良机。内审人员参与审价过程，一方面可以通过了解情况，对审价结果的公正性加以监控，对其审价结果的质量给予评价认定，便于今后择优选取事务所，防范损失和风险；另一方面通过参与审价实践（参加事务所与乙方的"谈判"、在事务所派出的审价小组与甲方间沟通情况等），内审人员业务能力会得到提高，同时通过与社会审价人员共同工作，还可以学习掌握并借鉴社会审价的一些好方法，从而提升内部审价人员素质，改进内部审价机构的工作。

缺点：委托审价需要支付的审价费用较高，目前通常掌握在审减额的 5%～10% 或包干价报送额的 3‰ 以上，在客观上提高了工程造价成本。

(3) 业主合作审价。合作审价是指甲方对较大的或专业性较强的工程结算审计项目实行与社会审价机构合作审价的办法，以期达到既定审价效果与质量，又能节约审计费用的目的。

合作审价的好处：

1) 解决了内审人力的不足和专业缺口的矛盾，提高了审价速度和审核质量。

2) 社会中介机构是具有专业资格的法人单位，其人员具有国家认定的专业资格和业务水平。甲方与中介机构签订合作审价协议，双方的权利和义务以法律的形式固定下来，弥补了自审法律效力相对较低的缺陷和不足。

3) 由内审人员参加审价，可以监督审价全过程和审价结果，及时解决审价过程中出现的问题。

4) 大幅度降低审价费用。

【**实例 8-3-4**】某项目设备安装工程由甲方和某造价咨询公司合作进行结算审价，审减金额 1036 万元，支付审价费 8.8 万元，审价费率只有 0.85%。由于审减额超过了 10%，且按照委托审价的费率向乙方收取，因此全部由乙方承担。如果按照委托审计的费率标准计算，至少要支付 50 万元，节约建设资金 41.2 万元。

8.3.2 一般工程审核的方法

(1) 审资料。

1) 核对发包合同条款。首先应核对竣工工程内容是否符合合同条件要求，工程是否竣工验收合格，只有按合同要求完成全部工程并验收合格才能列入竣工结算。其次，应按合同约定的结算方法、计价定额、取费标准、主材价格和优惠条款等，对工程竣工结算进行审核；若发现合同开口或有漏洞，应请甲方与乙方认真研究，明确结算要求。

2) 检查隐蔽验收记录。所有隐蔽工程均需进行验收、签证；实行工程监理的项目应经监理工程师签证确认。审核竣工结算时应核对隐蔽工程施工记录和验收签证，手续完整，工程量与竣工图一致方可列入结算。

3) 落实设计变更签证。设计修改变更应由原设计单位出具"设计变更通知单"和修改图纸，设计、校审人员签字并加盖公章，经甲方和监理工程师审查同意、签证；重大设计变更应经原审批部门审批，否则不应列入结算。

(2) 审工程量。

1) 按图核实工程数量。竣工结算的工程量应依据竣工图、设计变更单和现场签证等进行核算。并按合同约定的计算规则计算工程量。招投标工程按工程量清单发包的，需逐一核对实际完成的工程量，然后对工程量清单以外的部分按合同约定的结算办法与要求进行结算。

① 审核工程项目划分是否合理。在着手做结算之前都要首先了解施工图的设计意图和施工方法，做好计算工程项目划分工作。所以审核结算就要首先审核工程项目划分是否合理，是否出现多设或少设项目，划分项目方法要注意与计价依据的口径一致。在结算审核中，对预算定额各部分的"工作内容"必须了解熟悉，以防重复计算；

【实例8-3-5】 按照某省定额规定，在土方工程中，机械挖运土方项目，已包括了推土机推土，有些乙方报结算时，往往是套用机械挖运土方算一遍，再算一遍推土机推土。

分析： 在进行结算审查中，要实事求是的剔除重复计算的部分。

② 审核工程量的计算规则是否与定额保持一致。定额执行过程中各分部的工程量都有其计算规则，必须按照执行，不能巧立名目或另起炉灶。

以工程量计算规则为审核标准，原则上应逐项实行审核，但对于工程比较复杂，造价比较高的大中型项目而言，如果时间紧迫，逐一审核费时费力，且审核效益未必很高，所以，应实行抽审，抽审时，重点看单价高或工程量较大的部位，常见有：

A. 土方的计算应注意由于放坡而引起不同基础土方之间的重复部分及放坡

系数的确定;

B. 基础工程量的计算中,对"按实计算"往往有不同理解。

【实例 8-3-6】 某工程,合同规定开挖土方按实计算进行结算,竣工后乙方上报的土方量为2400m³,而业主认为按"图示尺寸"计算出的"量"再加上规定允许放坡的"量"及增加工作面的"量"计算只有1600m³。

分析: 关于"按实计算"一般有两种理解,一种理解认为,基础工程开挖了多少就算多少;一种理解认为"按实计算"就是按设计规定的"图示尺寸"计算。当然,后者是正确的。按"图示尺寸"计算出的"量"再加上规定允许放坡的"量"及增加工作面的"量",是正确计算基础工程造价的基础。如果是清单计价,则只需要按"图示尺寸"计算出"量"。

在基础工程量的计算中,正确把握和计算无护壁挖孔桩混凝土以及原槽浇灌基础和凹凸不平的岩壁混凝土的充盈"量",也是十分重要的。需要注意的是,有关基础工程及混凝土挡墙临岩岩壁面混凝土充盈量的计算,如20mm及50mm厚度增加量的计算以及在特殊地质条件下的钻孔灌注桩和挖孔桩在高回填土石下增加的填充混凝土量的计算,都应特别留意和正确把握;

C. 砌体应注意门窗、梁、柱、空圈等是否扣除;

D. 混凝土和钢筋混凝土工程量的计算,是土建工程量计算中的"重量级"地方。所有的钢筋混凝土部位,如:钢筋混凝土基础,钢筋混凝土墙体、柱梁、楼板、楼梯等尤其要注意。钢筋混凝土工程应注意柱、梁、板的重叠部分;钢筋工程的计算应注意钢筋的搭接、弯钩长度,梁柱箍筋、板底筋、板分布筋的根数,各种构件的数量。审查时应要求乙方提供钢筋抽料底稿;在这一工程量的计算中,钢筋的搭接接头量的计算并非是一成不变的。总的原则是:设计已规定钢筋搭接长度的,按规定搭接长度计算;设计未规定搭接长度的,按施工组织设计规定长度计算接头。一般直径在$\phi 25$以内的条圆,每8m长计算一个接头,直径在$\phi 25$以上的条圆,每6m计算一个接头(或按当地规定),接头长度按规范计算。实际工程中在小于8m长的支座内,要伸入搭接筋,如果照搬8m一个接头的规定,那就不能计算了。这就应执行设计已规定钢筋搭接长度的,按规定搭接长度计算。还有一种支座跨度大于8m,在钢筋下料长度及提供材料可以满足的情况下,也不能照搬$\phi 25$以内的每8m长度计算一个接。这些情况下的钢筋计量,应实事求是地灵活解决;

E. 门窗工程部位,尤其是铝合金门窗,重点审核面积是否按框外围面积计算的;

F. 装饰工程应结合图纸和现场,审查应扣除的地方是否扣除;装修部位,尤其是以块料装修的地面工程,墙面工程,以及以轻钢龙骨、木龙骨为主的吊顶顶棚工程。这些部位制作复杂,材料价格偏高,是工程量审核重点。

在建筑工程量的计算中，装饰工程量的计算显得相对繁杂、零碎，子目特别多。因此，仔细、耐心和认真的工作作风完全可以用于并发挥在这方面。装饰工程量的计算中，"准确划分，对号入座"显得尤其重要。如不同部位，不同种类的抹灰；不同部位、不同品种的石材面铺贴或挂贴；不同部位、不同规格及品种的装饰木条；不同部位、不同品种的油漆等的计算，首先分清它们的分类和归属，是做好这方面工程量计算的关键。如，在计算出了地面垫层的工程量后，又要计算垫层地面的夯实，这个地面的"夯实"是找不到位置的；又如，在计算出了瓜米石地面或水磨石地面的工程量后，又再计算水泥砂浆垫层工程量，这显然是重复计算；

G. 楼地面以及屋面工程量的计算中，要注意设计构造层次和定额项目包括内容的相对应性。经常可以看到在一些编制出的结算中，明明定额或消耗量定额中已包含的构造层次，又重新被计算一次"量"，重复计量的结果，当然是错误地提高了工程造价；

H. 脚手架工程量的计算，从定额划分上有"综合脚手架"和"单项脚手架"。在满足规定的条件下，虽然计算了综合脚手架，但仍然可以计算单项脚手架。但在综合脚手架已包括了的工作内容和范围时，就不能再重复计算单项脚手架。有些乙方在同一工程同时施工期间，明明综合脚手架的工程量中包括了外墙面一般装饰工程的外脚手架，却还要再计算外墙的单项脚手架的"量"。对于建筑物地形复杂的情况，更要注意"檐口高度"的准确确定，综合、灵活地运用脚手架计算方面的规定和知识。在高层建筑大量涌现的今天，转换层的安全卸荷支撑架已屡见不鲜。可以说，它是脚手架方面的一个"新类族"。根据不同的情况和批准的施工组织设计，结合相关的定额规定，灵活地、准确地、实事求是地处理，对于搞好这方面的工程量计算，是非常重要的；

I. 修缮工程应坚持现场测量计算工程量。

2）审核工程量的计算单位是否与套用定额单位保持一致。在套用定额时一定要注意计算单位是否保持一致，这种错误不论是有意或无意，均会给项目费用带来影响。

3）审核签证凭据，核准工程量。现场签证及设计修改通知书应根据实际情况核实，做到实事求是，合理计量。审核时应作好调查研究，审核其合理性和有效性，不能见有签证即给予计量，杜绝和防范不实际的开支。

工程量是工程造价的基础，一定要核清实际发生的工程量，按照施工图纸和实际验收的工程量认真核查，增加的工程量必须要有设计变更和现场签证，同时要减去工程变更减少的工程量。特别要注意基础开挖及回填的土石方工程量，这些隐蔽工程都要有真实、完整、合法的现场验收签证手续。

【实例8-3-7】长江堤防隐蔽工程部分乙方与甲方及监理人员相互勾结，

采取偷工减料、高估冒算等手段,骗取工程建设国债资金8000多万元。审查人员查清问题采用的方法是:

(1) 查买石头。审查人员按照工程建设标段,找它的施工方案、计划、图纸、发票等。如审查抛石量是否足够这一块,审查人员先看发票,显然这些都是有的,那么这些石头是在哪儿买的? 发票上有公章,审查人员就去找采石场,发现有的是假发票,有的是假公章。石头要靠船运,审查人员就找港监部门查运输记录,哪天哪条船运的? 船的吨位是多少? 船运了多少趟? 时间、数量、单价一算,审查人员就能发现乙方到底买了多少石头,是不是他们报的那么多?

(2) 查抛石头。审核人员查施工时的抛石日志,这中间就有很多漏洞,甚至很多时间根本就没有记抛石日志。除了查抛石记录,审查人员还查气象日志。看抛石头的那天是否适合抛石头,这中间就发现,有的时候下着倾盆大雨,他们还在长江抛石头,这显然是造假。审查中甚至出现了运输记录和抛石记录不相符的情况,船主说我今天没有运石头,可乙方说我们今天抛了多少多少石头,石头都没运来,哪儿有石头抛?

分析: 追根溯源,终能摸清事实真相。

【实例8-3-8】 某住宅小区由地下一层车库、地上6栋14层住宅楼组成,总建筑面积57 133m^2。该小区建筑安装工程送审结算造价15 228.38万元,审核结算价12 628.53万元,核减额2599.85万元,核减率17.07%,该工程核减多报工程量折合工程造价500多万元,主要是市政道路工程有1万多m^3的挖土方及外运,而据有关图纸及施工记录显示,道路原基面标高与设计标高在±10cm以内,仅对其进行场地平整即可,不存在挖土方及土方外运工程,此项核减造价45万元。

(3) 审单价。严格执行计价依据。除投资包干部分外,结算单价应按合同约定或招投标规定的计价定额与计价原则执行,如以当地(或行业)当时执行的建筑安装工程预算定额单价,当地(或行业)、建设行政主管部门和工程造价管理部门发布的报告期价格指数及有关规定为准。定额单价没有的项目应按类似定额进行分析换算,或提出人工、机械、材料计价依据,编制补充单价;不得高套、折算,不得随意估算或重复计算。

在审价时应注意以下几个方面:

1) 审查有无乱套定额,混用新建与修缮,建筑与市政及其他专业定额的情况。要划清使用界限,纠正误套现象。

严格按照法规文件的执行范围、日期、调整内容及调整办法进行各项政策性调整,坚决杜绝断章取义现象的发生。乱套或重套定额问题。一是对定额理解不深不透,对其中的工作内容、工料构成未作深入细致的分析;二是有的乙方明知故犯,遇到定额中类似的子目哪个费用高就往哪个靠,天平总想往有利自己的一边倾斜。

【实例8-3-9】某土建工程，乙方砌筑内墙脚手架按整栋楼高度套用定额子目，引起甲方异议。

分析：砌筑内墙脚手架套用定额只能按楼房各层不同的高度分别套用相应的步距高度定额，而不能套用整栋楼高的子目，然而有些乙方就总想按整栋楼高套定额，其单价高出2~5倍。

【实例8-3-10】某土方工程中，乙方上报的结算中总想套用一、二类土的定额；构件运输总想套用距离远的等。

分析：在审核结算中要熟悉有关类别和级别的划分界限，实事求是加以核定。

【实例8-3-11】某医院综合大楼工程，根据设计要求，整个场地是按竖项布置进行大型挖填土方，并用压路机分层碾压夯实。乙方在计算了铲运机铲运土方13 600 m^3 的工程量后，还计算了平整场地34 000 m^3 的工程量。审核人员依据"平整场地工程量按建筑物底面积计算，若已按竖项布置进行挖填找平土方，不再计算平整场地工程量"这一建筑工程量计算规则，核减了平整场地工程量。

【实例8-3-12】某水磨石地面工程内容中已包括了地面找平，而有的乙方在编制结算中套一次水磨石定额子目，又重套一次地面找平子目，这样地面找平就重复计算了一次。

【实例8-3-13】某地面镶贴大理石工程，当地定额子目中已包含了基层施工工艺做法，乙方却又多套一遍地面找平层子目。墙面铺贴大理石工程，定额编制说明中已明确其工作内容中包含酸洗打蜡费用，装饰乙方却又多套一遍酸洗打蜡定额子目。

分析：多套重套子目是指有的工程辅助性项目不应计算，或已在某项定额内包含了的而另行计算一次。

【实例8-3-14】某省土建定额中的木材为符合工程要求的规格材，单价为规格材预算价格，供应原木时，需要将规格材根据定额附表的量价系数换算成原木的数量和预算价格，然后再根据市场购买价格计算差价。而该省修缮定额，定额中除木门窗外均以原木表示。若在计算工程木材差价时，不考虑修缮定额里直接是原木，想当然地执行《××省建筑工程综合预决算定额》附表的量价系数，就会大大增加工程造价。

分析：许多装饰工程除使用装饰工程预算定额外，往往还涉及使用其他工程定额。如：二次装饰前的铲除、拆除，原有建筑物其他设施的修补与拆换等，应使用修缮定额、安装定额。装饰工程这种特点需要审价人员有多种工程定额的使用经验，操作若有不慎，就容易给乙方钻空子，谋取其不该得到的利益。

2) 结算中所列各分项工程结算单价与预算定额是否相符，其名称、规格、计量单位和所包括的工程内容是否与单位估价表一致，防止高套定额情况。

① 工程项目名称与设计图纸标准是否一致。如：混凝土强度等级、水泥砂浆比例；

② 单价子目内容是否与设计相符；

③ 看定额编号是否与项目名称相对应；

④ 看定额中已综合的项目是否又单独计算。

【实例8-3-15】某工程使用新型防水材料，市场价1500元/100m^2，定额中无该种材料所对应的基价（该种材料无预算价），但有二毡三油防水屋面，基价为783.07元/100m^2，其中油毡材料预算价为176元/100m^2，基价定额综合含量1.14（100m^2），是否可以做如下换算？换算价 = 783.07 - 176 × 1.14 + 1500 × 1.14 = 2292.43元/100m^2。

分析：该换算过程是错误的，因为，这种新型防水材料按市场价进直接费，并参加取费，无形中提高了取费基数。因为间接费的测算是以定额内材料价为基础的，人为用非定额内材料价列入计费基础内，无疑人为抬高了计费基数，使间接费失真。正确的算法是首先看本地区是否有规定该种材料进直接费的计划价（查地方文件），若没有，则按油毡防水材料基价计算，最后按新型材料市场与油毡预算价取材差。

【实例8-3-16】某住宅小区由地下一层车库、地上6栋14层住宅楼组成，总建筑面积57 133m^2。大型土石方工程乙方在送审结算书中按人工装土自卸车运土套价。后甲方提供异议，称乙方高套定额子目，最终核减造价200万元。

分析：根据实际情况，大开挖出土的10%按人工装土自御车运土计算，其余土石方按挖土机与自御车联合作业计算。

【实例8-3-17】镶贴花岗岩或大理石工程，按施工工艺分为粘贴、挂贴、干粉等；按材质分为贴花岗岩和贴大理石；按镶贴部位分为贴墙面、铺地面、贴柱面和零星部位等；按厚度分为贴2cm板、3cm板和12cm板等。这样编制定额的目的是为了使预算人员在编制装饰工程预结算时"对号入座"，按需套项，正确反映装饰工程的真正价值。但有的乙方的预算人员却钻此分档的空子，在套用定额子目时就高不就低，哪个划算就套哪个定额子目。

【实例8-3-18】某顶棚吊顶龙骨分有上人和不上人龙骨，龙骨间距有400mm×400mm、400mm×600mm、600mm×600mm几种。明明施工为不上人龙骨，乙方编制预结算时却套用上人龙骨；明明为600mm×600mm间距，却一律按400mm×400mm间距套用定额，最终导致定额单价提高近30%之多。

【实例8-3-19】某项目在土建施工时已计取了基层粗装修费用，如楼地面、墙面和顶棚的抹灰找平。但装饰单位预算人员以原土建施工达不到平整度为由，又按装饰定额相应子目套用一次。带线条木门油漆，乙方预算人员在计取了木门油漆之后,又计取一项木门装饰线条油漆子目。

分析:这些都是虚立名目,多套定额的现象。

另外,还要注意的是定额的"勘误"。由于种种的原因,各种定额都会有不同程度的勘误,且分布面广,在编制预算时,未按勘误后的子目计价,必然产生失误。

3) 对换算单价,审查换算的分项工程是否是定额中允许换算的,审查换算是否正确。

4) 对补充定额的编制是否符合编制原则,单位估价表计算是否正确。定额中缺项的工程项目不依据有关规定办理,甲乙双方自行定价,并且定的价格不合理。国家颁发的定额是依据标准设计图以及有关规范和常规的施工方法编制的,具有一定的代表性,但随着新技术、新材料、新工艺、新设备的推广应用和随着时间的推移,定额缺项和施工中操作方法发生变化在所难免,特别是装饰工程、设备安装工程、材料设备价格混乱、信息不灵的情况下,甲乙双方议价不免带有片面性、局限性,遇到类似问题应及时向当地定额管理部门反映,由他们测定、补充定额或公开招标。这样,一方面防止乙方漫天要价,另一方面甲方也不至于盲目追求降标压价。

【**实例8-3-20**】有些乙方预算人员利用目前装饰定额不完善或缺项等不足之处,抛开合同约定计价方法,借机不套定额,干脆全部采用市场估价的办法完全抛开定额不切实际地高估冒算。如人工单价估为100元/工日,工艺木墙裙估为320元/m^2,黑金花门套估为2500元/m,文件橱估为1200元/组,普通工艺门估为1800元/樘等。既按市场估了价,最终又累计到直接费中计取间接费和利润等。

5) 执行定额和有关政策法规出现偏差。大致有两种情况,一是定额直接费调差系数和工程材料的调差执行偏差。二是执行间接费标准,乙方取费出现偏差。定额直接费的调差包括人工费、材料费、机械台费的调整,均采用定额管理站测定的综合系数调整,而材料的调差除整体工程系数外,对定额中面广、量大的材料单独分项调差,也就是所谓的抽料调差(主材调差),由定额站定期发布单项材料信息价格。在实际工作中,有一种错误是将定额中所有的材料进行抽料调差,再乘一个整体工程系数,这样就重复计算了一部分材差,工程费用随之增加。但有的预结算编制人员把土建工程项目和水电安装工程项目列在一份预、结算书内,套用土建取费标准;有的给排水、电气安装工程项目不分开,定额子目系数和综合系数不分,按大的套算,明显不合理。

(4) 审取费。注意各项费用计取。建筑安装工程的取费标准应按合同要求或项目建设期间与计价定额配套使用的建筑安装工程费用定额及有关规定执行,先审核各项费率、价格指数或换算系数是否正确,价差调整计算是否符合要求,后核实特殊费用和计算程序。要注意各项费用的计取基数，如安装工程以人工费为基数。建筑工程按工程类别取费，计取基数不同的应分别计算。

审查时，应按当地标准和合同协议条款执行。并注意以下几个方面的问题：

1) 乙方是否按工程类别计取费用，有无高套取费标准。
2) 间接费计取是否与工程类别和合同协议条款一致。
3) 预算外调增材料价差，是否按实际计取，价差部分是否多计间接费。
4) 有无将不需要安装的设备计取为安装工程的间接费中。
5) 有无巧立名目，乱摊费用现象。

取费是以人工费或直接费为基础，确定企业利润的重要指标，也是影响工程造价的因素之一，应做好以下审查工作：

1) 审查取费基数是否正确。装饰工程取费基数中是否包括了人工费调整、材料价格调整。
2) 审查是否有擅自提高取费等级的情况。如把四类工程按三类工程取费等。
3) 审查是否存在普通装饰工程按中高级装饰工程取费的情况。

取费应根据当地工程造价管理部门颁发的文件及规定严格执行。审核时应注意如下几点：

1) 取费文件的时效性。
2) 执行的取费表是否与工程性质相符。
3) 费率计算是否正确。
4) 价差调整的材料是否符合文件规定。
5) 其他费用计取涉及一些具体问题，如材料的二次搬运、大型机械进出场费、施工用水电摊销方法、赶工费等。双方在签订合同时，有些事事先明确，如事先没有明确，在事后应本着实事求是的态度，求得公平解决，如果意见不统一，请上级审查部门裁定。

(5) 审索赔。索赔审核的重点是：

1) 所提出索赔必须以合同为依据。
2) 提出索赔必须有双方认可签字。
3) 提出索赔必须有实际损失。
4) 索赔费用计取符合国内标准。

当双方对合同文件有异议时，按国内合同文件顺序解释，索赔费用应重点审核。

(6) 审材料费。材料费占工程结算值的比重相当大，直接影响着工程造价，审查过程中必须严格把关。建设工程材料预结算价格是否准确，材料价差调整是否符合规定，有无随意扩大调差范围的问题。对于特殊的新型材料、配件的预结算价格，必须由使用单位提供有关资料及测算依据，按程序报审核确认后，方可进入工程预结算。

材料费的审查主要有以下几个方面：

1) 审查纠正单纯靠材料购货发票作为工程结算材料调价依据的作法。购货发票管理比较混乱，不能反映实际发生的材料价格；购货发票认定比较困难，工作量大，容易引起结算纠纷，实际每宗材料采购供应也不能与每个具体工程一一对应。再者，其透明度差，随意性大，不便于结算的编制、审查。

2) 审查是否按规定计算材料差价。既不能凭经验计算，也不能将所购材料数量全部列入结算，而应按定额计算用量结算。

3) 审查材料调价系数是否严格按照工程造价管理部门发布的系数标准计取，新型建筑材料调价是否履行了审批程序。

4) 审查是否存在乙方将甲方委托购买的材料列入工程结算。对于按系数法计算的材差部分，注意材差系数的变化和材差计算的基数规定，以地方有关主管部门每季度下发的文件为审价标准，注意材差系数计取的时间与施工进度是否一致。对于按实结算的材料在审核其价差时，以审核材料用量和材料的实际价格为主。对那些可以据实调整的材料直接审查乙方的原始票据，特别对装饰材料加强审查力度。

【实例 8-3-21】某机床厂住宅楼封闭阳台所用铝合金材料，乙方预算造价为 360 元/m^2，审核中经调查每 m^2 实际价格 270 元，每 m^2 核减差价高达 90 元。

【实例 8-3-22】某炼油厂考虑到大检修工程量计算难度大，为把损失减少到最低，工程多采用包工不包料，除非急用料才使用乙方材料。有些乙方认为有机可乘，把甲供材料作为乙供材料计入结算，使甲方蒙受损失。

分析：审价人员要认真查明事实，挽回损失；要核实备品、配件的价格。设备厂家为赢得市场，往往把备品、配件同设备一同发出，并且价款含在设备价内。审价人员要清楚地掌握采购情况，把好关口，防止将备品、配件另外计入结算；要核实材料价格。对乙方材料，不能单凭发票定价，特别是价格高、用量大的材料，一定要根据材料品质询价，结合市场定价。

【实例 8-3-23】某装饰工程，乙方的预算人员只调整正差，不调整负差；或者对部分特殊高档材料不按规定用限定价与定额价调整材差进入费用计取基数，而是直接用昂贵的市场价来计取材基进入取费基数；甲供材按定额规定不需要计算材差，无论甲供材的市场价多高，有的装饰乙方人员均照计不误，人为加大取费基数；更有甚者，连甲供材料价格和甲供水电费用也不退。

【实例 8-3-24】某市建材市场常见的都是 3mm 切片板，A 施工单位就采购 3.8mm 切片板；进口××米黄石材，A 施工单位就利用译音不同改称为×××米黄石材，其实就是一回事或者有差别也不大，但却能迷惑别人，达到抬高造价的目的。

分析：有些装饰施工队伍利用人们对新材料、新工艺认识上的不足，乱开价、乱收费。由于新型建材的推广和使用。在人们对这些材料尚不了解以前，故弄玄虚，胡乱报价，以求获取超额利润。

（7）审查合同执行情况。核对合同条款、合同内容是否全部完成，优惠条款是否落实。

8.3.3 维修、零星工程的审核方法

维修工程项目金额大小不一，比较繁杂，常常没有施工图纸。常常会成为乙方高估冒算、虚报冒领，盈取不合理利润的地方所在。

零星维修工程的审查重点应该是工程量计算是否正确、预算单价的套用是否切合实际、各项费用标准是否符合现行规定以及维修标准的定位等方面。

开展维修工程审价，审价人员要经常深入施工现场，了解情况，做好工程记录，特别是隐蔽工程记录，如一些装修工程，一般没有正规的施工图纸和具体要求，乙方的水平参差不齐，施工工艺千差万别。因此，审价人员对各道工序的过程、材料使用情况等首先必须到施工现场进行复核，并详细记录。否则，竣工结算审价是很难顺利完成的。另外，对招投标过程、材料采购、合同签订、变更资料等，审价人员要做好跟踪审价，同时还需到施工现场进行落实，这是做好维修工程审价的根本保障。

维修工程审价的方法主要有：

（1）事前调查法。主要调查研究项目的全过程，了解、熟悉与工程建设相关的各种情况，通过调查研究取得较完整的工程建设技术资料，直接发现工程结算中的问题，确定工程结算审价的重点。调查中可以用聊天的方式，或请教的方式询问有关施工情况，包括材料价格、隐蔽工程，企业情况等。

维修项目它不改变原有建筑物或构筑物的结构，在工艺项目中，它不改变原有的工艺流程。大部分项目是在原有建筑物、构筑物、或工艺设备、配管以及其他辅助设施的基础上进行修修补补，目的是为了延长原有实物形态的使用寿命。因此，它是标准和要求相对于新建项目和改扩建项目来说不是太高，这就要求审价人员必须会同有关部门事前进行现场勘察、明确维修项目的具体内容以及维修所要达到的标准，做到能不修的尽量不修，能重新利用的地方尽量重新利用，施工前做到心中有数，做好现场勘察记录，特别是拆除项目的工作记录，这对拆除工程量的审价有很大帮助。

【实例8-3-25】在审核某维修项目时曾发生这样的情况，工程施工时，审价人员因没有能到施工现场及时察看，对所维修项目的内容一点不了解，事后想到现场核对一下，可现场已是面目全非，结算审计时，无从下手，这就给乙

方创造弄虚作假的机会,现场拆除电线,按常规计算只需拆150m,可乙方结算时硬说拆了380m,双方发生纠纷。

(2) 理论测算法。有些隐蔽工程竣工后,虽然不清楚具体情况,但可以通过外围了解测算出来。

【实例8-3-26】某维修项目填土工程结算审核中,甲方由于没有及时做好施工前的测量记录,而乙方则一口咬定就是填了这么多土方,经审价人员进行面积测量和对乙方所用车辆的数量、施工天数、每天每车运土方量等进行测算,测出了比较合理客观的数据,乙方不得不承认。

对有些维修工程,由于审价人员不太熟悉,可以通过项目的资料来计算和审核,测试审减比例,以此推算出造价。

(3) 现场勘察法。现场勘察是审核工程量、审核预算单价套用最为有效、最为直观的审价方法。零星工程维修,既没有固定的模式也没有统一的标准,大部分没有施工图纸,一般说来,有不少地方需根据现场的实际情况临时做出变更,施工中免不了有大量的更改工作量,特别是拆除工程量,如不深入施工现场,对现场部分的工作量就难以审价,如果现场代表或其他相关部门不作工作量记录,审价时就无从下手,有时即使相关部门现场代表都有记录,记录的真实性如何,水分有多少,这些都需要审价人员亲临现场,实地进行抽样勘察、测量和记录,同时督促甲乙双方的现场代表对现场记录及时进行签字认可。只有充分掌握第一手资料,乙方高估冒算、虚报工作量的现象才会得到有效遏制。

1) 勘察工程量。对有些维修工程,在结构、外观影响较小的情况下,可以采用勘察方法。实际操作时,审价人员应组织甲方及相关部门人员,深入施工现场,对建设工程实物进行核查工作,查明增、减、变更设计的建设项目、部位及建筑结构等情况。

【实例8-3-27】某沥青混凝土路面修补工程中,乙方提供的混凝土厚度为15cm,通过审价人员对路面的实际勘察、测量,测出只有11cm。

2) 勘察使用材料。在察看过程中,应特别关注那些价格贵的装饰材料以及土建、安装工程中价格较贵的建筑材料,记录它们的型号、规格、价格以及工程施工的制作安装顺序,必要时对数量进行统计,做好审价工作记录,并经对方签字认可。目前,材料市场五花八门,不仅是材料的品种繁多。而且价格也捉摸不定,有时即使同一种材料,不同的商家,其价格也大相径庭。一些乙方为了获取高额利润,常常在施工过程中偷工减料或是将材料以次充好。

【实例8-3-28】某维修项目,按甲方要求对其钢窗进行更换,乙方为了节省费用,将其他工程拆下的旧钢窗重新喷上漆后再拿到该维修项目上去用,结算时还要按新钢窗的价格进行结算。后经审价人员在现场及时发现,在结算审核时,乙方对扣减新旧钢窗价差费用心服口服。

3) 勘察工程进度。对于较大维修工程，应经常察看工程施工进度，可防止施工过程中盲目扩大维修内容和维修标准，造成资金缺口、加大维修成本等问题的发生。

【实例 8-3-29】 某二层楼维修项目，该二层楼总面积150多 m^2，平时只是作为一个部门的办公室和库房，因建成时间较长，屋面防水和隔热不是太好，木门窗有些变形，因此初步拟定花几万元将屋面防水和屋面隔热重新翻修一下，木窗全部改成铝合金窗，木门也全部换成新的全板木门。维修时使用单位私自给乙方施加压力，要求乙方增加维修内容，并将维修标准改成装潢标准，维修费用在原有标准的基础上整整翻了4倍，造成了维修成本加大、资金严重缺口，给结算带来很大麻烦。

4) 勘察市场行情。对市场进行实地考察，调查各种材料的市场行情，也是事中现场勘察的一部分，对市场考察，可分为正面考察和侧面考察，正面考察是审价人员以审价工作者的身份向多家建材经营部进行商品价格咨询，这多用于正常采购渠道或正规单位提供和材料。侧面考察是审价人员以消费者或者客户的身份，用采购物品谈生意的口吻，通过向商家讨价还价的方法来了解材料价格，这种方式带有一定的隐蔽性，往往更能取得较好的效果，这多用于不是正规渠道购来的材料。

【实例 8-3-30】 在审核地下救护车库消防改造工程时，审价人员通过对安装材料价格进行市场调查，经过对工程量和材料价格的审核，结算报价为91.24万元，审定价为70.94万元，审减了20.30万元。

分析：乙方常常对施工用主要材料虚报价格，或者以次充好、以假乱真。审价人员必须实地查验，进行市场调查，以便取得该种材料的真实价格。

(4) 事后抽查法。对乙方事先提交的结算书和工程项目资料应认真审阅，找出疑点，采取先到施工现场实地调查，详细记录发现的问题，然后再询问乙方，如乙方不承认，可和甲方及相关人员一起到施工现场确认。

【实例 8-3-31】 某公司办公楼维修工程的预算和签证资料中，外墙全部为瓷砖贴面，通过审价人员现场核实后，实际全部为粉刷涂料，根本就没有贴瓷砖，最后确认是预算人员编制预算的时候编造出来的。

【实例 8-3-32】 某维修工程，结算书中的内容与施工方案、图纸、签证一样，可就是现场不一样。如：铝合金门窗，图纸上要求铝材壁厚为1.2mm，而实际做了1.0mm；屋面保温层图纸上要求是沥青珍珠岩，打开屋面一看，是水泥珍珠岩，仅此两项，在原来结算的基础上，就核减了近10万元。

8.3.4 停缓建工程的审核方法

停建、缓建工程，俗称"半拉子工程"，是指因各种原因没有施工完毕，只是建造了一部分后而停建、暂缓建设的工程。由于建筑安装产品没有按照施工图全部完成，因而它在工程结算审核时，与一般正常建设的工程相比，有较大的差别。其造价审核的方法是：

（1）做好工程停建、缓建后现场工程量的清理。工程停建、缓建后已经完成的现场工程量是一项重要的基础数据，因为工程没有按照施工图全部完成，仅靠图纸难以计算已经完成的工程量，所以做好现场工程量的清理是做好工程结算的重要、必须的前提。现场工程量的清理包括现场已完实体工程量及预制半成品工程量两个方面。为方便现场清理和统计，应根据设备、工艺、土建等不同的专业特点，设计不同的统计表格，实现数据表格化。对于复杂的、大型的装置，对现场工程量进行纯粹的文字描述是无法满足工程造价计算需要的。现场工程量清单必须按照工程量计算规则进行测量、统计，而不仅仅是一般实物量的简单测量。

【实例8-3-33】某工程量清理统计表如表8-3-1所示：

表8-3-1　　　工程量清理表（按工序或图纸顺序进行统计清理）

图纸号或层数、部位	分项名称	单位	计划工程量（预算量或清单量）	实际完成工程量或比率	实际完成工程量计算公式
建施1					
……					
结施1					
……					

（2）及时进行工程变更签证的统计、认可。工程变更包括设计修改和现场签证，停建、缓建工程由于工程中途停止，一些工程变更可能尚未来得及实施，特别是设计修改，这样就需要对工程变更进行专项统计、认可。

1）现场管理人员应将所有的工程变更进行统计，对其中已实施或部分实施的，及时进行认可，对未实施的加以剔除。对已经实施的工程变更，还应说明是先变更后施工，还是先施工后变更，因为这两种情况下的费用计算方法是不一样的。先施工后变更，要计取已经施工部分的费用，再计取已施工部分的拆除费，还要加上变更部分的费用。而先变更后施工，仅只计取变更部分的费用即可。

2）对于减少工程量、以小代大等费用减少的工程变更，现场管理人员应单独统计，不要遗漏。因为乙方为了自己的利益，对这些工程费用减少的变更，一般在结算时是不会主动拿出来的。

（3）认真完成结算审核。与正常建设的工程相比，停建、缓建工程的结算审核要特别注意以下几个方面。

1) 认真计算工程量。正常建设的工程，其工程量计算一般依据施工图即可。而停建、缓建工程的工程量计算，应按"施工图、工程量清理统计表、现场实物"三对照的原则，才能最终确定准确的工程量。应当把施工图和工程量统计表相互对照，准确计算。由于停建、缓建工程的特殊情况，工程审价人员还应经常深入现场，才能有效保证工程量计算的准确性和结算审核的质量。

2) 准确确定分部分项工程的费用。综合单位或定额子目是反映按照施工及验收技术规范，完成一个分部分项工程的费用。而停建、缓建工程中，有许多分部分项工程的正常工序没有完成，这样就不能计取一个综合单价或定额子目的全部费用。由于这种情况在停建、缓建工程中十分常见，因而对综合单价或定额进行深入研究，准确确定未完工序的分部分项工程的直接费用是十分必要的。

3) 结合施工合同，具体问题具体分析。施工合同的许多协议条款是按正常竣工考虑的，而停建、缓建工程没有最后完成，这时协议条款中的约定事项怎么处理、执行？应作为一个专门问题，按照国家现行有关政策、法规，与乙方进行认真的协商、谈判，具体问题具体分析，以使工程结算的顺利进行。

(4) 做好施工组织设计的批复，交工技术资料的验收等基础工作。施工组织设计和交工技术资料也是计算工程造价的重要依据之一。在对施工组织设计进行批复和对交工技术资料验收存档时，现场管理人员应及时与工程造价管理人员取得联系。特别是有些施工合同的协议条款中，甲乙双方约定对技措费、现场签证和设计变更、调遣费等实行总额一次性包死，这样一来，现场管理人员可能认为这几项费用已经总额包干，施工组织设计怎么批复无所谓，于是草率从事。而一旦工程停建、缓建，这三项费用要根据具体情况进行核算时，由于施工组织设计批复意见含糊不清，会造成甲乙双方不必要的扯皮。因而现场管理人员在对施工组织设计进行批复时，应和工程造价管理人员一起，仔细斟酌，既要保证技术可行，又要本着经济观点，从降低工程造价出发，对批复意见反复推敲，并尽可能具体、细化，对不必要的措施坚决加以取消，以免留下后患。

对停建、缓建交工技术资料存档前的验收，是目前甲方容易忽视的一个问题。甲方管理人员可能认为工程已经停止，交工技术资料是否齐全、真实无所谓。交工技术资料中反映了工程实体上许多看不见的、隐蔽性的内容，是计算工程造价的重要依据之一。因此，现场管理人员必须和工程造价管理人员一起，对交工技术资料进行认真的验收，不能往档案室一放完事。对在资料中弄虚作假的，必须坚决加以纠正。同时，资料反映的内容和语言描述，应能满足计算工程造价的需要。

(5) 重视材料账款的管理。这里所说的材料账款的管理是指基本建设中材料账款的平衡,用一个简章的算式表达为:甲供材料总金额=结算中材料费+退料金额。对于停建、缓建工程来说,甲方供应的材料,往往只有一部分用到工程实体上,其余有一部分用到工程实体上,其余不少材料要退还给甲方,这时要特别注意材料账款的平衡。

8.3.5 复建工程的审核方法

"半拉子"工程恢复建设,我们称之为复建工程,这类工程由于改建难度大,工程前后情况复杂和不可预见性问题比较多,其造价管理也有其特殊性。下面我们以一实例来说明。

【实例8-3-34】××广场项目是A公司在2000年以7000万元价格拍卖来的一个"半拉子"工程。该工程占地面积9950m^2,二幢楼分别建了9层和11层,原设计为28层的办公楼。该楼原由B房地产有限公司开发建造,后停建多年,未能复工,成为"烂尾楼"。A公司拍卖来后,重新确定了改建方案,向市场推出。该工程造价管理控制自始至终到位,因而使项目效益也非常理想。复工前甲方预算人员认真踏勘了现场,在"半拉子"工程里跑上奔下,测看工程实物情况,并走访了原设计和乙方,收集了大量的、详细的原始数据和图纸,A公司不仅考虑了材料价格上涨系数,还充分考虑对原结构加固改建处理的费用,如有关补桩、植筋、拆除、修补、加强的费用估算,提供了详细、精确的可行性报告,为公司领导层决策提供了可靠的依据。本工程因是"半拉子"工程,虽能像新建工程一样进行公开招投标,但我们了解到原乙方是一个施工实力强、信誉好的单位,又因原工程资料都在他们手中,加上他们对老工程熟悉,故仍然选择原乙方续建该工程。总包单位确定后,对各个分项工程如结构加固、消防、外墙涂料、铝合金门窗、室内装饰等工程都进行了内部招投标,造价管理人员在公司领导支持下,工程部的配合下,详细编制标底,保证准确率,确保工程造价得到了有效控制。在结算阶段,结算审核过程中,A公司的做法是:

(1) 明确界定"半拉子"工程的工作量清单。由于原工程只建了一部分,为避免在今后结算中发生扯皮现象,对已完成工程应在开工前有一个明确的界定,造价管理人员会同工程管理人员对已建工程部位、建筑、结构、安装到什么程度,哪些需要清理、哪些需要修补、哪些可以利用、哪些需要拆除都进行详细的统计,并尽可能按工程量计算规则进行测量,列出工程量清单,使合同结算时双方不会再发生歧义。

(2) 细分定额,合理定价。因为"半拉子"工程复建,一部分已建工程就不能把一个定额子目的基价全部计取直接费,因其中有部分分部分项工序还没有完成。这就要对定额相应的子目作认真分析,合理确定已建部分基价。下面以超高增加费计取为例详细加以说明:根据××省定额规定,该工程原楼层已超过20m，建筑物总高度为99m，一般情况下应在20～100m范围内计取超高费：126.03元/m²。但因其部分结构已建造完成，因此不能把超高费全部计取。如何计取呢？细分定额，我们看到超高费由垂直运输、脚手架费和其他三部分组成，再分析看到，主要是指混凝土、钢材、模板、支撑、砂浆、砌块等各种材料运输费用，而结构部分材料占整个工程材料比例约为60%，而余下的装饰部分材料垂直运输费工应按40%计取，这样分析乙方也认为在理，故其中已完成结构部分垂直运输费应按39.43元/m²乘以40%等于15.77元/m²计取。其余增加费也按此原理结算，这样该项直接费经测算为49.67元/m²，比原来降低61%，为A公司减少了不必要的支出。

（3）认真把握好造价较大的材料的定价工作。本工程因改建，需要采用大量的植筋、粘钢新技术，该项技术加固工程结算价为400多万元。A公司选定三家有实力、信誉好的企业报价，经过对比分析，确定合理低价的报价企业，为A公司节约一大笔工程费用。

8.4 结算核对的技巧

对量是工程结算中的一个关键性、决定性环节，前期的工程量计算毫无例外地触及对量。由于计算主体所处的立场不同，计算方法自然也迥然不同，计算结果更是大相径庭。由于人们对规范、定额的理解是千差万别，有时设计图纸本身也有歧义，模棱两可，这样双方意见很难统一，有些问题似乎是悬而未决，从而导致结算工作迟迟不能了结，这是参与结算的多方特别是施工方所不愿意看到的。对量工作毕竟不是坐在幽雅的咖啡厅里喝咖啡这样诗意和惬意，并且从事建筑的人粗犷豪放型居多，对量有时演变为争吵。总之，对量过程是比较繁琐的，对量工作比较辛苦的，里边的甜酸苦辣喜怒哀乐风云变幻也只有经常对量的人才会有切身体会。对量的意义远远超过人们的想象，作为一个造价人员掌握一些必要对量技巧会使对量工作达到事半功倍的效果。

8.4.1 乙方对结算的技巧

（1）从粗到细，先易后难，求同存异。对量时需先把一些原则性的共性的东西确定下来如钢筋采用什么接头，如土方的挖运填的界定。然后从粗到细，先易后难，控大量调小量，求同存异。对量不仅是个技术性很强的工作，它需要从业者具有很高的建筑专业素养，一定的施工经验，对规范和定额的正确理解，精确快速计算工程量的技能还需要掌握沟通的技巧、谈判的艺术等，在计算工程量时就要考虑后续的对量工作，尽量表达清楚，包括图纸号、名称、位置和构件的基本属性，每种量都要有据可依，对自己算的量要了如指掌。不论是什么量都要有充分的说服力,不能强加于人,只有得到对方认可签字才算对完量。每次对结束后都要有记录,解决了些什么问题,还有那些问题有争议,对增减的细目和原因要罗列清楚,这样对量过程就是可追溯的、可查的和透明的。最后参与对量的双方或三方在上面签字盖章,特别是涉及争议和敏感的或者甲方拍板的问题,因为责任问题,对量的人要有自我保护意识。对量可先对总量,如果比较接近就行了,但这种情况是极少的,双方的量肯定有差异的并且往往有很大的差异,遇到这种情况就要冷静,有经验的预算员会很快发现、识别对方的错误,并做到有的放矢。一些送审的资料做得极为隐蔽和巧妙,这就需要审价人员敏锐的洞察力和足够的耐心。如果不能精确定位对方的错误所在那么可以按构件按楼层按材料分别进行核对。先对各种构件的量,如柱梁板墙各自是多少,看看相差最大的是那种构件,如果是梁相差最大,那么就按楼层进行分解,看相差最大的是那个楼层,然后对这个楼层中的各种编号的梁进行核实,应该能很快地查清相差的原因,这个时候可能有意外的收获,就是能找出对方的有共性的问题。双方的计算式应该都能看得懂,但对账时肯定有增减和修改。

(2)该进则进,该退则退,学会抓大放小。刚开始核对的工作量、定额编号及价格要搞准确,给对方留下好的印象,为下一步打下基础。对数量大、价格高的项目要坚持原则,据理力争,对一些少量存在的问题,也可做一些让步。

【实例8-4-1】××工程在结算审核时,甲乙双方开始对地下室的梁、板、柱混凝土量时,双方相差合计不足 $1m^3$ 的混凝土量,但甲方在未征得乙方同意的情况下就要扣减,本来扣减的量并不大,但乙方认为结算审核工作才刚刚开始,不能给对方任意扣除,给下一步留下不必要的麻烦,为了开好头,乙方决不让步,并与对方据理力争,重新核对工作量,最后甲方确认乙方的数量是正确的。

分析:通过一个小事例,给甲方留下了乙方对结算是认真、细致、心中有数的印象,在后面审核过程中若碰到有争议的事,甲方也就比较好商量了。

【实例8-4-2】××工程挖土方项目,总的挖土方量为12.9万 m^3,地下室挖土方量是4.7万 m^3,因地下室挖土深度是4.8m,土方不外运。而需要堆土,给施工带来一定的难度,甲方签证是地下室的挖土方每 m^3 按20元计算,而按定额预算价加费用每 m^3 只有7.38元,两者价格相差很大,这样就存在7.2万 m^3 的土方量是否是按那个价格计算的问题,经过进一步做工作,耐心说服,讲出乙方的道理,最后取得审价单位的同意,全部都按20元计算,仅这一项就为乙方增加经济效益90万元。随后,在一些小的争议上,乙方也作了适当让步。

分析:主要项目得到保住解决,而细小的,不影响大局的小项乙方也做一些必要的让步,这样既提高了乙方的经济效益,又缩短了结算核对时间。

（3）心中有数，力求准确，并做到留有余地。当前的工程结算审价，一般是甲方委托审价单位，而中介往往是以核减额收取审价费用，从他们的心理和利益出发，都是要"大刀阔斧"地核减，想方设法将工程造价减下去，所以乙方编制出来的工程竣工结算要做到心中有数，力求准确，并做到留有余地，最好在允许范围内的上限，以使双方在审核过程中容易接受。

（4）抓住重点，摸清对方审核重点。作为工程审价，一般是有审核重点的，在结算核对中，乙方要善于摸清审价方的工作重点与底牌，这样方能立于不败之地。

8.4.2 中介方审核结算的方法

（1）项目归纳审核法。对于同一小区内的群组工程审核，项目归纳法是较好的方法，其作法是：

首先，确定总体审核方案，根据不同结构形式、不同建筑风格、有无地下室的工程，分别归类，挑选有代表性的工程为主要审核对象，将其栋号的特殊情况剔除。如钢筋的设计与定额含量差，塑钢门窗等。具体做法是：

1) 在总体审核方案确定的基础上，选出审核对象的栋号计算工程量。

2) 深入施工现场搞调研，核定新材料，新工艺的分项定额，即：单方工、料、机，实际发生的基础数据。

3) 对本工程使用的材料，深入市场调研摸清底价，为编制材料补充核算价格提供基础数据。

4) 依据预算定额编制原则，根据现场测定资料编制有关分项定额。

5) 编制有代表性栋号的工程预算，确定其统一价格标准。在此基础上将其他栋号工程按不同结构型式计算出建筑面积，计算出典型栋号在其中所占比例，代入统一价格标准。再将特殊情况的剔除部分，按实际计算出的价格，汇总在一起，审核出既有说服力，又能使甲乙双方都能接受的统一预算价格。此种方法能解决时间紧、工作量大、小区内各乙方报价不一致的问题。对大面积的预算审核，是一种可行的方法。

【实例8-4-3】某多层住宅小区共22栋，其中：框轻结构41 200多 m^2，混凝土小型空心砌块承重结构71 800多 m^2，总面积为113 000多 m^2。由于施工面积大、工期紧、施工队伍多、施工中设计变更多；施工图预算编制人员受其所处位置，对图纸理解的深度、观点、方法、水平各异，加之不正当的获利手段，原本结构相同、建筑形式相同的工程，出自不同单位、不同人员之手，所报预算造价上下浮动很大。针对此种情况，如逐栋号进行编审，时间长、前后不衔接，难免有不一致地方。会给审价工作带来负面影响。因此审价人员采取了项目归纳的综合审核方法，使工作进展顺利，收到较好的效果。

(2) 全面审核法。该法指按照国家或行业建筑工程预算定额的编制顺序或施工的先后顺序,逐一全部进行审查的方法。具体审查过程与编制施工图预算基本相同。此方法的优点是全面、细致,经审核的工程造价差错比较少、质量比较高,但工作量较大,重复劳动。这种方法常常适用于以下情况:

1) 技术力量薄弱或信誉度较差的乙方。
2) 投资不多、工程量小、工艺简单的项目,如维修工程。
3) 工程内容比较简单(分项工程不多)的项目,如围墙、道路挡土墙、排水沟等。
4) 甲方审核乙方的预算。

【实例8-4-4】 某高层住宅,建筑面积5.7万 m^2,24层檐高65m,地下一层,全现浇剪力墙结构,因工程量大,钢筋含量高,混凝土占很大的比重,因此对工程量的把关,及有关施工措施费的审核就成为审核高层住宅结算的主要工作。乙方报价1793元/m^2(不包括基础处理),审核后为1559.32元/m^2(包括基础处理)。

分析: 该工程采用全面审核法进行审核,这种审核方法所带给结算人员的是:审核的预算造价准确率高,而另一方面则是工作量大,但对控制高层住宅的工程造价,能收到很好的效果。

(3) 重点审核法。这种方法类同于全面审核法,其与全面审核法之区别仅是审核范围不同而已。该方法有侧重地,有选择地对施工图结算部分价值较高或占投资比例较大的分项工程量进行审核。如砖石结构(基础、墙体)、钢筋混凝土结构(梁、板、柱)、木结构(门窗)、钢结构(屋架、檩条、支撑),以及高级装饰等;而对其他价值较低或占投资比例较小的分项工程,如普通装饰项目、零星项目(雨篷、散水、坡道、明沟、水池、垃圾箱)等,审核者往往有意忽略不计,重点核实与上述工程量相对应的定额单价,尤其重点审核定额子目档次易混淆的单价(如构件断面、单体体积),其次是混凝土强度等级、砌筑、抹灰砂浆的强度等级换算。这种方法在审核进度较紧张的情况下,常常适用于甲方审核乙方的结算。此种方法比全面审核法范围小,因此在划定是采用全面审核,还是重点审核方法时,要针对工程的特点决定采取某种方法。

【实例8-4-5】 在审核某小区18班小学时,采用重点审核方法,因该工程为砖混(KP砖)现浇梁板结构,与通常××市所建造的小学无太大差别,只是差在建筑材料的变化上,由普通机砖改为KP砖,设施更完善一些,而乙方报价与经验价出入不大。因此对其中混凝土梁板、砌体及设施、装修等方面作重点审核,对生项及换算定额部分,重点审核。施工单位报价977.80元/m^2,审定价为749.51元/m^2。

分析: 采取这种方法,与全面审核法比较,工作量相对减少,而效果却不差。

(4) 标准对比审核法。指对于利用标准图纸或通用图纸施工的工程项目，先集中审计力量编制标准预算或结算造价，以此为标准进行对比审核的方法。这种方法一般应根据工程的不同条件和特点区别对待。一是两工程采用同一个施工图，但基础部分和现场条件及变更不尽相同。其拟审价工程基础以上部分可采用对比审价法；不同部分可分别计算或采用相应的审价方法进行审价。二是两个工程设计相同，但建筑面积不同。可根据两个工程建筑面积之比与两个工程分部分项工程量之比例基本一致的特点，将两个工程每 m^2 建筑面积造价以及每 m^2 建筑面积的各分部分项工程量进行对比审查，如果基本相同时，说明拟审计工程造价是正确的，或拟审价的分部分项工程量是正确的。反之，说明拟审造价存在的问题，应找出差错原因，加以更正。三是拟审工程与已审工程的面积相同，但设计图纸不完全相同时，可把相同部分，如厂房中的柱子、房架、屋面、砖墙等进行工程量的对比审价，不能对比的分部分项工程按图纸或签证计算。这种方法的优点是时间短、效果好、定案容易。缺点是只适用按标准图纸设计或施工的工程，适用范围小。这种方法看起来似乎简单些，但此种方法使用的先决条件是掌握大量的数据和有丰富经验。

(5) 指标审核法。审核单位建筑工程施工图预算中所确定的每 m^2 建筑面积的造价指标，并分析该单位工程的建筑结构类型，主要结构部位的选用及建筑时间等有关因素，与该地区相同或相近建筑工程的平均造价指标相对比，以此确定该建筑工程预算造价的高低程度，初步估测其中不真实费用所占用的比例，从而明确审价重点。

该方法是在总结分析预结算资料的基础上，找出同类工程造价及工料消耗的规律性，整理出用途不同、结构形式不同、地区不同的工程造价、工料消耗指标。然后，根据这些指标对审核对象进行分析对比，从中找出不符合投资规律的分部分项工程，针对这些子目进行重点审核，分析其差异较大的原因。常用的指标有以下几种类型：

1) 单方造价指标：元/m^3、元/m^2、元/m 等。

2) 分部工程比例：基础、楼板屋面、门窗、围护结构等各占定额直接费的比例。

3) 各种结构比例：砖石、混凝土及钢筋混凝土、木结构、金属结构、装饰、土石方等各占定额直接费的比例。

4) 专业投资比例：土建、给排水、采暖通风、电气照明等各专业占总造价的比例。

5) 工料消耗指标：即钢材、木材、水泥、砂、石、砖、瓦、人工等主要工料的单方消耗指标。

【实例8-4-6】某地区有一框架结构8层建筑工程，房改房装修标准，建筑面积约为2000m²，夯扩桩基础，没有地下室，该工程土建部分造价2600 000元，钢筋总量为108t；其中定额钢筋含量为76t，施工预算调增32t，合同约定为二类工程计费。审价人员分析：土建造价指标：1300元/m²，指标过高（该地区该种房屋的平均造价指标水平低于1100元/m²）。钢筋消耗量指标54kg/m²，指标偏高（该地区多层结构没有地下室、桩基础的情况下，钢筋消耗量水平在40kg/m²左右）。通过对指标水平的衡量，得出要对钢筋的实际用量进行详细审查，检查乙方钢筋抽料表，或者自己进行钢筋抽料。

(6) 分组计算审查法。指把结算中的项目划分为若干组，并把相连且有一定内在联系的项目编为一组，审查或计算同一组中某个分项工程量，利用工程量间具有相同或相似计算基础的关系，判断同组中其他几个分项工程量计算的准确程度的方法。施工图预算项目数据成千上万。对初学者来说，乍一看好像各项目、各数据之间毫无关系。其实不然，这些项目，这些数据之间有着千丝万缕的联系。只要我们认真总结、仔细分析，就可以摸索出它们的规律。我们可利用这些规律来审核施工预算，找出不符合规律的项目及数据，如漏项、重项、工程量数据错误等，然后，针对这些问题进行重点审核。如：

1) 地槽挖土、基础砌体、基础垫层、槽坑回填土、运土。先将挖地槽土方、基础砌体体积（室外地坪以下部分）、基础垫层计算出来，而槽坑回填土、外运的体积按以下确定：

$$回填土量 = 挖土量 - (基础砌体 + 垫层体积)$$

$$余土外运量 = 基础砌体 + 垫层体积$$

2) 底层建筑面积、地面面层、地面垫层、楼面面层、楼面找平层、楼板体积、顶棚抹灰、顶棚刷浆、屋面层。

先把底层建筑面积、楼（地）面面积计算出来。而楼面找平层、顶棚抹灰、刷白的工程量与楼（地）面面积相同；垫层工程量等于地面面积乘垫层厚度，空心楼板工程量由楼面工程量乘楼板的折算厚度；底层建设面积加挑檐面积，乘坡度系数（平层面不乘）就是屋面工程量；底层建筑面积乘坡度系数（平层面不乘）再乘保温层的平均厚度为保温层工程量。

3) 内墙外抹灰、外墙内抹灰、外墙内面刷浆、外墙上的门窗和圈过梁、外墙砌体。首先把各种厚度的内外墙上的门窗面积和过梁体积分别列表填写，再进行工程量计算。先求出内墙面积，再减门窗面积，再乘墙厚减圈过梁体积等于墙体积（如果室内外高差部分与墙体材料不同时，应从墙体中扣除，另行计算）。外墙内抹灰可用墙体乘定额系数计算，或用外抹灰乘0.9来估算。

这些关联关系其实是我们传统"三线一面"统筹计算法的运用，或是我们前面所提到的"模块化"统筹法的运用。

(7) 利用手册审查法。把工程常用的预制构配件，如洗池、大便台、检查井、化粪池、碗柜等按标准图集计算出工程量，套上单价，编制成手册，利用手册进行审查，可大大简化结算的编审工作。

(8) 筛选审查法。建筑工程虽然有建筑面积和高度的不同，但是他们的各个分部分项工程的工程量、造价、用工量在每个单位面积上的数值变化不大，把这些数据加以汇集、优选、归纳为工程量、造价、用工三个单方基本值表，并注明其适用的建筑标准。这些基本值犹如"筛子孔"用来筛选各分部分项工程，筛下去的就不审查了，没有筛下去的就意味着此分部分项的单位建筑面积数值不在基本值范围之内，应对该分部分项工程详细审查。此法适用于住宅工程或不具备全面审查条件的工程。

(9) 易错点审核法。由于结算人员所处角度不同，立场不同，则观点、方法亦不同。在结算编制中，不同程度地出现某些易错点。某些乙方的结算常常出现以下易错点：

1) 工程量计算正误差：
① 毛石、钢筋混凝土基础 T 形交接重叠处重复计算；
② 楼地面孔洞、沟道所占面积不扣；
③ 墙体中的圈梁、过梁所占面积不扣；
④ 挖地槽、地坑上方常常出现"挖空气"现象；
⑤ 钢筋计算常常不扣保护层；
⑥ 梁、板、柱交接处受力筋或箍筋重复计算；
⑦ 楼地面、墙面各种抹灰重复计算；
⑧ 圈梁带过梁的，计算出过梁后却不从圈梁中扣减等现象。

2) 定额单价高套正误差：
① 混凝土强度等级、石子粒径；
② 构件断面、单件体积；
③ 砌筑、抹灰砂浆强度等级及配合比；
④ 单项脚手架高度界限；
⑤ 装饰工程的级别（普通、中级、高级）；
⑥ 地坑、地槽、土方三者之间的界限；
⑦ 土石方的分类界限。

3) 项目重复正误差：
① 块料面层下找平层；
② 沥青卷材防水层，沥青隔气层下的冷底子油；
③ 属于建筑工程范畴的给排水设施。在采用定额预算的项目中，这种现象尤其普遍。

4) 综合费用计算正误差：综合费项目内容与定额已考虑的内容重复。而某些设计单位和甲方的预算人员或乙方的初学者却常常犯有另一方面的易错点：

① 工程量计算负误差。完全按理论尺寸计算工程量；

② 预算项目遗漏负误差。缺乏现场施工管理经验、施工常识，图纸说明遗漏或模糊不清处理常常遗漏。

由于上述易错点具有普遍性。审核施工图预算时，可根据这些线索而摸瓜，剔除其不合理部分，补充完善预算内容，准确计算工程量，合理取定定额单价，以达到合理确定工程造价之目的。

(10) 薄弱控制点的审核。

1) 建筑物的基础等属隐蔽工程，隐蔽工程施工一完成，工程量结算依据只能根据设计图纸和隐蔽工程签证材料。具体表现为以下薄弱点的有效控制。

① 桩基础桩长的测定。各种桩基础在施工中桩长的测定直接关系到桩基的造价，现场控制主要是责成乙方做好打桩现场记录，只要原始资料记录桩的规格、长度、方位完整，专业概预算员即可根据计算规则如实地计算桩基的工程量，确定桩基础的工程造价；

② 基础土方开挖、填运量的测定。在项目施工过程中，土方大开挖深度测定应根据基础各方位实际开挖的基底标高算至自然地坪标高做出的施工记录。回填材料除原地挖出的土方外，砂、石等材料回填应根据实际外运回填数做出的记录，以便计算砂基、垫层等项目的工程量，在实际施工中，有些土方开挖深度记录不清楚，可能重复或多结算挖土方、砂基础、基础垫层、砖石、混凝土基础等项目的工程量；

③ ±0.000 的测定。建筑物室内地坪 ±0.000 是一个相对数，施工时应明确参照某一固定建筑物的标高，并在基础方位上树立标志，以便复核土方开挖、回填等项目的高度。在实际中，有些项目室内 ±0.000 标志和室外自然地坪标志由于土方堆积，标志不明确，造成室内外回填厚度和土方开挖深度难以确定，仅凭乙方提供数据，可能造成多计工程量。让乙方有空可钻，多结算工程价款；

④ 混凝土、砌筑砂浆的标号。应采用随机抽取样品进行"试块"试验，确定其性能指标是否达到标准，现场监督混凝土、砌筑砂浆的搅拌是否按标准投料，有无偷工减料等问题；

⑤ 钢筋的质和量。核对所用钢筋是否经有资质机关质量评定合格，所用批号与试验报告单批号是否一致，钢筋制安分布规格是否与图纸设计标明相一致，是否按图规范施工，看有无以次充好、偷工减料等问题；

⑥ 屋面隔热层。现场几油几毡应如实记录和控制，避免涂油膏的厚度不足，偷工减料，有些甲方驻地代表缺乏责任心和对专业知识的了解，即使不在施工现场也在乙方出具的四油三毡的鉴证单上签名表示验收；

⑦ 三化池施工。三化池的结算一般按标准图集规格编号以个为单位套定额综合单价结算的。该项目是整个建筑物及附属配套工程中项目单价高且最容易偷工减料的项目，现场监督关键是要求按标准图集施工，做到尺寸不减，水泥标号不偷，施工项目不漏，材料不替换。

2）目前装修项目工程特别是高级装修项目的装修材料日新月异、不断更新，装修市场材料价格混乱，使一些高级装修项目单价取定没依据，凭面议，工程量计算没按规则，凭表面测量，如招牌灯箱计算既可按不同规格及用料标准制成品每平方米计算单价，也可将工程分解成铁架、灯箱片、日光灯、不锈钢板等分项变相提高每平方米单价。因此，装修工程项目控制点主要是单位价格和现场丈量两大因素，单位价格在没有发布价格的情况下可参照所用主要材料的价格和所用材料的同一性。外购成品或材料，由于市场品种繁多，价格不一，因此要在对市场进行调查的基础上确定材料规格，品牌的价格，避免以次充好、以假充真，影响工程质量和造价。

8.4.3 结算的复审

复审是指由造价咨询机构对已经由其他咨询机构审价过的项目进行再审价的活动。由于复审是对已经进行过审价的项目进行重新审价，故存有较大的修改原审价结果的可能性。

（1）弊端。

1）拖延结算时间。由于审价工作需要一定的工作时间，而且在审价过程中由于种种原因很容易造成审价"旷日持久"，而复审作为二次审价，在时间上付出的代价可想而知。因此很显然，复审必然会大大拖延对结算价格的确定期限，使结算时间拖后。

2）使造价结算复杂化。审价的目的是对工程结算的准确性进行确认，正常情况下，经由造价咨询机构审价后的结果是甲方与乙方进行结算的依据，而且甲方应在审价报告出具后、施工合同约定时间内履行支付工程价款的义务。但由于委托复审，使甲方的付款时间、数额又不明确了，尤其是当前后审价结果不一致时，甲方、乙方会各执一词，要求按对自己有利的那个审价结果进行结算。

3）造成同行间不良竞争。甲方委托复审的时间一般都是处在第一次审价结果基本已经出具的时候，同时由于是甲方委托复审，其委托的原因往往是对第一次审价的结果不满意，这就容易使得甲方在寻求复审时会流露出对第一次审价单位的不满并要求进行复审的咨询机构对部分内容进行有针对性的修正，而接受复审委托的咨询机构在进行审价时就有了参照标准，甚至对委托方作出某种承诺，这些都有违公平、公正原则。

（2）优点。我们也应该看到，复审对于发现和纠正审价中的偏差、促使咨询机构在审价过程中更重视审价结论的真实性和准确率方面还是有作用的，但如果不能正确处理好复审在实践中的操作问题，尤其是操作程序上的问题，复审将弊大于利。

（3）复审的原则。

1）复审效力优越。复审结论应优越于第一次审价结论，复审的结果就是甲方进行结算的依据，而第一次审价结果自然失效，这当然要建立在复审是符合程序要件的前提下。

2）双方接受复审。由于复审涉及多方，因此委托复审、复审效力的实现很大程度上依赖于甲方、乙方的确认，如果有一方不愿意复审，则不能进行。

3）争议部分复审。在复审时应尽可能不要触及在第一次审价时双方已达成一致意见的部分，扩大复审范围应获得甲方、乙方的确认。

4）复审只进行一次。无论复审结果如何，任何一方不能再进行委托审价。

（4）复审程序。复审可以分为两种，第一种复审是出现争议后由一方申请管理部门，即当地造价主管部门进行复审；另一种是甲方、乙方、审价机构（包括初审和复审机构）事先约定。对于第一种，甲方或乙方中任何一方皆可向管理部门提出书面复审申请，申请中应包括初审审价报告、争议事项等内容，申请提出的时间期限为有效的初审报告出具后、三方审定单签订前。对未形成效力的审价报告，管理部门首先是在各方接受前提下进行调解；对于审定单签订后的审价结果不能进行复审。管理部门征得相对方的书面同意后，方可向双方推荐咨询机构进行复审。对于第二种，应在形式要件上加以严格控制，必须做到全部由合同事先约定，并且复审期限不能超越施工合同约定的结算期限。目前许多甲方在所委托的咨询机构完成审价后，其上级部门又会再委托进行审价，此类情况与以内审和外审的形式进行两次审价、对全过程造价咨询的项目进行竣工审价一样，都应事先约定，否则应视为擅自委托复审。对接受擅自委托复审的审价行为，其结论应视为无效。

另外，法院受理造价纠纷的诉讼案件，经常需要委托一家咨询机构进行司法审价，名为"司法审价"，做法与一般审价一样，而且许多情况下司法审价的对象是在诉讼前已经审价的，因此在诉讼中的复审是普遍的。

策 略 篇

第9章 公共关系筹划方法

9.1 市场众生相

工程在建设期间，甲方与乙方、设计单位、监理或造价咨询单位之间势必要发生一系列的工作关系。不论哪一方在施工过程中发生了不规范行为都会影响到工程今后的结算。如甲方办事程序繁琐、效率低下，乙方呈报的有关工程事宜不能及时得到反馈，而乙方又不敢随意耽搁工期，造成工程量的变化；工程在建设施工过程中不可避免地要发生一些设计变更、工程签证，若其程序不合法，手续不齐全，签字不及时，引起变化的工程量就缺乏结算的依据，待工程结算时再进行补充，容易引起意见分歧等。我们研究不合格的市场参与者正是为了避免这些现象。

9.1.1 不合格市场参与者众生相

（1）不合格甲方众生相
1）不学无术，胡乱管理。个别甲方代表不懂基建程序，随意肢解工程，比如说住宅楼梯栏杆扶手的油漆工作，因为"你们土建施工单位油漆不够专业"而肢解；某些甲方代表随意修改图纸，特别是已经施工完毕了的部分，他们工作随意，不了解自己的工作会带来哪些后果。
2）越权管理，架空中介。有些甲方虽然请了中介来管理工程，但却不发挥他们的专业优势，仅仅将中介当作门面，依附于自己的工具，不对他们充分授权，使他们形同虚设，不能起到对乙方的制衡作用。
3）处事不公，心术不正。有些甲方将某分项，如铝合金窗分包出去，并直接向分包支付工程款，但将所有的质量责任都交给土建单位承担。因分包等原因造成的工期拖延，反以工期没有保证为由，克扣土建单位工程款。

个别甲方代表禁不住金钱物质的诱惑，与乙方互相利用，弄虚作假，损公肥私，严重地影响了结算造价。

【实例9-1-1】某工程，合同规定，按投标报价一次包死，结算不再调整，但甲方代表在与乙方一起采购建材后，却无视投标报价一次包死的法律性，而按所谓的较高的"实际价格"进行结算。

分析：这是典型的甲方代表心术不正，无视合同的情况，更有甚者，有的乙方在工程竣工后向甲方有关人员行贿，以自己编制的工程结算为准，从中捞得好处后许诺甲主代表按比例分成。这些情况的存在，结算超过中标价就不足为奇了。

少数甲方人员不讲职业道德，不坚持原则，在审查结算过程中经不起灯红酒绿的诱惑和考验，请吃请喝、收受礼物，对高估冒算、弄虚作假的行为睁一只眼、闭一只眼，高抬贵手，使工程造价失控，甲方的资金白白流失。

4) 猫鼠一家，博弈转向。甲乙双方，在经济上原本是博弈的两端，而有些甲方代表，反而与乙方成了一家，双方的博弈彻底消失了，转向共同与审价或审计人员的博弈了，他们所要考虑的仅仅是怎样使自己的行为合法化了。

(2) 不合格乙方众生相

1) 无视合同，耍赖作风。

【实例9-1-2】某项目，正在进行桩基工程施工（已完成33根桩，占桩基工程量的22%左右）。乙方的管理是一塌糊涂，对甲方下达的指令、联系单、整改单都视而不见，甲方又不敢要求停工整顿（因为工期滞后太多）。现在现场的指挥调度完全没有力度，按目前的状况整个工期将会由于桩基工程再次滞后2个月以上。合同明确规定的事项乙方都拒不执行，你要是经济处罚，乙方就跟你磨洋工、甚至罢工，软硬不吃、我行我素，对合同明确的部分工作内容直接说不做或是做不了。

2) 草台班子，力量薄弱。

现在有些乙方的预结算人员一是熟悉图纸领会设计意图不够，不愿做艰苦细致的工作，粗心大意、马虎了事，不是多算就是少算，不是重算就是漏项。二是从事预、结算工作的专业人才相对缺乏，熟悉法规、懂业务、会技术的人才还比较少，满足不了建设的需要，不少人员仅仅是通过短期培训或跟师边干边学无证上岗，还处于学习摸索阶段。也有的是改行搞工程预、结算工作，强拉鸭子上架，还有的是懂土建工程不懂水电安装工程，懂桥梁工程不懂园林建筑（这种情况比较普遍）等，在任务多、时间紧的情况下，只能是临时搭台子，凑班子，不分专业凑合着干，这样势必影响预、结算质量。三是工程预算人员缺少深入细致的调查研究，缺乏对工程的跟踪管理，不了解现场情况，闭门造车，依葫芦画瓢，编的结算脱离实际。而在工作中，一个小的工程项目也都会牵涉很多专业，麻雀虽小，五脏俱全，一项建筑工程周期少则几个月，多则几年，此间施工图纸、现场情况、材料规格、隐蔽工程等都会发生变化。因此，结算人员应该常深入施工现场，了解第一手资料，掌握实际情况，而不能只凭设计图纸、设计变更、工地签证去做结算，这是因为设计变更有时滞后施工，就是说某一部位已施工完毕再通知变更，这就意味着要返工，既要多计算一次返工费，又要考虑变更后的造价。

3）弄虚作假，高估冒算。一些乙方人员本位主义思想作怪，只顾小圈子的利益或只按上司（老板）的意思办事，为了高额利润而弄虚作假，高估冒算。有的乙方编报的结算工程量比实际高出很多，成倍或数10倍的增加。例如比较复杂的外装饰线条纵横交错，密密麻麻，计算很复杂，有的干脆就报一个天文数字，想蒙混过关。

(3) 不合格中介方众生相

1）心态不正，高高在上。造价中介咨询公司不是施工合同的当事人，造价工程师必须切实站在维护甲方利益的立场上，去处理合同事件。如果不能维护甲方利益，甲方不满意就会更换造价工程师，情节严重的，还会受到法规的处罚。实践中，有人认为，造价中介咨询机构维护了甲方利益，就会损害乙方的利益，这样似乎有违造价工程师的执业公正性。事实上，执业公正性与维护雇主利益并不矛盾。施工合同是当事人双方对施工过程将要发生的权利、义务、责任协商一致的结果。当事人双方最大的、最根本的利益是按照合同约定完成商品交换。严格履行合同就是维护甲方的利益，就是体现执业公正性。周瑜打黄盖，愿打愿挨。造价工程师对此爱莫能助，不能为了"执业公正性"而忘记了受甲方雇佣的角色，站在乙方的立场上，为乙方鸣不平，必须坚定不移地按照合同约定工作。当然，维护不是偏袒，造价工程师不能超出合同的规定损害乙方利益。对乙方符合合同约定的主张要实事求是地及时处理，这样也是维护甲方的利益。

少数造价中介从业人员认为代替甲方行使工程造价控制权，高人一等，看不起直接和脏、累、险、苦打交道的乙方人员。而造价人员摆正自己的心态，将乙方置于和自己平等位置，是搞好自身工作的关键所在。

2）不讲原则，捣捣糨糊。造价工程师要在法规和合同授权范围内，严格履行自己的职责，站在公正的立场上，独立地解决工作中出现的问题。工作中模棱两可，当"好好先生"，成为甲方的附庸，就失去了设立"第三方中介"的意义。

【实例9-1-3】某单位工程签证用工竟超过定额用工，本末倒置；材料场内运输费、现场垃圾清理费等本已包含在费用定额中，中介单位造价工程师却又给予签证；乙方自身组织管理不当造成损失或返工、停工、窝工，有关人员也给予签证；不管其量、价是否与事实相符及能否算均给予签证，理由就是确有其事，但这样却易混淆是非，鱼目混珠。

3）不出主意，凡事挑剔。造价工程师在工作中挑毛病是正常的，但只做到这一点是不够的。挑出毛病不是目的，目的是要使乙方对造价工程师挑出的毛病认真对待，积极整改，并举一反三，避免今后再次发生类似问题。因此，要求造价工程师对工作中发现的问题，不但要知其然，而且要知其所以然，同时还要提出自己的意见。另外在工作中还要讲究方式方法。

【实例 9-1--4】 某国家粮库工程因地势低洼，基槽必须开挖大量土方。在招标答疑时，甲方答应乙方基槽开挖后的土方可以用于基槽和房心的回填。但实际施工时，乙方发现挖出的土方不能用于基槽和房心的回填，乙方据此提出索赔 3 万多元，而该工程的上级部门已决定不再增加工程投资，双方各执己见，造价工程师通过了解发现，可以利用当地工业废料——粉煤灰做路基填方，粉煤灰的价格远远低于当地土方的价格。经与设计单位协商论证，工程改用粉煤灰回填大部分基槽和房心，使乙方总体不但没有损失，而且还有收益。乙方收回了索赔要求，既保证了工程的顺利进行，工程造价又没有提高。

造价师站在"挑毛病"的立场去看待乙方本也无可厚非，但如果把这种"挑毛病"的立场转变为"戴有色眼睛看问题"，其结果只能适得其反。在当前激烈的市场竞争早已磨砺出一批实力强、信誉好、管理先进的强势建筑企业，他们的管理方法、施工技术同样也是造价中介单位应该汲取的，乙方的吃苦耐劳、乐观向上的精神也是造价人员应该学习的。造价只有既能从"本位"上看问题，又能进行"换位思考"，才能促进自身工作能力的提高，推动工作的顺利开展。

4) 不担责任，推脱问题。造价工程师在开展工作时应注意：在自己职权范围内的问题，不要用甲方作"挡箭牌"，千方百计推脱。因为甲方委托造价工程师进行造价筹划，就是委托造价工程师进行协调、约束。因此，造价工程师要不断加强发现问题、分析问题、解决问题的能力，这样才能树立自我形象，提高威信，赢得乙方的信赖。

5) 不懂装懂，生搬硬套。部分造价中介人员学业不精，品德不良，素质低下，经验缺乏，不认真履行审价职责，粗心大意，精力分散，判断失误等。造价人员只有用理论联系实际的工作作风，用实事求是的工作态度去处理工程结算中出现的种种问题，才能搞好与乙方的工作配合。

6) 不讲立场，猫鼠一家。在当前不规范的建筑市场中，部分乙方在工程招投标中违背游戏规则，以超低价中标后，便想通过不合理的变更索赔、无根据地增加工程量等途径来实现"堤内损失堤外补"的目的，此时造价中介如果立场不坚定，缺乏职业道德、丧失诚信原则，就很有可能被主动射过来的"糖衣炮弹"俘获。还有，个别造价从业者本身就心术不正，要么主动和少数不规范的乙方沆瀣一气，要么或遮遮掩掩或肆无忌惮地吃拿卡要，这种和乙方的不健康关系，是和造价中介的工作宗旨、职业道德背道而驰的。

工作中，中介人员应坚持"四不准"准则，即：审核人员不准对乙方提出工作以外的任何要求；不准收受任何礼品和礼金；不准参加乙方的任何宴请和娱乐活动；不准利用工作之便要求乙方办私事。

9.1.2 合格市场参与者的标准

（1）合格甲方标准。为协调好甲方和乙方的关系，做好施工阶段结算筹划工作，甲方需委派一名熟悉施工专业知识和预（结）算技术的人员（甲方代表或商务代表）进行现场监督和管理。甲方代表监督施工合同的执行，对签证进行现场监督，并且现场搜集资料，为日后的结算打下基础。甲方代表对单位基建主管部门领导负责，所作出的签证要经主管部门领导签字认可。

一个合格的甲方代表或商务代表应符合以下条件：

1) 通晓专业，知识匹配。甲方代表不一定什么都要内行，但基本的、与项目相适合的专业素养却不能少，否则在甲乙双方的博弈中就有可能被糊弄。甲方驻工地代表中，有些业务素质差，对于预算和有关规定不熟悉，不应签证的项目盲目签证，既不调查，也不审核。签证单一经签订，即为结算时的依据，从而造成结算价的升高。

【实例 9-1-5】 某工程中增加了一组盥洗台，在工程变更签证时，乙方有意将本已包含在定额中的水平支管部分又加到干管中去，使工程量重复计算，价格随之而升。

分析： 现场签证由于是在施工现场进行的，人为因素较多，难以管理，因此漏洞比较多。甲方代表要善于利用监理工程师、造价工程师等专业人员的业务技能，弥补自身的业务缺陷，管理好监理公司、咨询公司为我所用是甲方代表的根本技能。甲方代表就要经常到现场转转，不懂的多请教（要有技巧的提问，要尽量掩饰自己的无知）、勤做笔记，比如某施工工序你不懂，你可以仔细的记下他的钢筋工、木工等用了多少，还有测算他材料用量等，如此即使你什么也不懂，也能估出其成本的十之八九。这时如果再有点理论知识做铺垫，那么你就是一个还算成功的甲方。要更精，只有不断学习新技术新知识，尤其是掌握施工技术很重要。

【实例 9-1-6】 某教育培训中心楼，甲方找了 5 家施工单位联合施工，签订了一个总包合同，但实际上是 5 家各自为政。预结算审核时，施工现场几家施工错乱复杂，界限不清，审核时发现这家做的结算是把另几家的变更工程量内容做到他们结算里，那家把这家的活儿列到自己的结算中，中介方用了 1 个多月时间，才把这几家建筑公司的工程量在现场彻底核实清楚。

2) 深入现场，谦虚严谨。甲方多多了解现场，熟知现场发生的情况对甲方代表本身是大有好处，也对甲方的控制现场设计变更与经济签证有好处。甲方想要在现场树立一定的权威性，要尊重中介、尊重乙方，这样才会相互尊重，中介单位、乙方也更会尊重你。作为甲方不是凌驾在中介、设计、乙方等单位的上面的，而是在监督、管理的基础上协调配合好各个参与方的工作，毕竟别人都是为你服务的,而且在这个过程中要给予对方足够的尊重和信任,能够由中介单位出面解决的问题尽量放手不要管,少说多看,对一些确实是不应该的问题给予各方一定的提醒,必要的时候一定要言必行,行必果,只有这样才会树立甲方的威信和权威。这样不但好开展工作,而且利于整个项目的整体利益。对公司下达的指标、任务,可能对中介、乙方有一定难度的,你要说明实情,让他们体谅你,站在同一船上的人,一定会高兴的圆满完成;假如命令式的,中介、乙方可能会反对你。一定要记住项目中,每一个人都是为你服务的,只有他们做好了,你才会做好。

3)树立权威,但不越权。作为甲方代表,一要学会放权。但自己不能放松现场的巡视,发现问题就根据本项目《现场管理条例》来实行奖惩,不要怕伤了彼此的和气,但很重要的一条就是跟监理搞好关系,让他在甲方那有甜头吃,比如现场代表可以用现场的罚款来奖励监理,但额度不要太大免得监理靠这个来找钱弄的整个工地怨声载道。甲方代表要竖立自己在工地的绝对威信,对工地日常小事不要轻易表态,可改可不改的问题尽量尊重监理的意见,只有你尊重别人,别人才会尊重你,而且这样你可学习一下监理处理问题好的方式方法,对自己在业务方面的提高也会有好处。在你有绝对把握的事情上你要大胆表达出你的看法,态度要坚决,不容置疑的坚决。二要学会抓权。甲方多组织监理跟自己一起到现场进行现场检查,大家当着面检查就谁也说不了好话了。还有就是现场的计量最好也是甲方代表参与进来,这样监理找不到可以钻的空子。同时要求监理按工程进度来收取乙方施工资料,并进行检查。这样就能避免监理用签字与否来控制或要挟乙方。

4)处事公正,为人正直。只要把监理公司、中介造价公司、乙方看成是与我平等的主体。在严格控制工期、造价的条件上,尊重中介的意见,这样中介方在工作中才有积极性;对中介的一般错误,要进行私下交流,让他更加努力。对中介犯下大的错误,对犯下错误屡教不改等情况,要通报其公司,适当情况还给与适当的处罚,当然假如以后表现很好就要给予奖励(有奖有罚,才会有动力;只罚不奖,将会导致不良工作情绪)。最重要的还是甲方自己要身正,不要去贪小便宜让自己的工作不好开展,记住你是整个工地的主心骨。

5)善抓矛盾,精于协调。抓住项目经理,牵住预算员,搞好与施工员关系,大事绝不松手,小事为谈判筹码,原则性高压线绝不违,适度表现甲方权威及"场上好对手,场下好朋友"的公关技巧。建立健全甲方驻工地代表与乙方工地代表对口负责制,不要让乙方直接跟设计单位联系,要知道设计人员轻轻一挥笔,费用就是大大的。要善于进行沟通,只有体查乙方的苦衷才能合理安排,乙方才不会有逆反的情绪;再次,甲方也有自己的领导,如果领导说了要什么时候完成,即使是干不完的,最多说明苦处,但还是要执行,因为领导就是领导,重要的是与领导沟通。

【实例9-1-7】某房产公司甲方代表 A 调节各方关系很好,本身也是十分在行于工程的各方面,不管是技术还是管理。小到与购房户的"聊天",与工人探讨实在的技术,大到图纸变更及工程现场问题处理大都可以迅速拿出比较合适的方案,很多得到了乙方和设计单位的好评。一次,为一个新发图纸发生了大面积返工情况,整个工程停工 24 小时,图纸变更主要是轴线发生 1000mm 以上改动引起的,将引起乙方的较大损失的。A 立刻宣布整个工地停工外,让所有乙方来开会协同解决。最初大概预计会损失 20 万元以上的事件,在他的协商调节下最后的损失被控制在 5 万元以下,而且工期丝毫未受到影响。

(2) 合格乙方标准

1) 尊重合同,筹划全局。合同是项目赖以生存的依据,是甲乙双方行为的基本准绳,是项目经理必须原原本本遵照执行的"根本大法"。重合同,首先是吃透合同。要将合同的每一条款掰开了、揉碎了,透彻理解,直至烂熟于胸。其次在空间上通观全局,总体部署,把握项目的建设周期、筹划项目全局。第三要在时间上着手,纵览全盘,周密策划,制定达标体系的分步实施方案。

2) 善于理财,树立形象。首先要抓好成本管理。乙方代表要培养经营技巧,处理诸如成本估计、计划预算、成本控制、工程结算等事务,从基础管理抓起,把该结的账及时收回来,让效益颗粒归仓。其次,要合理使用有限的资金,对每月的成本要作分析,对财务收支要有计划,发现问题及时调整。

乙方代表首先要善于沟通,对外要与甲方、监理、设计以及上级主管部门建立良好的合作关系,尽量多交朋友,不结冤家。要求同对口的管理部门建立关系,以疏通各种办事渠道。对内要经常与职工沟通,倾听他们的意见和建议。其次要适度宣传。既可扩大项目知名度,为拓展市场、滚动发展打下基础,又可鼓舞士气,增强凝聚力。要有一定的公关能力,能够处理好内外关系,特别是处理好外部监理工程师及甲方的关系;要有一定的应变能力,思维敏捷,条理清楚,在对外联系、商讨或谈判中,能随机处理问题,维护企业的基本利益。

【实例9-1-8】某乙方负责造价的人员这样自白,作为乙方,对工作中的事我的态度比较低调。首先我很和气,我会避免和甲方发生冲突,即便我有理由,我会选着在一个合适的气氛中说出我的理由。因为我们要的是经济效益而不是分出胜负。其次,我称自己不懂,称对方专家,为自己后面高估冒算留条退路。这些招对付那些自以为是又不常到现场的甲很有效,能蒙多少算多少。

分析:甲乙双方现场代表等有关人员要进行必要的培训,加强对预算原理及有关法规的学习,使之既熟悉现场情况,又熟悉经济法规,"是非清、责任明"、签证有据、结算公正。

3) 自我学习,积极筹划。要做好工程结算,工程结算各环节参与者应具有较高的业务素质。具体表现在首先能正确理解定额内容；能准确理解和运用合同条款对该调费用进行调整；其次要及时掌握计价信息（如各地的补充定额、规定调整的计价文件等）并能吃透精神，准确运用；第三能深入了解和掌握工程现场情况，掌握各分部工程的构造做法及施工工艺，进行必要的签证和费用计算；第四应懂得必要的法律知识，能主动把握索赔起因，根据索赔程序，利用索赔技巧进行索赔；第五针对新材料、新工艺，能利用定额原理自行组价等。

在结算筹划过程中，参与人员如果抱着算多算少与我无关的思想，只对其他人员或部门提供的资料进行被动计算，或对资料收集不全，对现场缺乏深入了解，盲目编制，则其编制结果必将有失水准。

（3）合格中介方标准

1）坚守道德，依法执业。审价人员要有全局观念、法制观念。一定要站在客观公正的立场上对待每个环节，不得有个人色彩。要依法进行审价，每一个环节的审价都要有法规依据，不任凭个人想象去对待具体事务，杜绝贸然行事，掌握好审价标准。

合格的审价人员应具备良好的职业道德，遵守职业纪律，能自觉抵制不正之风的侵蚀；有胜任工程结算审价的能力，严格按程序、按规范操作，认真办理工程审价事项；注意不断的学习和研究，熟悉新规定、新知识，掌握定额的说明和内涵；能及时准确地发现和纠正报审结算中存在的问题和错误，切实履行审价职责，有效地减少审价风险。

结算审价人员的结算审定结果，直接关系到建设施工各方的经济利益，一些乙方总是想方设法拉拢结算审价人员，以此想为他们牟取不正当的经济利益敞开方便之门，或尽量松一点，从而获取较高的利润，这就要求结算审价人员在具备较高业务素质的同时，必须具备时刻经受住糖衣炮弹的考验，就是要具备良好的职业道德和思想素质。

2）加强学习，练就火眼。结算审价存在一定的审价风险，结算审价人员所从事的工作要求他们要熟悉施工程序、及时掌握建材市场的动态，在内在素质上要求具备严谨细致、认真负责、实事求是的工作作风，在现实中存在各种各样的人为因素，更需要结算审价人员有一双能识破欺诈蒙骗行为的火眼金睛，所以，就必须具备较高的综合业务素质，如达不到上述要求，就难发现乙方的高估冒算等不法行为，使不法分子有机可乘，使甲方遭受损失。在加强业务培训教育，及时了解和掌握新信息、新工艺、新方法的同时，审价人员也要深入施工一线，了解施工工艺和过程，增加其感性认识，以便在结算中比较准确、合理地对造价进行确定。

3）处好关系，正视自我。注意审与被审的关系。审价是作为第三者参与的而不是项目负责人，更不是监工的，审价中发现的问题首先与项目法人取得联系并以书面形式反映，不得直接干涉乙方。审价中不能与工地甲、乙方发生矛盾，遇事讲道理按程序办，这是关系到审价工作能否顺利开展的重要环节。

9.2 公共关系筹划方法

9.2.1 甲方、乙方的博弈之道

下面我们重点讲一下甲方、乙方博弈之道中乙方如何取信于甲方。

（1）交友业主，感情交流。中国人是就注重感情的群体，中国是以情为重的一个国度。在工程实践中，做为乙方团队要群策群力，积极和甲方及甲方委托代表交朋友，经常感情沟通，以获得甲方在工作中的信任与理解。乙方每一位工作人员交一名甲方代表，则乙方有多少人就会有多少甲方代表朋友。

在关系沟通的过程中要注重经常性、朋友性。所谓经常性，就是指在工作中要时时注意搞好同甲方团队的关系，用朋友的心去沟通，而不是等到出现了问题有求于甲方时，才想起沟通，这样带着具体问题去和别人沟通的做法是非常容易引起一些甲方代表的反感。作为经常性的沟通体现在日常工作、生活中的点点滴滴之中，甚至在合作项目结束后这种沟通也是非常有必要的，比如经常给成为朋友的甲方发条祝福的手机短信，有空的时间，经常邀请甲方聊一聊，叙一叙。所谓朋友性，就是在交往中要以朋友般的真诚去将心比心地交流，如果朋友遇到些小问题，自己力所能及的给予朋友般的帮助。

【实例9-2-1】甲方代表A君的儿子学习中要购买一盘教学VCD，可是找遍了各大音像书店都找不到，乙方代表B君得知后，让外地的朋友买到一本给邮了回来，区区几十元钱，给其他人以知识上的巨大帮助，A君对B君非常感激，视B君为信得过的朋友。

分析： 与甲方的感情交流体现在时时刻刻的细小细节之处，平时的一点点留意都能充分展示乙方的形象，方便双方在工作中的沟通。

现在工程界个别人有一种误区，认为要搞好甲乙双方关系，达到有利于工作的目的，只能使用吃喝拉拢等，甚至违法犯罪的手法，其实朋友的融洽关系是靠细微之处的互相关怀与帮助来建立起来的。那些违法犯罪的手法到头来只能这既害人又害己，这方面的法律案例比比皆是，应引起大家为鉴，和甲方感情交流一定要注意法律与道德的底线。

（2）区分对象，灵活应对。乙方要根据不同的公关对象，采取灵活的公关策略和方式。如对那些作风正派清正廉洁的甲方，作为乙方就不必非要请客送礼；对不嗜烟酒的甲方，就不必非把人家灌得大醉；对那些事业型讲求效率的甲方，就不必把大量的时间耗费在饭桌、舞厅里；对有些业余爱好的甲方，当

然也要让其尽兴；对某些方面确有困难需要乙方帮助的甲方，乙方也要在不违背法律政策的前提下，采取妥善的方式，尽力提供一些必要的帮助。总之，公共关系活动是一项形式多样复杂微妙的活动，要区分对象、灵活掌握。既要有精神的、文化的、感情的交流，也要有物质的、利益的手段相辅助。该进则进，该退则退、该争则争，该让则让，灵活多变，方能奏效。

（3）用己知识，替您着想。

【实例9-2-2】某小区工地，在审图纸时乙方发现配筋过少，项目部通过和甲方、监理及设计单位交涉，最后确定为设计时的笔误，甲方非常感动。当时工地造成了材料、人工等损失，项目部主动申请索赔，仅此一项获索赔29万元。

9.2.2 甲方、中介的合作之法

下面重点介绍一下中介如何处理好与业主的关系。

（1）忠于业主，不与争利。在专业事务中，作雇主忠实的代理人或受托人。对甲方和乙方要公正无私，不得直接或间接地接受乙方的贿赂。

在专业问题上，应与雇主忠实合作，尽量避免利益冲突。应作到：避免与雇主发生已有的或潜在的利益冲突。在其所负责的工作范围内，不得直接或间接地接受乙方及其代理人，或其他有关社会团体的贿赂。

（2）专业精通，诚实守信。造价工程师必须具备其所从事工作的资格。应对在工作中得到的信息保密。为维护雇主或公众的利益，不得因牟取私利而泄露这类机密。包括：未经允许，不得泄露现在、从前雇主的商业机密、技术机密或标底，但因法律要求的除外；未经允许，不得将委托人提供的设计方案、计算结果、图纸等复制给他人；不得因个人利益泄露在工作中获取的信息，而损害雇主或公众的利益。必须勇于承认错误，不得歪曲事实来证明自己的结论。

9.2.3 乙方、中介的制衡之术

（1）乙方如何取信于中介咨询单位。

1）多多接触，熟悉对方。乙方要多与中介审价人员接触联系，了解、熟悉他们的工作，对审价单位工作程序及人员安排情况要认真了解，配合中要给他们留下好的印象并以诚实的表现，把双方之间的关系当作很好的朋友关系。这样给下一步在审价过程中会带来很多方便之处。结算是多因素共同作用的结果。要搞好结算，乙方除充分考虑自身因素外，还应正确处理与其他相关单位及人员的关系，具体包括甲方、监理、设计、中介造价咨询等单位。乙方应根据项目实施中所确定的组织结构关系，同他们建立必要的经济合同关系，在工作中建立友好的协作关系，在各方面能相互配合、相互支持，在合同履行上诚实守信，树立良好的自身形象，从而来润滑结算各环节，为搞好结算创造一个良好的外部环境。

2）心平气和，有理有据。当工程结算发生分歧纠纷时，乙方要心平气和、有理有据地通过协商、调解、直至仲裁或起诉进行解决矛盾。由于建设工程的周期较长，涉及面较广，干扰因素复杂多变，施工内容繁杂多样，因而暗藏的工程结算分歧纠纷随处都有，必须引起乙方足够的重视并去避免，才能让自己的利益受到保护。

（2）中介如何处理好与乙方关系。在实际工作中，中介人员要面对形形色色的乙方及其结算筹划人员，一些乙方在经济利益的驱动下，有意增加工程造价问题会经常发生。因此审价人员应坚持实事求是的原则，认真审查，把问题查清。对于不可避免的争论，审价人员应努力保持镇静，控制好自己的情绪，尤其当对方提出不同意见或出现僵局时，审价人员切忌摆架子，甚至语言过激，要设法缓和气氛，保持理智，做到不卑不亢，言辞适当，以理服人。

1）摆正关系，润滑工作。作为中介方正确处理审查方与被审方关系，保证工程结算审查工作顺利开展，中介单位要坚持公平、公正、客观的原则，不能以势压人，以权谋私，要正确处理好各种关系，减少纠纷，避免争论不休，尽量使结算审查合法又合情理。中介方应及时增补所审结算遗漏部分。结算书中超量、超预算以及与实际工程完成情况不符部分，应扣减，但少列、少算及遗漏的工程项目也应主动补充。因甲方原因而使乙方受到的损失，应主动补偿。如停窝工损失，施工现场每周累计8h以上的停水、停电损失等。

正确把握以上原则有利于工程结算的顺利进行，增加相互的信任感，减少不必要的争吵和纠纷，有利于结算的顺利进行。

2）恩威并用，该活则活。中介方在工作中，要尊重与审查恩威并用，原则性与灵活性相结合。中介方应充分尊重乙方，应提防没有根据的假设。虽然运用假设有助于提高中介方判断的效率，但错误的假设是产生误解的主要根源。在与乙方人员交谈时应注意：

① 身临其境地倾听谈话。在审价询问的过程中，乙方说话的声调、措辞和心情与其提供的信息一样重要。这样，对乙方人员情绪的把握，能帮助中介方区别主要问题和次要问题。

【实例9-2-3】某工程在审价时，乙方有关人员反复强调某个隐蔽签证工作内容的难度时，反复表露出激动或苦恼情绪。

分析：乙方的过分反映实际上可能发出一种信号，表明那个签证的内容可能与重大问题有关。

② 反射性听取谈话。反射性倾听不是简单地重复或鹦鹉学舌乙方人员的话，而是用中介方自己的话来表达乙方的思想和意识的方法，千方百计核实谈话人

的意图。通过对乙方人员观点的核实，中介方就能弄清乙方的真实含义和对该问题的真实感受。它主要适用于对包含重要审价问题或带有情绪化的答复；

③ 心胸开阔地听取谈话。一个善于听取别人谈话的人，其最重要的品质是心胸开阔。带着偏见进行询问的中介方，其行为举止就像浏览杂志或报纸上介绍汽车广告的汽车待购者，只关注自己所钟爱的汽车品牌广告，对其他的介绍却视而不见。无论有意还是无意，被询问人都会认为审价人员只对某种特定信息敏感，从而据此调整他对询问的答复。因此，被询问人在回答问题时可能会限定、曲解，甚至隐瞒重要的信息；

④ 审时度势。察言观色、反应敏捷、应变能力强；掌握主动权，抓住瞬息机遇，利用对方心态，设法调动对方会谈积极性；

⑤ 驾驭全局。及时总结、引导、求同存异；善于寻找、捕捉谈判的"突破口"；一旦达成共识，应立即会签纪要，以防不测。

3) 善解矛盾，赢得认同。通常人们都会认为审价人员是不讲情面的、爱找别人茬的，于是便对其产生抵触情绪，对审价人员开展审价工作采取不搭理、不配合、不情愿的方式，进行无声地抗议，使审价工作受阻或停止。有的甚至提供虚假的信息或资料，将审价工作引向误区。这主要是因为人们对于工程审价工作不理解、不熟悉。想要改变这种状况，就需要在对审价工作进行广泛宣传的基础上，审价人员与乙方及提供信息和资料的人员之间展开情感方面的交流，使他们充分理解审价工作，密切配合审价工作。

审价人员在与乙方对立的情况下，一味想分出输赢胜败的想法是不合时宜的。解决冲突的惟一圆满结果是妥协和合作，让冲突双方都感到这种结果符合他们的需要。当乙方持批评、不合作或敌对态度时，审价人员必须坚守中介方与乙方的共同目标——项目结算顺利完成。把注意力集中在审价目标上而不是障碍上，中介方就能在其他人不合作或持有敌意的情况下保持积极向上的行为。在具体工作上，以下问题值得注意：

① 涉及具体事实的分歧。议题顺序要合理，先易后难、先小后大。谈判方法要灵活，抓大放小、细中有粗。中介方主要注意收集需要证实或驳斥事实的信息上，一旦所有人都同意事实是正确的，这种分歧就解决了；

② 涉及感知上的对立。对业务方法及程序提出建设性建议和忠告是中介方的职责所在。遗憾的是，有时中介方善意的建议被人理解成批评或责难。在工程审价中，乙方可能会用指责、抵制和寻找借口对询问做出回应。如果乙方表现不冷静或对中介方进行指责，中介方必须用争辩予以抵制。中介方审价人员应思路清晰、善于主持、充分协调；注重语言艺术，机智幽默，努力营造一种轻松友好的气氛；

③ 涉及性格的对立。通过观察乙方人员的行为举止和对问题的询问，中介

方就能识别出乙方人员所偏爱的工作方式并采取正确的步骤改进他们之间的沟通及工作关系。熟悉各种不同的工作方式应当成为中介方解决对立问题工具箱中的重要工具。通过对工作方式的了解，中介方就能找到调整自己以适应他人的工作作风的方式。

4）分清主次，抓大放小。中介方人员要学会分清事件主次矛盾，善于抓大放小。有时因为大小不分，时常出现拣了芝麻，丢了西瓜，或是狠抓小的而惊跑了大的等现象，使审价工作达不到预期的目的。对此，可采用抓住数额大、范围大事项跟踪、详细审查，不搞清楚，不弄明白，决不放手；而对数额小、范围小、危害小，采取点到为止的方式，能放就放，千万不可大小不分，主次不分，轻重不分地遍地开花，那样既耗费精力又答不到预期效果，甚至会适得其反。

在工程结算审价中，一方面注重基建审价专业知识及相关知识的学习，提高审价人员的综合业务素质；另一方面注重实地调研、现场取证，增强审价人员的感观认识，做到胸中有数。

第10章 工程结算冲突化解策略

10.1 冲突化解的意义

10.1.1 冲突的定义

冲突是双方感知到矛盾与对立，是一方感觉到另一方对自己关心的事情产生或将要产生消极影响，因而与另一方产生互动的过程。

项目冲突是组织冲突的一种特定表现形态，是项目内部或外部某些关系难以协调而导致的矛盾激化和行为对抗。

工程造价冲突也无处不在，如在造价控制阶段，因签证、索赔的办理双方会发生冲突，在结算对账阶段，因利益不同，双方会发生结算对账冲突等。

10.1.2 冲突化解的意义

近年来建筑业持续景气，各类建设项目上马开工较多。在建设项目进行中，因各方的利益不同，各类个人与组织间将发生着一系列不可避免的冲突与矛盾。这些冲突如果化解得当，将能保障或促进项目的有序完成；如处理不当，将会演化为不利因素，导致项目不能及时完成既定目标。

在工程造价管理工作中，造价人员一般对技术问题较为重视，也有一定的研究，但却忽视了管理的重要性，对项目管理中各方利益的冲突及其化解做的很不够，有时甚至面对冲突束手无策。因而对工程造价方面的冲突进行深入的研究对今后的工作具有积极指导意义。下图为我们对工程人员是否会化解冲突的一个抽样调查结果如图10-1-1所示：

如何化解这些冲突？有什么好的化解方法？如何充分利用建设性冲突，化解破坏性冲突？都是摆在我们面前的课题。研究工程造价冲突管理具有以下几方面重要意义：

（1）在项目启动前就预知可能带来的冲突，提前规划化解方案，能避免项目实施过程中，对项目造成伤害。

（2）在项目建设过程中，如遇到事前未预料的冲突，可以利用冲突模型，及时找出解决问题的方向，从而避免方向有误，导致不但不能解决冲突，反而会加重冲突的情况出现。

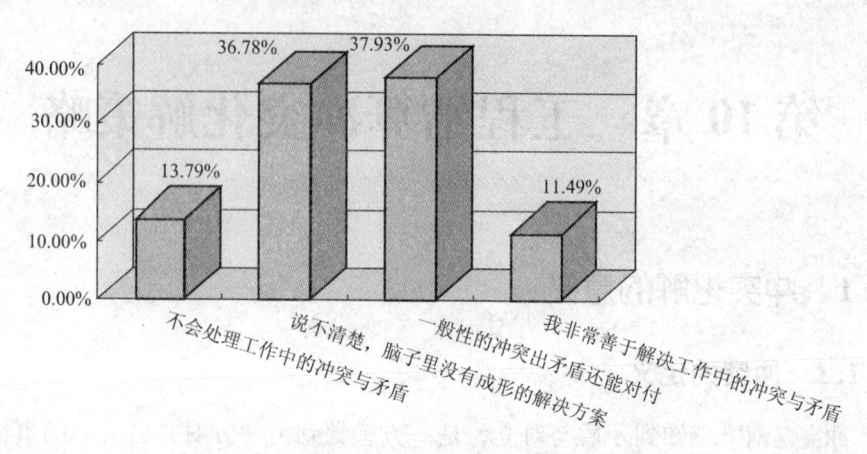

图 10－1－1　关于是否会化解造价冲突的调查结果
注：横坐标为四种观点，纵坐标为接受调查的人次百分比

这些冲突解决的方案对我们今后做好建设项目管理，使项目朝着预期方向良性发展都起到至关重要的作用。

10.1.3　冲突的起因

冲突不会在真空中形成，它的出现总是有理由的。如何进行冲突管理在很大程度上取决于对冲突产生原因的判断，项目中冲突产生原因主要有：

（1）沟通与知觉差异。沟通不畅容易造成双方的误解，引发冲突。另外，人们看待事物存在"知觉差异"，既根据主观的心志体验来解释事物，而不是根据客观存在的事实来看待它，比如人们对"半杯水"的不同态度，并由此激发冲突。

（2）角色混淆。项目中的每一个成员都被赋予特定的角色，并给予一定的期望。但项目中常存在"在其位不谋其政，不在其位却越俎代庖"等角色混淆、定位错误的情况。

（3）项目中资源分配及利益格局的变化。如目前项目中普遍开展的竞聘上岗活动，就会引起项目中原有利益格局的变化，导致既得利益者与潜在利益者的矛盾，因为项目中某些成员由于掌控了各种资源、优势、好处而想维持现状，另一些人则希望通过变革在未来获取这些资源、优势和好处，并由此产生对抗和冲突。

（4）目标差异。不同价值理念及成长经历的项目成员有着各自不同的奋斗目标，而且往往与项目目标不一致。同时，由于所处部门及管理层面的局限，成员在看待问题及如何实现项目目标上，也有很大差异，存在"屁股决定脑袋"的现象，并由此产生冲突。

10.1.4 冲突的种类

在项目管理中，冲突无时不在，从项目发生的层次和特征的不同，项目冲突可以分为：

（1）人际冲突。是指群体内的个人之间的冲突，主要指群体内2个或2个以上个体由于意见、情感不一致而相互作用时导致的冲突。

（2）群体或部门冲突。是指项目中的部门与部门、团体与团体之间，由于各种原因发生的冲突。

（3）个人与群体或部门之间的冲突。不仅包括个人与正式组织部门的规则制度要求及目标取向等方面的不一致，也包括个人与非正式组织团体之间的利害冲突。

（4）项目与外部环境之间的冲突。主要表现在项目与社会公众、政府部门、消费者之间的冲突。如社会公众希望项目承担更多的社会责任和义务，项目的组织行为与政府部门约束性的政策法规之间的不一致和抵触，项目与消费者之间发生的纠纷等。

10.2 冲突化解的策略依据

10.2.1 冲突化解模型

（1）"经济人"（Economic Man）模型。

1）市场经济是以经济人假设为逻辑起点。人具有什么本性以及怎样根据人的本性制定办法及进行管理是西方经济学和西方管理理论的重要的起点。英国古典政治经济学奠基人亚当·斯密在他的代表作《国富论》中提出：每个人的一切活动都受"利己心"的支配，每个人追求个人利益会促进整个社会共同利益形成，即所谓"经济人"的观点，它是西方经济学的基本出发点。经济人假设包括两个方面：一是人的本性是自利的；二是人是完全理智的，总要追求利益的最大化、最优化。"经济人及其利己心"是市场经济条件下财富积累和经济发展的"原动力"，是市场经济"无形之手"发挥作用的前提。如果市场主体不是经济人，政府经济调节的政策就会失灵，市场传达给他的各种信息就会充耳不闻，经济就不能发展，也不需要建立完善的法律体系和完备的道德信用机制。市场经济以经济人假设为逻辑起点，不是洪水猛兽，相反具有方法论上的意义。经济人假设是以理论抽象方式来反映经济活动中的人的本质特性的，为人们提供了制定经济政策、建立法律、道德信用体系等健康经济秩序的出发点和方法论。

2) 工程造价冲突管理同样也要遵循市场经济的一般规律。市场经济是在资本主义国家成熟和发展起来的，它以经济人假设为起点，它因利益而有活力，因活力而有动力，这是市场经济发展的一般规律。从经济人假设出发，可以运用经济政策引导人们的利己心在追求自身利益最大化的同时促进经济发展，为社会积累财富；从经济人假设出发，经济政策可以更无懈可击，避免上有政策下有对策；从经济人假设出发，可以使法律和道德体系更完备，扼制私利和利己主义的泛滥；从经济人假设出发，可以使我们有效地在项目管理中分析对手的思维模式。

(2) 博弈论。博弈论也译作对策论，由出生于匈牙利的数学家约翰·冯·纽曼所开创。是使用数学模型研究冲突对抗条件下最优决策问题的理论，博弈理论所分析的是2个或2个以上的比赛者或参与者选择能够共同影响每一参加者行动或战略的方式。博弈论的指导思想是：假设你的对手在研究你的策略并为自己追求最大利益时，你如何选择最有效的策略。所以，博弈是一种策略的相互依存状态。

只要存在目标相互冲突的两个或更多的决策者，博弈论就无处不在。在建筑工程领域，就存在以下两个目标相互冲突的决策者：甲方、乙方。因而博弈论至少在以下三个层面存在：一是乙方为争夺甲方（项目）之间的竞争，甲方坐收渔利，享受到了招投标方式下，乙方价格竞争带来的优惠。二是乙方与甲方之间的博弈，在工程估算投资一定的情况下，乙方多结到施工款就意味着甲方未来成本的增加，乙方少结到工程款就意味到甲方投资的节省，未来成本的降低，投资收益的最大化。市场经济条件下，在利益的驱动下，乙方必然会尽一切可能采用利润最大化的施工方案，反正羊毛出在羊身上，只要自己能赚钱，哪管施工方案是否经济合理、甲方是否多花了冤枉钱。另一方面，甲方也会从自己的利益立场出发，要求乙方采用最经济合理的施工方案，只要能够节省投资，哪管乙方是否亏本。这样一来，由于目标各异，建筑市场双方就会发生激烈冲突。三是甲方之间的博弈。

首先看乙方之间的博弈。如果乙方之间达成了很好的价格同盟（如串标、哄抬标价），选择相互勾结而不是相互竞争，那么就不会有甲方投资降低的产生。就像博弈的参加者独立决策、独立承担后果那样，投标各方也如同分别隔离审问，而不能串供，是处于"两难困境的囚徒"，各家只能依据自身实力、期望利润和所掌握的市场信息，自主报价，独自承担风险。随着建筑市场的逐步成熟，合格建筑企业数量的增加，不合作或竞争力更强的企业的存在，勾结协议比过去更难以付诸实施，发生欺骗和不合作行为的次数就会减少。这种情形有点像博弈论中的精典案例"囚徒困境"所描述的情形：两个合谋犯被警察抓住了，并进行隔离审讯，只要他们都不招供，他们就会无罪释放；但如果其中一个招供而另一个不招供,坦白一方就将从宽处理,而抗拒者将被判处更重的处罚;最后的结果是两个囚徒都会选择坦白,以防止自己被对方"出卖"。

【实例10-2-1】某安置小区第二期土石方工程采取总价包干的形式面向社会公开招标。公告中明确提出,每 m³ 土石方的最高价位不超过7元,由最低价中标,到6月12日招标人召开招标见面会止,共有6家有相应资格的公司报名参与投标。在6月12日招标见面会召开后,参与投标的6家公司负责人相约来到一茶楼继续商讨投标事件。此时,有一家公司负责人A提议:"如果其他5位投标者愿意把这个工程拱手让给自己,他愿意出5万元分给大家作为经济补偿。"但另一个竞标者B当场开出了一个惊人的补偿"天价"——愿意拿出21万元分给大家作为补偿。B还当场透露了他公司的竞标报价——每 m³ 土石方6.96元,并暗示其他5家竞争对手的报价都要高于这个数。6月14日,开标会按照原定计划顺利进行着。通过"竞标",B如愿地以每 m³ 土石方6.96元的最低价中标。同时,B也兑现了自己的承诺,其他5名投标人从B处各分得42 000元。后该案被查出。在随后进行的重新招投标中,某投标单位以低于上次中标价总额75万元的价格中标。

【实例10-2-2】某办公楼及宿舍建设工程在该市建设工程交易服务中心进行公开招投标,该市的8家施工企业参与了投标。经查实,参与投标的A、B、C、D、E、F、G等7家公司在招投标过程中有串标行为。一是7家公司工程量清单报价中多个子项目报价相同,各组各单位投标报价均相差1分钱。二是有3家公司对该工程的预算,由挂靠包工头找人代为编制,有2家公司的预算均由同一预算员编制。三是存在7家公司投标文件无预算员签名,有4家公司总报价与各分项报价不相符等问题。据此,该市宣布废止此轮招标,对该项工程重新进行招标。该市建设局对7家违规公司依法取消1年投标资格。

"囚徒困境"尽管描述的只是一次博弈的情形,如果这种博弈过程能重复进行,那么理论上双方应基于理性的考虑而选择合作,但是在乙方多次博弈的过程中,可能比甲方更多地体验"无商不奸"。试问哪个企业不想做大做强而最终摒弃所有竞争者呢?加之不能保证其他新加入企业和竞争力更强的企业也同样遵守游戏规则,因而乙方之间选择了各自为战,努力争取更多甲方(项目),招投标这种"薄利多销"的销售形式才成为可能。这种薄利多销表面上是让利于甲方,其实是乙方为争取更多客源,并且减少竞争对手的商业机会而采取的行为。

再看乙方与甲方之间的博弈。古谚说"买的没有卖的精",的确,在交易过程中卖方(乙方)拥有更多的信息优势,只要市场是可分的和隔离的,乙方就可以针对不同的甲方进行区别定价,即经济学中所说的"价格歧视"。单个甲方在交易过程中由于信息不对称往往处于劣势。博弈,是一个互动的过程,加入一个第三方（造价中介咨询机构），就会改变原有的力量格局，改变原有力量对比。积极有效的第三方——中介方的参与，也是促成双赢局面形成的重要条件。

最后看业主间的博弈，在当今建筑市场僧多粥少的大背景下，甲方处于相对的资金强势，这种情况几乎没有，除了一些特殊的垄断工程，如海洋石油工程等。

(3) 冲突模型。处理矛盾的方式有听之任之、激化矛盾、解决矛盾、转移矛盾和逃避矛盾；解决矛盾可分为化解和制解两大类型；化解矛盾的方式至少有克己忍让、主动就责、施以恩惠、责己思过、美言暖语、热情友好的态度、满足对方要求、负荆请罪、晓以理义、求同存异、许以未来、分定权责、施以幽默、分定位序、消除误会及重释误导十六种形态；制解矛盾的基本方式是斗争，斗争的具体方式，按不同的标准可分为不同的类型：按斗争所采用的手段的不同，可分为力斗、智斗和舌战；按斗争是否需要中介，可分为直接斗和间接斗；按斗争双方的态势，可分为攻防型斗争、互攻型斗争和互防型斗争；按双方斗争的方向，可分为撞击型斗争和竞赛型斗争。所有这些矛盾的一方处理、解决矛盾的方式，皆可运用。

这么多的内容，我们能不能从本质上对其进行认识？冲突模型将是解决冲突的最好工具。模型图示如图10-2-1所示：

不同的方式处理冲突。上图提供了理解和比较5种冲突处理方式的模型。根据这些方式在2个维度上的位置来确定他们究竟是哪一种，即对自我的关注和对其他人的关注。要满足你自己利益的愿望依赖于你追求个人目标的武断或不武断的程度。你想满足其他人的利益的愿望取决于你合作或不合作的程度。5种冲突处理方式代表了武断性和合作性的不同组合。尽管你对一种或两种方式有着自然的倾向，但当情境和相关的人员改变了的时候，你就会用到所有这些方式。

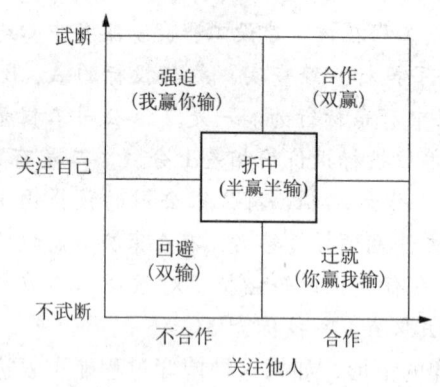

图10-2-1 冲突处理方式模型

据统计，不同处理冲突的方式效果如表10-2-1所示：

表10-2-1　　　　　　　冲突解决模式的效果统计

冲突解决方式	成功的百分比	失败的百分比
强迫（我赢你输）	24.5%	79.2%
合作（双赢）	58.5%	0%
折中（半赢半输）	11.3%	5.7%

续表

冲突解决方式	成功的百分比	失败的百分比
回避（双输）	0%	9.4%
迁就（你赢我输）	0%	1.9%
其他（无法归纳的不明解决方法）	5.7%	3.8%
合计	100%	100%

注：数据来源 http://www.hku.hk 香港大学网站。

表 10-2-2　　　　　　　　冲突解决模式的应用要点

冲突解决方式	应用方法	应用条件	应用效果
强迫（我赢你输）	采取竞争或强迫的方法。一方压倒另一方	仅在必须迅速作出决定时运用。当你有权进行一项不受欢迎但必须实施的变革时	往往导致不愉快的感觉　令冲突的各方对别的问题产生更大的分歧
合作（双赢）	找出问题所在并加以解决	适用于保留不可折衷的重要目标、将不同背景及看法人的感受与经验加以合并、鼓励创新、解决长远看会阻碍工作关系的根本问题	很花时间但能提供持久的解决方法，令潜在的问题得以根本解决
折中（半赢半输）	达成各方都能接受的最低限度的协议	权力对等的双方达成协议、临时解决一个复杂的问题、在限期内解决问题	最终的结果可能对双方都有利时
回避（双输）	逃避、被动的、权宜之计的处理冲突的方法　回避方式指不武断和不合作的行为。个体运用这种方式来远离冲突、忽视争执，或者保持中立。回避方式反映了对紧张和挫折的反感，而且可能包括让冲突自己解决的决定	当冲突双方都认为这是个小问题、需要花费更多的时间、双方都需要冷静下来或有其他人能更有效地解决冲突时	常常使问题得不到解决，会导致将来其他问题
迁就（你赢我输）	摆脱、撤退或放弃。当你的观点至关重要时不要使用这种方式	当这个问题对方来说更加重要、如果对方输了会对彼此关系造成不可挽回的损害，你希望对方为他们的行动负责任，或你认为对以后的冲突会有帮助	
其他（无法归纳的不明解决方法）			

10.2.2 冲突模型应用说明

我们将表8-2-1的数据进行再统计，成功的比率做为正值，失败的比率做为负值，二者的合计为最终分值，这样就为我们找到了一个解决冲突的优先先后排后，如表10-2-3所示：

表10-2-3　　　　　　　冲突解决模式的效果排名

冲突解决方式	成功的百分比（%）	失败的百分比	百分比合计（最终分值）（%）	分值排名
强迫（我赢你输）	24.50	-79.20	-54.70	6
合作（双赢）	58.50	0	58.50	1
折中（半赢半输）	11.30	-5.70	5.60	2
回避（双输）	0	-9.40	-9.40	5
迁就（你赢我输）	0	-1.90	-1.90	4
其他（无法归纳的不明解决方法）	5.70	-3.80	1.90	3

下面对各种冲突解决方式详作说明：

（1）回避。如果某个人与另一个人意见不同，那么第二个人只需沉默就可以了，但是这种方法会使得冲突积聚起来，并且在后来逐步升级以至造成更大的冲突，因此这种方法是最不令人满意的冲突处理模式。

对所有的冲突不应一视同仁。当冲突微不足道、不值得花费大量时间和精力去解决时，回避是一种巧妙而有效的策略。通过回避琐碎的冲突，管理者可以提高整体的管理效率。尤其当冲突各方情绪过于激动，需要时间使他们恢复平静时，或者立即采取行动所带来的负面效果可能超过解决冲突所获得的利益时，采取冷处理是一种明智的策略。总之，管理者应该审慎地选择所要解决的冲突，不能天真地认为优秀的管理者就必须介入到每一个冲突中。

（2）强迫。也就是采用非输即赢的方法来解决冲突。这种方法认为，在冲突中获胜要比成员之间的关系更有价值。在这种情况下，项目经理往往使用权力来处理冲突，肯定自己的观点而否定他人的观点，这种方式是一种具有独裁性的方式。用这种方法处理冲突，会导致成员的怨恨心理，使工作气氛紧张。例如，项目经理强制性地要求团队成员按自己的方法做，作为下属，成员也许会按命令去做，但是其内心却会产生不满及抵触情绪。

（3）迁就（亦称圆滑）。尽力在冲突中找出意见一致的方面，最大可能地淡化或避开有分歧的领域，不讨论有可能伤害感情的话题。这种方法认为，成员之间的相互关系要比解决问题本身更重要。这一方法能对冲突形势起缓和作用，但不能彻底解决问题。

（4）折中（亦称妥协）。团队成员通过协商，分散异议，寻求一个调和折中的解决冲突的方法，使冲突各方都能得到某种程度的满意。但是，这种方法并不是一个很可行的方法。例如，在预计项目任务的完成时间时，有的成员认为需要十几天，而有的成员却认为只要5、6天就行了，这时，如果采用妥协模式，取折中值认为项目可在10天内完成，但这样的预计也许并不是最好的预计。

（5）合作。又称作问题解决模式，在这种模式中，项目经理将直接面对冲突，既要正视问题的结果，也非常重视成员之间的关系。拥有一个良好的项目环境是使这种方法有效的前提，在这种环境中，成员之间相互以诚相待，他们之间的关系是开放和友善的，他们以积极的态度对待冲突，并愿意就面临的冲突进行沟通，广泛交换意见，每个成员都以解决问题为目的，努力理解别人的观点和想法，在必要时愿意放弃或重新界定自己的观点，从而消除相互间的分歧以得到最好、最全面的解决方案。在面对模式中，可以采取相应的措施来避免或缩小某些不必要的冲突，如让项目团队参与制定计划的过程；明确每个成员在项目中的角色和职责；进行开放、坦诚和及时的项目沟通；明确工作规程等。

在上述的五种处理冲突的模式中，"合作"是项目经理最喜欢和最经常使用的解决问题方法，该模式注重双赢的策略，冲突各方一齐努力寻找解决冲突的最佳方法，因此也是项目经理在解决与上级冲突时青睐的方法；其次是以权衡和互让为特征的"折中"模式，这种方式则更多地用来解决与职能部门的冲突；排在第三位的是"迁就"模式，"强迫"、"回避"则是实践中最不愿意采用的方法。当然这种排位并不是绝对的，因此在项目冲突的处理过程中，可根据实际需要对各种方式进行组合，使用整套的冲突解决方式。例如，如果采用"折中"和"迁就"模式不会严重影响项目的整体目标，就可能把它们当做有效策略；虽然"回避"是大家最不喜欢的方式，但用在解决项目部与公司职能部门之间的冲突上却很有效；在应付上级时，大家更愿意采取立即折衷的模式。

（6）仲裁或裁决。在冲突无法界定的情况下，冲突双方可能争执不下，这时可以由领导或权威机构经过调查研究，判断孰是孰非，仲裁解决冲突；有时对冲突双方很难立即做出对错判断，但又急需解决冲突，这时一般需要专门的机构或专家做出并不代表对错的裁决，但裁决者应承担起必要的责任。这种方式的长处是简单、省力；要求权威者必须是一个熟悉情况、公正、明了事理的人，否则会挫伤团队成员的积极性，降低效益，影响项目目标的实现。这种解决问题的方法常常很奏效，其中有两个原因：一是把冲突双方召集在一起，能够使各方了解并不是只有他们自己才面临问题；二是仲裁或裁决的会议可以作为冲突各方的一个发泄场所，防止产生其他冲突。

（7）沟通和协调。信息的来源不一，得到的信息不全面是项目冲突产生的主要原因之一。针对这种情况，应该加强信息的沟通和交流，了解并掌握全部情况，在此基础上进行谈判、协调和沟通。这种方式要求冲突双方采取积极态度，消除消极因素。

（8）发泄。上面所列的项目冲突管理的方式，在很大程度上并没有从根本上消除已有的冲突，其冲突只不过是得到一定程度的缓解，原有的冲突在新的环境条件下可能死灰复燃，使冲突越来越深，甚至导致新的冲突。针对以上方式不彻底性、消极看待和处理冲突的缺陷，德国社会学家齐美尔提出了"宣泄"理论，有利于彻底地解决冲突。采取发泄的冲突管理方式要求项目负责人或管理者创造一定的条件和环境，使不满情绪有一定的渠道、途径和方式发泄出来，使项目的运行稳定有序。

10.2.3 解决问题思路实用表格

对冲突事项的思考过程，笔者总结要经过以下三个阶段：

自利经济人模型　→　博弈论模型　→　冲突化解模型
（分析对方的思考）　　（双方的斗争策略）　　（双方利益平衡策略）

（1）"经济人"思路表格。我们将"经济人"模型可以做为一个二维表格来帮助我们分析问题：

表10-2-4　　　　　"经济人"分析思路表

理智——寻找所有方案	
自利——在所有方案中找出对己有利方案	

【实例10-2-3】传统行业中的主流人员年龄基本在40岁左右（IT行业不在此列），40岁左右的造价人员，相当一部分是在定额的坛子里泡出来的，打入行开始，就是定额长定额短的学习与工作，直到成长，并在一定范围内"说了算"。市场经济的一个基本假设就是人是自利的、理智的，人一定会从利于自己的角度思考问题、提出观点。正是目前造价从业人员的年龄状况决定了废除定额阻力重重，因为没有了定额就不能维护这批人的既得利益。

【实例10-2-4】某公司投资建设一酒店，经公开招标，由某建设公司承包该公司的工程，招标文件要求中标人在签订合同时递交履约保证金。但实际在双方签订合同时，承包人并没有递交履约保证金，同时该公司要支付施工单位的预付款也没有付（按合同应付20%预付款）。目前工程已施工至地下室部分，近期钢材涨价厉害，施工单位已明显亏本（中标钢材价为2400元/t，价格固定不作调整）。施工单位应如何办如表10-2-5所示。

第10章 工程结算冲突化解策略

表10-2-5　　　　　　　　施工方的思考过程

理智——寻找所有方案	（1）继续施工——必然赔本 （2）停工——不能补回损失不再继续施工，坚决不能赔本
自利——在所有方案中找出对己有利方案	（1）中标人感觉无力继续施工 （2）所以中标人采取故意拖延工期的办法，工期已大大落后于投标人的施工组织设计工期，业主看着干着急（因为酒店工期与业方的赢利有关） 最终结果：业主进行了适当的道义补贴

（2）"博弈论"思路表格。可以将"博弈论"的思考过程归纳为如表10-2-6所示：

表10-2-6　　　　　　　　"博弈论"分析思路表

1. 游戏规则	
2. 对手必定的行动方案	
3. 对策	

【实例10-2-5】依据发改委的文件，审价服务收费分基本收费与按审核增减额收费。基本收费是按委托方送审的金额为依据确定收费；按审核增减额收费则是基于双方的约定，审核方根据委托方提供的送审金额及送审材料，经审核确定的金额，并经委托方、施工方及审核方三方会审并签字确认，审核方依此金额按约定比率收费。如果工程审价是按审减收费，审价方会如何思考如表10-2-7所示。

表10-2-7　　　　　　　　审价方的思考过程

1. 游戏规则	审核方依审减金额按约定比率收费
2. 对手必定的行动方案	社会审以核减额提取审核费，使执业审价人员存在纵容施工单位编制不实工程结算的可能。因为施工单位的这种行为对社会审计机构也有利
3. 对策	业主需进行初审后再交审价方审核，防止审价方纵容施工单位高估冒算

【实例10-2-6】某工程受业主委托，审价方按审减额收费，审减部分与审增部分相抵后的审减额作为计算审价费的基数。这时审价方会如何思考如表10-2-8所示。

表10-2-8　　　　　　　　审价方的思考过程

1. 游戏规则	增加的部分如果涉及造价较高，拉平下来就没有审减额了
2. 对手必定的行动方案	只对施工方的结算审减，而对施工方上报结算中漏项部分不予增加，对漏项部分要求施工方先上报业主，再由业主转交中介，而在审核过程中不接受施工方的增项
3. 对策	审核增减不叠加，增减分别由受益方支付审核费

下面有一个实例，与上面实例基本相同，但计算审减审价费的基数不同。

【实例10-2-7】某工程受业主委托，审价方按审减额收费，审减部分做为计算审价费的基数，审增部分不做为计算审价费的基数。这时审价方会如何思考如表10-2-9所示。

表10-2-9　　　　　　　　审价方的思考过程

1. 游戏规则	增加的部分单列，不与审减部分合计来做为审价费基数；审价费单独按审减部分为基数计算
2. 对手必定的行动方案	在保证最终审定金额不变的情况下，尽量增大审增部分内容，同时增大审减部分内容，从而多得审价费
3. 对策	调整审价费计取方法

【实例10-2-8】某甲方代表，工作很负责，乙方递交的结算他们提前审了一下，审减了百分之十几，基本上没什么水分了，按上级要求交由中介审价受业主委托，按审减额收费。

表10-2-10　　　　　　　　审价方的思考过程

1. 游戏规则	受业主委托，审价方是按审减额收费
2. 对手必定的行动方案	中介怎么审也审不下来什么了，就提出报审额填施工单位的报审额
3. 对策	防范审价方虚列报审额

【实例10-2-9】作为施工单位，如果你在结算工作中遇到同审价人员有争议的问题时，有什么办法可以圆满解决？有时施工方翻定额、出示签证、咨询定额站等等以示证明，可审价方就是不理。

表10-2-11　　　　　　　　施工方的思考过程

1. 游戏规则	审价完成收取全额审计费
2. 对手必定的行动方案	正式审价时，通常业主委托的审价单位也只能在审价结束后才能拿到全部审价费用，所以审价方希望尽快出结果
3. 对策	不要表现出过急，大家拼时间，你不急我也不急，反正交审3个月内必须出审计报告，报告施工方不签字也不算数

【实例10-2-10】某造价师帮一位建筑老板做结算，初编竣工结算的金额是410万，拿给承包老板看，老板还挺满意。这位造价师说审价公司至少要扣10%，老板问为什么，这位造价师说这叫你吃饭别人也要喝口汤？老板说减5%好不好，这位造价师说，不行，少于5%审价方要跟你玩命。

表 10-2-12　　　　　　　　施工方造价师的思考过程

1. 游戏规则	审价费按审减 5% 以内是按千分之几收，审减超过 5% 是按百分之几收
2. 对手必定的行动方案	猛杀价，审价公司审减额至少应大于 5%
3. 对策	施工方注水备审价公司审减。乙方的策略就是给审价方留足够的审减空间以实现审价方的成绩与利益，从而保证自己的利益，达到审价方与施工方的"双赢" 老板笑笑说 15% 以内都能接受。这位造价师又翻翻图纸，发现满堂基础大面积埋深 6m，有个游泳池埋深是 8m 的，所以他将定额子目里土方全部调整为 8m，一调整自己也吓一跳，造价变成 470 万元。结算就这么报上去了。审价人员审了半天连要带硬砍弄掉 59 万元，说白了都是施工方假豪爽送给他砍得，但施工方造价师嘴上一直在说，审下太多了，要赔本了。审价人员一算比例差不多了定稿 411 万元，双方当场签字定案。结算对完，老板脸笑得跟开了花一样

分析：此例中，施工方与审价方讨价还价的过程其实是一个妥协的过程。在解决双方的冲突时，经实证数据统计，"妥协"是仅次于"双赢"的较好解决方式之一。

这个例子我们不从职业道德角度来进行评述，如果从策略角度来分析，完全是一个精典的案例。

（3）"冲突"解决优先次序表格。我们可将冲突解决的方法思路列为一个二维表格如表 10-2-13 所示：

表 10-2-13　　　　　　　　"冲突模型"分析思路表

优先次序	具体办法	优先次序	具体办法
合作（双赢）		回避（双输）	
折中（半赢半输）		强迫（我赢你输）	
迁就（你赢我输）			

【**实例 10-2-11**】某施工单位施工一座宾馆，当时投资已经定死了上限，当然施工单位的投标价格还与上限有差距。设计标准为 4 星。施工单位想增加造价，以获得更多的利润如表 10-2-14 所示。

表 10-2-14　　　　　　　　投资冲突分析思路表

优先次序	具 体 办 法
合作（双赢）	在施工中施工单位曾建议业主方把不必要的设施间改为客房，这样增加了业主的投资同时也增加了业主的投资回报。好处： （1）业主的投资利润实现的增长。作为投资主管单位也证明了他们的政绩 （2）作为施工方狠狠地增加了一把变更费用。作为施工方的材料方也因此提高了产值 （3）设计单位的设计费也提高了

续表

优先次序	具 体 办 法
折中（半赢半输）	放弃
迁就（你赢我输）	放弃
回避（双输）	放弃
强迫（我赢你输）	放弃

10.3 冲突模型在工程结算中的应用

10.3.1 最佳冲突解决方案的选择

以下通过实例来说明，如何选择与应用解决冲突的解决方式：

【实例10-3-1】 作为业主，有时候让监理给施工单位安排的事情，施工单位很少及时完成或者根本不听。这时怎么办呢？

分析： 实际工作中，能比较强硬的施工单位，一般是三种情况：一是背景很大，你根本不能把他怎么样。二是根本不想干的，接了活发现难度太大，没利润，想让你把他清场的。这种你还没法清场，大家就看谁能熬过谁了。三是业主给钱不利索的，施工方心里有气。

实践中，这三种情况下，业主这样来处理可能会好一些如表10-3-1所示：

表10-3-1　　　　　　　　甲乙方冲突分析思路表

优先次序	具 体 办 法
合作（双赢）	对情况一，最好的办法是寻找双方的利益共同点，达到双赢或妥协是最好的结果。对着干的结果，很可能会是乙方还反伤了业主
折中（半赢半输）	对情况二，如果工期很紧的话，业主还是趁早找个理由裁给乙方，如果不能换，业主只有道义性地进行妥协了
迁就（你赢我输）	对情况三，纯属是业主自己的原因，业主要积极解决
回避（双输）	放弃
强迫（我赢你输）	放弃

【实例10-3-2】 有一栋住宅楼发包，部分材料甲供，业主在招标书中要求施工单位在投标的时候附上甲供料数量，并要求他们对自己填报的量负责，不

得增加。共有4家单位投标。最后一家外地的施工单位中标了。但是，业主单位所在地的投标单位和当地的政府不让中标的施工单位进场施工。最终的结果是那家本地施工单位承包，但是要以中标单位的中标价承包，同时要承认原中标单位的甲供料数量。

接下来问题就来了。业主单位在签合同的时候要求按把总造价中的甲供料扣除后的造价签承包价。于是，施工单位就说实际用料没有那么多，要求重新核实。同时，业主单位的基建科不知怎么搞得，一直偏向于施工单位，也要修改原甲供料的数量，他们认为原来的中标单位提供的数量可能会有错误（实际上，基建科的人根本就没有仔细看过图纸）。业主审计科的意见是，既然要接受原中标价，就必须接受原甲供料数量，因为，原中标价是由包括原甲供料数量的价格组成的，如果否认原甲供料数量，就意味着原报价的不成立，所以，必须严格执行原甲供料数量。于是，审计科与基建科的人吵得厉害，弄得审计科的人很气愤。那该如何处理这个问题呢？

搞技术出身的人，包括造价师们一定会在技术上找原因、找问题，关键是这个问题用技术问题能解决的通吗？其实这个问题已超出合同所解决的范围，完全的利益的再分配了，建议当事人需要根据各方的强弱关系来分配相关问题，以保证项目顺序完成：

表 10 - 3 - 2　　　　　　　　甲乙方冲突分析思路表

优先次序	具体办法	优先次序	具体办法
合作（双赢）	首选双赢方案	回避（双输）	放弃
折中（半赢半输）	次选折中方案，双方各让一步	强迫（我赢你输）	放弃
迁就（你赢我输）	实在不行，对方很强势的话，你只有让步了		

分析：在工程实践中，工程问题并不一定需要技术的方法才能来解决，许多工程问题是需要"柔术"来解决的，而不是"技术"来解决的。"技术"很容易将问题卡在那而解决不了。

这正像是：从山顶同时向下扔石头，最圆的那一颗石头总是滑得最远。而我们认死理的技术人员常常是那颗有棱有角、最不圆的石头，常常会卡在山缝那里动弹不得。

10.3.2　工程造价纠纷化解策略的应用

在实践中我们遇到的工程造价纠纷难题，往往是工程技术问题与法律问题紧紧搅在一起的。而且往往是搅得一团糟的难题，有些问题并不是你具有造价知识就能解决的，这些问题我们该怎么解决呢？除了上面所述的一些具体的模型可以对我们进行指引外，实际中，一些有经验造价人员还总结一些策略可以帮助我们解决遇到的难题。

（1）"敌退我进"。对一些经过了解，通过造价相关知识能够解决的问题，要大胆地得出相应的结论。这个自不必详说。

（2）"敌进我退"。这一点是告诉造价人员，在处理纠纷时要学会自我保护，不要妄下结论。对于只懂工程造价知识的人员来说，要对法律难题作出判断，确实是勉为其难，很难做到全对。当然这就会影响到鉴定结论的正确性。

一般策略：

1）通过图书、网络获取相关的法律知识；虚心向法律界专家、律师求教。

2）实在吃不准的问题，不作判断，在"鉴定说明"一栏中说清症结，或列出可选结论，由法院审理后裁定。

（3）学会妥协。在工程造价纠纷的解决中，总有些问题是超越法律与技术的，这时"和稀泥"往往是最好的解决策略。

一般策略是：先尽可能通过查阅法律、法规、规定、定额，找到可以参考的计价数据。然后可以选以下几种妥协策略：

1）取当地当前建筑市场上的通常（中间）值。

2）想办法说服纠纷双方，建议双方各自退一步，选取一个双方同意的中值。

（4）该争则争。

【实例10-3-3】某工程有几个总包单位，其中一家乙方当时也联合了其他的几家，所以当他调一些子目单价时，各总包单位大家都统一口径，不能调，理由是××××。

就这样把这个项目审核完了，到最后的结果老板也比较满意。

分析：① 多家单位的要联合起来，和审价方说话时要有理有节，千万不能信口开河，多分析多思考。② 双方的利益不同，有时会为了自己的利益，"虚构"或"歪曲"一些事实，我们也不能完全将这归纳为不遵守职业道德，其实作为一名造价人员，有时忠于雇主才是最大的职业道德。作为我们造价人员，在遵守"三公"等法律法规的基础上，一定要该争则争，给雇主争取最大的利益。

（5）该拖则拖。实践中，许多业主方的造价人员常说乙方报的预结算往往水分较大，有时不是一般的大，让人看了都恼火。这时该怎么办呢？实践中，业主方常用的一个挤水分策略就是——"拖"。

如果施工方真的水分很大，乙方又不想降价，这样也没关系，建设方造价人员往往会让他无休止的修改。时间一拖再拖,当他们实在拖不下去的时候,就会任你宰割了。

很多建设方的人员,都有一条"好"的经验,那就是一个字:拖。当然拖要有拖的技巧,不能无理由的拖。如果是无理由,则施工方要是和你打官司的。他们一般会先要表现出他很愿意在最短的时间内给你审核完毕出结算报告。因此来要求施工方,结算编制不要弄虚作假,实实在在地编。事实上是没有人会实实在在的编制结算的。造价人员都是带着利益立场来工作的,没有人发自心底地去履行"三公",除非他不是一个理智的自利人。人类几千年的历史证明,这样的人只有"人之初"时才有。因此,在建设方审核的过程中,如果发现施工方的结算中出现不可原谅的弄虚作假,那好办,发点脾气,之后要求拿走,自己修改。报上来之后再发现,再打回去修改。你的老板不会因为你的结算总也审核不完而怪罪你的。时间拖长了,施工方往往会自己把结算金额降到没有暴利的。

这正应了一句老话:心急吃不了热豆腐,许多利益都是在时间的消磨中重新进行再分配。

(6) 攻其软肋。

【实例 10-3-4】某施工单位基于对某地产商的信任,在没有办理签证之下,做了大量合同外的工程和赶工。眼看即将竣工,着急的施工单位找机会要求业主补办签证,但业主竟说道:"签证没有,一切按合同办,延期交工,罚!"

施工单位已被逼入死胡同。按期交工更别指望签证了;不按期交工,不签证外,另多加一笔索赔款,更亏!怎么办?

解决过程:抛开纠纷所涉事实,通过查阅所有工程资料,我们发现,业主将门窗、外墙漆、消防等多项分项工程剥离给无资质的单位或个人施工。以此为支点,我们采取如下策略:不再提签证一事,闷头施工;务必让业主签收完工报告;拒绝竣工验收。理由是我方不能为没有资质的分项工程施工人提供验收资料。

结果:施工单位依策而行,当反击方实施至第三步时,业主的员工就笑着对施工单位说:"赶快拿你们签证底单过来呀,这事不能拖了!"

分析:面对"强敌",寻找其最弱一环,全力加以攻击,不及其他,不失为反败为胜的方法。因此,当处理超越法律等专业问题时,去寻找对手的"软肋"应是成熟工程管理人员、造价工程师们的一种选择。

(7) 默不作声。

【实例 10-3-5】某工程一期项目由于开发进度比较紧,规模又较大。上任领导为较快开工,采用费用率招标,邀请了几家单位投标。并定下 2 家中标单位,分 2 个标段施工。为尽快办理开工手续,公司与施工单位商定先签订满足备案的标准合同（阳合同），然后按主要招标合同条款签订实际执行合同（阴合同）。

签订合同过程中，在公司完成合同会签手续后，将合同文本交由施工单位去复印、盖章签字。这家单位将合同文本拿回去后，竟然丢在一边，而拿了一份几乎接近标准合同的文本替换了补充合同文本并盖章签字送了回来。对此过程，业主竟竟无察觉。

施工中，施工单位送来两份报告，要求公司确认超路水电接驳工程量、市政道路侧彩钢板围护工程量、施工场地内硬化道路工程量。经理让工作人员看看，工作人员发现对方依据的合同竟然是《建设工程施工合同》而不是补充合同，工作人员跟经理一说，经理说这家单位太不厚道了，马上让工作人员找出补充合同，研究一下，准备按补充合同回复不确认工程量。这时才发现，业主中计了。经理打电话问施工单位怎么会将合同搞错了。对方振振有词：我们单位签得就是这个合同，不会承认补充合同。经理才感到事态严重，马上向总经理汇报。

总经理倒很镇静。

思考：这牵涉背后靠山的问题，暴露的话，会直接影响到前途；现场还牵涉另两家单位，说好大家采用统一合同，现在这家独自享有优势，那以后有得解释了。所以这种事，只有压下来，静待事情能有转机。

指示：沉默！此事暂时放下，不要讨论不要对外说。随后经理采取了预防措施，要求在合同每页上签字。

同时通过背景关系进行私下协调。最后施工单位已经将调包的合同原件送回，同时送回的还有盖好章的双方同意的补充合同。

（8）利用错觉。甲方造价人员少，实力较弱的时候，乙方也可以采用一些错觉的办法（"障眼法"）来结算。

【实例10-3-6】某建筑队承包了一个卫生院的小不点工程。该工程为2层现浇混凝土框架结构，建筑面积235.88m^2，预算造价20万元。是乡卫生院。考虑到甲方不懂造价这方面的知识，唯一知道的就是道听途说的每m^{2}造价这个指标。乙方故意在预算时故意把建筑面积错算为投影面积，增加了建筑面积25.56m^2，降低了工程的每m^{2}造价。

另外，要求甲方自己把楼梯不锈钢扶手、门窗工程（约1.5万元）分包给另一个人（当然是一个甲方的亲戚）。这样，从另一个角度降低了工程的每m^{2}造价，同时也做了一次感情投资，为以后工程索赔打好基础。这样工程的每m^{2}造价由原848元降为708元，只比市场价略高。最后，为建造村卫生院捐款8000元，来一个名利双收并再做了一次感情投资。经过一番象征性的讨价还价，双方以每m^{2}造价600元，总承包价156 864元签订了合同，皆大欢喜。工程竣工结算时以地下障碍及修改设计为由，索赔了8800多元，把因甲方分包的楼梯不锈钢扶手、门窗工程少赚的钱加倍赚回。

10.4 "四步法"分析工程造价纠纷

10.4.1 工程造价纠纷种类

（1）种类。工程纠纷从不同的角度可以有不同的分类，如图10-4-1所示，本书只涉及工程造价纠纷。

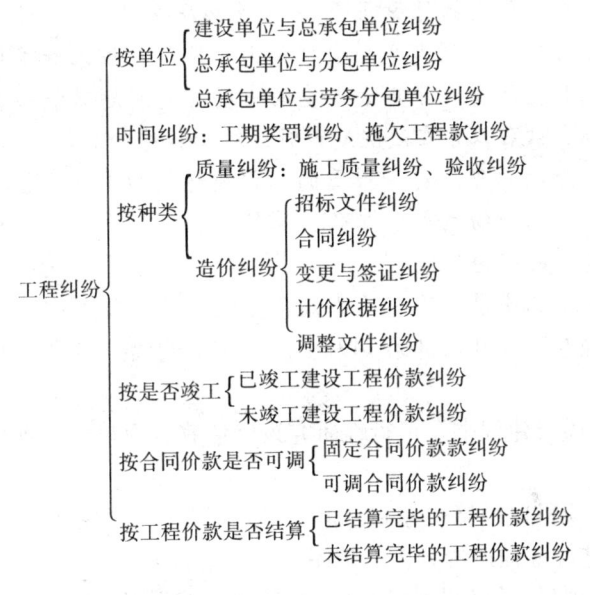

```
              ┌ 按单位 ┌ 建设单位与总承包单位纠纷
              │        │ 总承包单位与分包单位纠纷
              │        └ 总承包单位与劳务分包单位纠纷
              │
              │ 时间纠纷：工期奖罚纠纷、拖欠工程款纠纷
              │
              │        ┌ 质量纠纷：施工质量纠纷、验收纠纷
              │ 按种类 │        ┌ 招标文件纠纷
工程纠纷      │        │        │ 合同纠纷
              │        └ 造价纠纷│ 变更与签证纠纷
              │                 │ 计价依据纠纷
              │                 └ 调整文件纠纷
              │
              │ 按是否竣工 ┌ 已竣工建设工程价款纠纷
              │            └ 未竣工建设工程价款纠纷
              │
              │ 按合同价款是否可调 ┌ 固定合同价款纠纷
              │                    └ 可调合同价款纠纷
              │
              └ 按工程价款是否结算 ┌ 已结算完毕的工程价款纠纷
                                  └ 未结算完毕的工程价款纠纷
```

图10-4-1 工程纠纷分类

"建设工程造价纠纷"是指工程建设中当事人因对工程招标文件、合同约定、变更签证、计价依据执行、造价调整文件等不同认识引起的造价纠纷。当然具体涉及造价纠纷时多会是多种因素相互交叉，如赶工奖纠纷涉及工期，建筑材料品质、价格纠纷涉及质量等。这充分说明在现实生活中，往往是多种纠纷类型糅合在一块，需要我们去认真思索、分析和对待。

【实例10-4-1】一幢5层酒店式宾馆，施工队全部装修完后半年多，业主既不验收也不付工程款。后施工队将业主告到法院，经办法院委托对其进行工程造价的司法鉴定。现场察看中，发现各房间沿纵向都有一道长裂缝，不少套房中，卫生间顶棚的石膏板有脱落，此外，宾馆走道上不少灯箱的透光片有翘曲。施工队负责人认为：该酒店是由原来一座厂房车间改建的，非但未进行基础的补强，以增加承载力，而且还沿纵向局部加了1层，从而导致地基的不均匀沉降，影响到各房间发生纵向开裂。卫生间顶棚石膏板部分脱落是由于设计图中卫生间的通风管道不通畅，卫生间内湿度太大而造成的。关于走道上的灯箱，由于采用发热的白炽光源，且灯箱又是全封闭的，灯箱内部温度高无法散热，在温差作用下导致透光片翘曲。施工队负责人表示：对这些毛病他们同意全部进行维修，但要求业主在全部维修好后，1个月内支付全部的工程款。然而，业主却坚持说是施工质量有问题。

分析： 本例为典型的造价纠纷与质量纠纷搅和在一起的案例。在大量的工程造价纠纷，几乎都会碰到施工质量的问题。开发商经常说的一句话是："这些不合格的部位也要我们全额付费吗？"发生这些质量问题，多半是一些未请监理的工程或家庭装修项目，也有个别项目是由于监理单位未能很好地负起监督责任造成的。碰到此类问题对于不太严重的一些质量问题只能按合格工程进行工程计费，留给原、被告双方在法院庭审时，对工程造价的打折进行协商、调解，最后双方达成一致的意见。对于严重的工程质量问题，双方相持不下时，只能暂时中断工程造价的纠纷的处理工作，等待工程质量鉴定报告和修复意见出来后，再做工程造价的纠纷处理。

化解工程造价纠纷是工程造价咨询企业的一项重要工作。依据是《工程造价咨询企业管理办法（建设部第149号令）》第二十条 工程造价咨询业务范围包括：

（一）建设项目建议书及可行性研究投资估算、项目经济评价报告的编制和审核；

（二）建设项目概预算的编制与审核，并配合设计方案比选、优化设计、限额设计等工作进行工程造价分析与控制；

（三）建设项目合同价款的确定（包括招标工程工程量清单和标底、投标报价的编制和审核）；合同价款的签订与调整（包括工程变更、工程洽商和索赔费用的计算）及工程款支付，工程结算及竣工结（决）算报告的编制与审核等；

<u>（四）工程造价经济纠纷的鉴定和仲裁的咨询；</u>

（五）提供工程造价信息服务等。

工程造价咨询企业可以对建设项目的组织实施进行全过程或者若干阶段的管理和服务。

……

（2）工程造价纠纷分析的特点。

1）法律严肃性。造价纠纷分析关乎甲乙双方的经济利益，关乎合同法规的严肃性，因此从法律上讲应该是极严肃的，必须客观公正。

2）情况复杂性。由于工程造价纠纷对象皆为有较大争议的工程造价的问题，而且多为已完工作的内容，纠纷分析人可能没有旁站、没有见证，当事人又有较大争议，造成工程造价确定困难。实践中医院主要难在合同内容不全、意义不明、技术规范不具体、原始资料不全、证据灭失、双方不配合、提供的事实情况不全面、签证不严谨、工程款拨付手续不健全、合同附加协议（口头或书面协议）等方面。

由于建设工程生产周期长，生产过程复杂，导致分析对象的复杂性，主要表现在：

① 涉及的分析材料量大，内容多。
② 不完善、不规范的材料大量存在。
③ 分析过程中涉及大量的法律问题。

3）政策特殊性。工程造价纠纷相当多为政策性变化、调整过渡时期的对工程造价计价依据理解不同造成的争议，或者有些政策规定只针对一般情况而言，而项目可能为特殊情况造成的争议，因而说工程造价纠纷分析具有很强的政策特殊性。

4）结论折中性。主要指因压价、搭售材料、索赔、举证不力往往造成鉴定造价、实际结算价格、理论造价的不一致，同时又由于鉴定为事后行为，事中的有些情况、有些事实、有些证据灭失，导致量与价按几方协商折中。

5）技术专业性。工程造价纠纷分析是调解纠纷的有效手段，是保护合同双方合法权益的有力武器，它是法律和工程技术在工程造价上的完美结合，因而它具有很强的技术专业性。

10.4.2 应用"四步法"分解工程造价纠纷

造价纠纷的原因是多方面的，可能相互交叉，以下纠纷的分析我们将采用如图10-1-2所示思路：

（1）遵从合同。在民事诉讼活动中，合同是双方当事人真实意思的体现。在工程合同造价纠纷案件中，经常会遇到在合同或者签证中的特别约定，有的约定是明显高于或低于定额计价标准或市场价格。有的双方约定了合同价款计算的依据是当地建筑工程预算定额，也有的是直接约定了工程的单价（每平方米的单价）。在发生争议后，当事人会提出要求撤销或改变原有约定，如何处理这些特别约定便成为难题。

《合同法》第八条规定："依法成立的合同，对当事人具有法律约束力。当事人应当按照约定履行自己

遵从合同
↓
查阅书证
↓
调查物证
↓
诉诸权威

图10-4-2 造价纠纷
分析"四步法"

的义务，不得擅自变更或者解除合同。依法成立的合同受法律保护。"

根据《合同法》的自愿和诚实信用原则，只要当事人的约定不违反国家法律和国务院行政法规的强制性规定，也即只要与法无悖，不管双方签订的合同或具体条款是否合理，任何人均无权自行选择和否定当事人之间有效的合同或补充协议的约定内容。这就是工程造价司法鉴定必须遵循的从约原则。

最高人民法院《关于审理建设施工合同纠纷案件适用法律问题的解释》第十条规定，"工程造价鉴定结论确定的工程款计算方法和计价标准与建设施工合同约定的工程款计价方法和计价标准不一致的，应以合同约定的为准。"第十三条规定，"建设工程施工合同约定的工程款结算标准与建筑行业主管部门颁布的工程定额标准和造价计价办法不一致时，应以合同约定的为准。"

第十六条规定，"当事人对建设工程的计价标准或者计价方法有约定的，按照约定结算工程价款。"第二十二条规定，"当事人约定按照固定价结算工程价款，一方当事人请求对建设工程造价进行鉴定的，不予支持。"

这是对约定优先原则的立法肯定，也更加明确了在工程结算出现纷争时，约定优先是法定原则。

受合同法律关系的制约，工程造价争议首先是一个合同问题。即一项具体的建设工程项目的合同造价，是当事人经过利害权衡、竞价磋商等博弈方式所达成的特定的交易价格，而不是某一合同交易客体的市场平均价格或公允价格。这是现代经济学理论的基本观点，也是市场经济制度下维护公正与效率所应遵循的司法原则。因此，只要不是出现法定的不能或无法适用合同价格条款的情形，工程造价争议分析应当遵循从约原则。

【实例10-4-2】1996年5月8日，A建筑公司与B制药公司签订了一份建筑工程承包合同。约定工程1996年6月11日开工，11月21日竣工。竣工后双方发生结算纠纷。一审法院委托某造价事务所对工程造价进行了审核，认定工程造价为220万元。业主不服。经法院二审推翻一审判决结果。二审分析过程用"四步法"分析如下表10-4-1所示：

表10-4-1   "四步法"分析程序

遵从合同	第一份合同：约定，工程项目为一制药车间土建工程，建筑面积3000m²，总造价180万元 第二份合同：1997年1月8日，双方又签订一份补充合同，其主要内容为：因为增加工程内容，变为1997年4月30日交工，原定工程造价及变更部分预计为200万元

续表

查阅书证	经查看书证,有变更项目签证
调查物证	经查看现场,确认工程变更内容事实存在
诉诸权威	法律分析: (1) 双方签订的建筑工程承包合同及补充合同,是在平等互利、协商一致的基础上签订的,且不存在导致合同无效的法定情形,因此为有效合同,双方应认真履行合同约定的义务 (2) 双方在补充合同中已将原合同造价的 180 万元变更为 200 万元。因双方对工程造价的竣工结算额存在分歧,可就超出补充协议确定的 200 万工程款之外的变更项目进行审价,200 万以内的为固定总价,不能再动 技术分析: 变更部分审定资料经双方质证认可。未变更部分维持原合同。结论为:变更项目增加 8 万元,项目减少 3 万元,加上第二次协议变更后的工程造价 200 万元,最后确定工程造价为 205 万元

分析:工程造价条款是建筑工程承包合同的重要条款,若无证据证明此条款存在欺诈、胁迫、恶意串通等违反法律规定的情形,就应承认其效力。即工程造价纠纷的分析要坚持从约原则。

【**实例 10-4-3**】1994~1996 年,A 大酒店筹建处与 B 建筑公司先后签订四份施工合同,对大酒店工程项目进行了约定。

1997 年 1 月,上述各项工程全部完工。A 大酒店和 B 建筑公司根据合同的约定,经 A 大酒店委托,由某造价咨询公司于 1996 年 1 月 18 日和 1997 年 8 月 19 日对建筑安装工程造价进行结算,经会同 B 建筑公司、A 大酒店三方工程技术人员现场丈量核实,确认工程造价为 31 075 464 元,并由三方共同签字盖章。同时 A 大酒店和 B 建筑公司双方于 1997 年 1 月 6 日和 29 日签字确认原预算中剔除部分及室外工程造价为 800 095 元,装潢工程造价为 5 070 139 元;装修工程造价按合同约定为 400 万元。以上合计 A 大酒店工程总造价为 40 945 698 元。

后双方发生纠纷,A 大酒店主张双方于 1996 年 10 月 10 日签订的协议书无效。并自己单方委托某审计事务所进行审价,认为某造价咨询公司的工程款结算是虚假的,要求按审价结论进行结算。以下用"四步法"对此实例分析如表 10-4-2 所示:

表 10－4－2　　　　　　　　"四步法"分析程序

遵从合同	第一份合同：1994 年 5 月 8 日，A 大酒店筹建处与 B 建筑公司建签订《建设工程施工合同》，约定：B 建筑公司承包建设 A 大酒店的全部建筑安装工程、室外配套设施及附属工程等；合同价款暂定人民币 1200 万元（以某造价咨询公司审定价为准） 第二份合同：1996 年 4 月 28 日，A 大酒店筹建处与 B 建筑公司签订《建设工程施工合同》，A 大酒店以一次性包死价 456.4 万元将客房部分的装潢工程承包给 B 建筑公司，自合同签订之日起开工 第三份合同：1996 年 8 月 29 日，A 大酒店筹建处与 B 建筑公司签订《装修工程合同书》，A 大酒店以一次性包死价 400 万元将客房以外的装修工程承包给 B 建筑公司，工程于 1996 年 9 月 1 日开工 第四份合同：1996 年 10 月 10 日，A 大酒店又与 B 建筑公司签订《协议书》，将从原预算中剔除的部分项目以 10 万元包死价交回 B 建筑公司施工，室外竖向工程按现有的马路、围墙、场地、大门一次性 70 万元包死
查阅书证	经查看有关文字资料，证明合同内容已完成
调查物证	经查看现场，证明合同内容已完成
诉诸权威	法律分析： （1）B 建筑公司建与 A 大酒店签订的四份合同（协议）均为双方真实意思表示，不违反法律，应认定有效。根据双方 1994 年 5 月 8 日签订的《建设工程施工合同》，工程款结算以某造价咨询公司审定价为准；某造价咨询公司会同 B 建筑公司、A 大酒店对建筑安装工程造价所作的结算符合双方合同的约定，应认定有效 （2）A 大酒店重新委托结算审价违反双方合同约定，属无效

遵从与分析合同可按以下三个步骤进行：

1）明确合同关系。合同关系是能否发生造价关系的基础，甲乙双方之所以能产生造价纠纷，主要是因为有了合同关系而产生的，如果双方没有合同关系是不可能产生造价纠纷。分析一项纠纷事项，首先要分析其中的合同关系，看是两个单位间的合同关系，还是存在着多个单位间的合同关系。明确了合同关系，才能依据合同进行下一步的造价工作。判断是否存在造价关系要以合同为基准。

【实例 10－4－4】某厂（甲方）与某建筑公司（乙方）订立了某工程项目施工合同，同时与某降水公司订立了工程降水合同。甲乙双方合同约定 8 月 15 日开工。工程施工中，因降水方案错误，致使某项工作推迟 2 天，乙方增加人员配合用工 5 工日，窝工 6 工日。乙方要求甲方补偿损失。

分析：例中共出现了两组合同关系：某厂（甲方）与某建筑公司（乙方）

的合同关系、某厂（甲方）与某降水公司的合同关系。凡是订立合同关系的双方才有可能互相索赔，可以做出判断：

某厂（甲方）与某建筑公司（乙方）之间可以进行索赔与反索赔；某厂（甲方）与某降水公司之间可以进行索赔与反索赔。但某建筑公司（乙方）与某降水公司之间却不能进行索赔，因为他们之间没有合同关系。他们之间的互相侵害只能向某厂（甲方）索赔，因为某降水公司是根据合同按某厂（甲方）的指令进行作业的，他的损害行为，相对于某建筑公司（乙方），可以看作是由于某厂（甲方）造成的。所以，乙方与降水公司间无合同关系，所以乙方可以向甲方进行索赔。

2) 了解合同效力。合同效力的认定，通常是法官的职责，造价人员并无权确定，但造价人员要了解相关法规。

根据最高人民法院《关于适用〈中华人民共和国合同法若干问题的解释〉（一）》第三条、第四条的规定、人民法院确定合同效力时，对合同法实施以前成立的合同，适用当时的法律合同无效与适用合同法有效的，适用于合同法；合同法实施以后，人民法院确定合同效力时，应当以全国人大及其常务委员会制定的法律和国务院制定的行政法规为依据，不得以地方法规、行政规章为依据。

《关于审理建设工程施工合同纠纷案件适用法律若干问题的解释》第1条和第4条将无效建设工程施工合同的确认分为以下五种情形：一是承包人未取得建筑施工企业资质或者超越资质等级的；二是没有资质的实际施工人借用有资质的建筑施工企业名义的；三是建设工程必须进行招标而未招标或者中标无效的；四是承包人非法转包建设工程的；五是承包人违法分包建设工程的。

由于建设工程施工合同受到不同领域的多部法律及其他规范性文件调整，如果违反这些规范都以违反法律强制性规定为由而认定合同无效，不符合《合同法》的立法本意，不利于维护合同稳定性，也不利于保护各方当事人的合法权益，同时也会破坏建筑市场的正常秩序。《民法通则》和《合同法》等基本法律规定的合同无效的情形，也应当适用于建设工程施工合同。

【实例10-4-5】1998年9月，A银行（建设单位）对其待建办公综合楼工程进行招标，B建筑公司中标，双方签订了该楼建筑工程承包合同。合同签订后，双方如约履行，工程于1999年12月竣工，经验收合格交付使用。工程造价经A银行审定为284 196.94元，双方据此结算无异。

此后不久，审计局对A银行办公综合楼工程决算进行审计。审计结论认为，A银行审定的工程造价多计24 853.61元，应予审减。审计局作出处理决定：限期由A银行向B建筑公司收回该多计款。因而甲乙双方发生结算纠纷。以下采用"四步法"对此实例分析如表10-4-3所示：

表 10-4-3　　　　　　　　"四步法"分析程序

遵从合同	合同规定：B建筑公司承包A银行办公综合楼建筑工程，工程价款执行的预算定额和取费标准，以议标评议组审定的B建筑公司标函为准，实行包工包料承包
查阅书证	查阅了相关书证材料
调查物证	现场查看了工程项目，确定工程按合同约定完工
诉诸权威	法律分析： (1) B建筑公司与A银行签订的建筑工程承包合同有效，并已履行完毕。审计局作出的审计决定对B建筑公司不具有法律效力 (2) A银行与B建筑公司是平等主体间的合同关系，双方应全面履行合同。审计局作出的审计结论和处理决定，对B建筑公司没有法律约束力 (3) 审计机关与被审计单位之间是一种审计行政法律关系，其审计监督行为只对被审计单位具有法律约束力。在本例中，被审计单位是A银行，不是B建筑公司，因此，B建筑公司不是该审计行政法律关系的一方主体，故审计机关的审计决定对其不具有法律约束力

【实例 10-4-6】2001年5月20日费××与A食品有限公司（建设单位）签订协议一份。协议签订后费××组织施工，至2001年9月底主要工程完工。竣工后双方发生造价纠纷。后经××市房屋安全鉴定办公室，对工程的质量安全进行鉴定，鉴定方法采用破损法，鉴定意见：依据建设部《危险房屋鉴定标准》，房屋能满足安全使用要求。以下采用"四步法"对此实例分析如表10-4-4所示：

表 10-4-4　　　　　　　　"四步法"分析程序

遵从合同	协议约定：由费××承建A食品有限公司的冷库一座（包括办公用房及附属设施），按95××省建筑预算定额标准收费，总价按15%下浮计算
查阅书证	查阅了相关书证材料
调查物证	现场查看了工程项目，确认工程已完工
诉诸权威	法律分析： (1) 依据司法解释"第一条　建设工程施工合同具有下列情形之一的，应当根据合同法第五十二条第（五）项的规定，认定无效：（一）承包人未取得建筑施工企业资质或者超越资质等级的；" (2) 依据司法解释"第二条　建设工程施工合同无效，但建设工程经竣工验收合格，承包人请求参照合同约定支付工程价款的，应予支持。" 技术分析： 造经造价鉴定机构鉴定，结论：① 土建工程造价947 420元；② 管道安装费用16 334元；③ 办公用房装潢费87 574元，小计1 051 328元（工程各项目均已按合同下浮15%计算）

3）明确合同约定造价事项。

① 加强对造价条款的约定。目前应用较广泛的建筑承包合同是《建设工程施工合同示范文本》（GF—1999—0201），属大陆法体例编制的文件。

中国人习用大陆法体例编制的文件，阅读与检索习惯与案例法有很大的不同。用一个简单例子来说明一下两者的区别：

工程师听到报告说混凝土工程有点问题，想去查看一下。口头通知承包商派人一块去看，承包商回答："昨晚刚打过混凝土，现在没人，请明天再来"。

如何查合同依据呢？

国内合同，第一反应是到合同的"质量"块去查相关规定，因为这样的事件是与质量相关的。这个检索思路就是大陆法体例将事项抽象到"原则"后的思路。按建设部示范合同文本（GF—1999—0201），这应该是第四章"质量与检验"第16条"检查和返工"第16.1款"……随时接受工程师的检查检验，为检查检验提供便利条件"。

建设部推荐合同是"责任"合同，而不是"费用"合同。设部推荐合同关于"费用"事项的相关规定，很少。大多规定合同当事方"责任"，至于责任之后费用如何算如何确定，就不知道了。

《建设工程施工合同示范文本》（GF—1999—0201）包括的事项较多，如工期、质量、造价、安全等多方面事项，涉及具体造价的约定仅是其中的一小部分。

《工程量清单位计价规范》实施后，《建设工程施工合同示范文本》（GF—1999—0201）明显与其与相适应，《示范文本》修订在即，目前一些省份推出了与清单相适应的合同文本，如《广东省建设工程施工合同范本》。

因而，在当前的情况下，在合同中加大对造价条款的约定，是防范发生工程造价纠纷的重要措施。

② 注意合同文件的解释顺序。对有合同约定解释顺序的案件，应按照约定的解释顺序开展分析。对没有合同约定解释顺序的案件，原则上优先解释顺序如下：

A. 合同协议书；

B. 中标通知书；

C. 投标书及其附件；

D. 合同专用条款；

E. 合同通用条款；

F. 标准、规范及有关技术文件；

G. 图纸；

H. 工程量清单；

I. 工程报价单或预算书。

当上述文件不全时，其顺序依然有效。

在合同履行中，发包人与承包人有关工程的洽商、变更、索赔等书面协议或文件的解释顺序按时间排序，后立的文件优先于先立的文件。

【实例10-4-7】 某建筑公司投标的一项工程，招标文件中约定钢筋价格为暂定价4000元/t，结算时按实调整，建筑公司在投标报价时按3800元/t报价，评标时招标人没有发现此问题，后双方签订了承包合同，结算时是按4000元/t还是按3800元/t来调整钢材价格？

分析： 招标文件为要约邀请，投标书为要约，中标书为承诺，仅从要约承诺角度来看，构成双方约定的内容应以投标书中内容为准，而非招标文件为准，即按3800元/t进行结算。不过，到底按什么进行结算，还要看合同是如何约定的。招标、投标、中标，这是招标投标活动的先后顺序，从行为的先后顺序来讲，如果先、后行为存在矛盾，一般也是按照在后的顺序为优先原则。此外，从诚实信用角度来说，招标文件规定4000元/t，而投标人报价3800元/t，如结算时其要求按4000元/t结算，显然违反了诚实信用原则。

(2) 查阅书证。《民事诉讼法》第63条的规定，证据分别：书证、物证、视听资料、证人证言、鉴定结论、勘验笔录。在工程造价纠纷的化解中，收集书证与物证最为重要。

书证，是指以文字、符号、图表等记载或表达的内容来证明事件事实的证据。作为定案证据的书证具有以下特征：

1) 书证是以其记载或表达的思想内容来证明事件事实的。

2) 书证的特质载体一般是纸张，但也包括面板、金属、竹木、布料、塑料等。

3) 书证的制作方法一般为手写，但也包括打印、雕刻、拼对等。

4) 某些书证必须具备法定形式，如身份证、户口簿、承运单等。

5) 书证也是一种客观存在的物品，某些证据如果既能以其记载或表达的内容证明事件事实，又能以其外部特征再现事件真实，该种证据则既是书证又是物证。

当事人向法院提供书证时，应当提交原件，如提交原件确有困难的，可以提交复制品、照片、副本或节录本。为了便于人民法院审查，当事人提交外文书证时必须附有中文译本。工程造价纠纷案件中书证非常多，如：合同文本、招标文件、投标文件、图纸、工程说明、各种施工指令、工程签证、来往函件、会议纪要、变更指令、验收报告、施工日记等。

在建设工程合同纠纷案例中，需收集的书证一般有：

1) 建设工程施工合同。

2）补充协议（可能有多份）。

3）工程招标文件、投标文件。

4）工程报建、规划、土地、施工许可文件。

5）图纸。

6）设计变更文件。

7）工程量签证单据。

8）各种验收纪录（隐蔽、质检、监理、建设单位）。

9）不可抗力证明文件及损失证明。

10）工程进度情况、工程施工日志。

11）工程结算、决算资料。

12）支付工程款情况。

13）工期索赔文件：工期情况（特别是拖延工期或因甲方原因造成窝工、停工）及其对承包方的影响。

14）费用索赔文件：甲方违约给承包方造成的损失。

15）工程用作抵押或被法院查封状况。

16）工程分包情况资料。

17）工程材料供应情况资料。

涉及书证是否真实、有效，一般由法院判定。造价师无法判定真假的，只提供参考单价供判定真假后采用单价。有瑕疵的书证，比如未按合同约定签字盖章，仅有签字无章，或有章无签字等等情况。可列出一个参考价格，待有关方面查明书证的有效性后再确定是否按参考价格计价。

（3）调查物证。一切物品均是客观存在的，都有自己的外形、重量、规格、特征等。因此，凡是以自己存在的外形、重量、规格、损坏程度等标志来证明案件事实的一部分或全部的物品及痕迹，即称为物证。

民事诉讼中常见的物证有：所有权有争议的物品，履行合同交付的规格、质量有争议的标的物或定作物，侵权行为造成损害的公私财物及侵权用的工具、遗留的痕迹等。

工程造价纠纷案件中建设工程本身就是一个看得见摸得着的物证。通常情况下，工程量的增减，均有建设单位或施工方的工程变更单，经对方确认后进行施工。但具体实施中，在发生增减工程量或变更工程量时，双方口头约定的情况，事后无变更单或记录，由此常常发生新的纠纷。这类问题的解决，可以采取对工程量的增减进行测定或鉴定的办法进行，以鉴定结论为依据定案处理。现场鉴定中，可以要求双方当事人到场，对鉴定或测定工作进行监督，并在鉴定结论上签字。

（4）诉诸权威。权威包括两方面的内容，一是法律权威，即相关法律法规依据；二是技术权威，即相关计价依据。

法律权威一般由法院进行，律师是重要的参与者。技术权威一般由造价工程师进行。工程造价纠纷实践中发现，工程技术问题往往与法律问题紧紧搅在一起。

【实例10-4-8】 有一项数万 m^2 的住宅小区，其诉讼标的达7000多万元。承发包双方在前后3个月中先后订立了："阴-阳-阴"三份协议（合同）书，两份"阴"合同（协议）书的条款是相同的："总价税前小高层下浮10%，多层下浮7.5%，别墅下浮3%，材料结算价按施工期间××市定额站颁布的造价信息中的中准价、信息价计取"，"开办费5万元包干"。而报某区政府招标办备案的"阳"合同中，却是："工程总造价下浮2.5%，开办费为75万元，人工补差10元/工日，别墅房中模板摊销量补差按建筑面积每 m^2 2张计取，每张按50元计算，同时扣除定额模板含量。材料结算按××市定额站2004年1月份的《市场信息》及市场指导价执行。"

施工企业经过近2年的施工后，在工程尚未竣工验收，地下室工程还留有不少尾工的情况下，就迫不及待地向法院提出要求发包人支付其巨额工程款的诉讼请求，法院还在原告方的请求下，冻结了开发商的住宅楼销售已达1年之久，造成了开发商经济上的重大损失。根据"阴""阳"合同（协议）书的不同条款，计算出来的工程总造价两者相差1000多万之巨，甲乙双方，各自坚持对自己有利的计算方法互不相让。

分析：按照2005年1月1日起执行的："最高人民法院关于审理建设工程施工合同纠纷案件适用法律问题的解释"第21条款规定："当事人就同一建设工程另行订立的施工合同与经过备案的中标合同实质性内容不一致的，应当以备案的中标合同为结算工程价款的根据。"（即：应按"阳"合同结算工程款）

【实例10-4-9】 一个办公楼装修项目，在双方的合同中，开发商委托了一位工地现场的工程师，这位工程师做了不少施工过程中的"签证"，但在根据这位工程师的"签证"计算该付给承包人的相关工程款时，开发商负责人坚持不同意支付这些费用，其理由是："这位工程师，已被施工队伍收买了，被我方发现后，已将他开除。现在此人已在施工队中担当了现场工程师，他做的签证，我一概不予认可。"对于这一位工程师的签证是否认同？显然又属于法律范畴中的问题。

类似这些工程技术问题与法律问题紧紧搅在一起的实例还可以举出许多，对于只懂工程造价知识的人员来说，要对法律难题作出判断，确实是勉为其难，很难做到全对。当然这就会影响到鉴定结论的正确性。

解决该难题的对策是：① 通过书本、上网获取相关的法律知识；② 虚心向法律界专家、律师求教；③ 实在吃不准的问题，不作判断，在"鉴定说明"一栏中说清症结，由法院裁定。

诉诸技术权威的法律依据是：

《合同法》第62条规定："价款或者报酬不明确的，按照订立合同时履行地市场价格履行。"进行工程造价纠纷分析时，依据合同外工程开工时间，以工程所在地作为合同履行地，按照"当时当地"的定额、市场价格信息及相关工程造价管理文件对此部分合同外工程进行造价鉴定。

《最高人民法院关于审理建设工程施工合同纠纷案件适用法律问题的解释》第十六条规定"当事人对建设工程的计价标准或者计价方法有约定的，按照约定结算工程价款。因设计变更导致建设工程的工程量或者质量标准发生变化，当事人对该部分工程价款不能协商一致的，可以参照签订建设工程施工合同时当地建设行政主管部门发布的计价方法或者计价标准结算工程价款。"

从《最高人民法院关于审理建设工程施工合同纠纷案件适用法律问题的解释》我们可以看出，造价部门计价依据可以做为造价鉴定权威依据的文件依据。

财政部、建设部"财建［2004］369号"《建设工程价款结算暂行办法》。第十一条　工程价款结算应按合同约定办理，合同未作约定或约定不明的，发、承包双方应依照下列规定与文件协商处理：

（一）国家有关法律、法规和规章制度；

<u>（二）国务院建设行政主管部门、省、自治区、直辖市或有关部门发布的工程造价计价标准、计价办法等有关规定；</u>

（三）建设项目的合同、补充协议、变更签证和现场签证，以及经发、承包人认可的其他有效文件；

（四）其他可依据的材料。

附 录

1.《建设工程价款结算暂行办法》

财政部 建设部关于印发《建设工程价款结算暂行办法》的通知

财建〔2004〕369号

党中央有关部门，国务院各部委、各直属机构，有关人民团体，各中央管理企业，各省、自治区、直辖市、计划单列市财政厅（局）、建设厅（委、局），新疆生产建设兵团财务局：

为了维护建设市场秩序，规范建设工程价款结算活动，按照国家有关法律、法规，我们制定了《建设工程价款结算暂行办法》。现印发给你们，请贯彻执行。

中华人民共和国财政部
中华人民共和国建设部
二〇〇四年十月二十日

建设工程价款结算暂行办法

第一章 总 则

第一条 为加强和规范建设工程价款结算，维护建设市场正常秩序，根据《中华人民共和国合同法》、《中华人民共和国建筑法》、《中华人民共和国招标投标法》、《中华人民共和国预算法》、《中华人民共和国政府采购法》、《中华人民共和国预算法实施条例》等有关法律、行政法规制定本办法。

第二条 凡在中华人民共和国境内的建设工程价款结算活动，均适用本办法。国家法律法规另有规定的，从其规定。

第三条　本办法所称建设工程价款结算（以下简称"工程价款结算"），是指对建设工程的发承包合同价款进行约定和依据合同约定进行工程预付款、工程进度款、工程竣工价款结算的活动。

第四条　国务院财政部门、各级地方政府财政部门和国务院建设行政主管部门、各级地方政府建设行政主管部门在各自职责范围内负责工程价款结算的监督管理。

第五条　从事工程价款结算活动，应当遵循合法、平等、诚信的原则，并符合国家有关法律、法规和政策。

第二章　工程合同价款的约定与调整

第六条　招标工程的合同价款应当在规定时间内，依据招标文件、中标人的投标文件，由发包人与承包人（以下简称"发、承包人"）订立书面合同约定。

非招标工程的合同价款依据审定的工程预（概）算书由发、承包人在合同中约定。

合同价款在合同中约定后，任何一方不得擅自改变。

第七条　发包人、承包人应当在合同条款中对涉及工程价款结算的下列事项进行约定：

（一）预付工程款的数额、支付时限及抵扣方式；

（二）工程进度款的支付方式、数额及时限；

（三）工程施工中发生变更时，工程价款的调整方法、索赔方式、时限要求及金额支付方式；

（四）发生工程价款纠纷的解决方法；

（五）约定承担风险的范围及幅度以及超出约定范围和幅度的调整办法；

（六）工程竣工价款的结算与支付方式、数额及时限；

（七）工程质量保证（保修）金的数额、预扣方式及时限；

（八）安全措施和意外伤害保险费用；

（九）工期及工期提前或延后的奖惩办法；

（十）与履行合同、支付价款相关的担保事项。

第八条　发、承包人在签订合同时对于工程价款的约定，可选用下列一种约定方式：

（一）固定总价。合同工期较短且工程合同总价较低的工程，可以采用固定总价合同方式。

（二）固定单价。双方在合同中约定综合单价包含的风险范围和风险费用的计算方法，在约定的风险范围内综合单价不再调整。风险范围以外的综合单价调整方法，应当在合同中约定。

（三）可调价格。可调价格包括可调综合单价和措施费等，双方应在合同中约定综合单价和措施费的调整方法，调整因素包括：

（1）法律、行政法规和国家有关政策变化影响合同价款；

（2）工程造价管理机构的价格调整；

（3）经批准的设计变更；

（4）发包人更改经审定批准的施工组织设计（修正错误除外）造成费用增加；

（5）双方约定的其他因素。

第九条 承包人应当在合同规定的调整情况发生后14天内，将调整原因、金额以书面形式通知发包人，发包人确认调整金额后将其作为追加合同价款，与工程进度款同期支付。发包人收到承包人通知后14天内不予确认也不提出修改意见，视为已经同意该项调整。

当合同规定的调整合同价款的调整情况发生后，承包人未在规定时间内通知发包人，或者未在规定时间内提出调整报告，发包人可以根据有关资料，决定是否调整和调整的金额，并书面通知承包人。

第十条 工程设计变更价款调整

（一）施工中发生工程变更，承包人按照经发包人认可的变更设计文件，进行变更施工，其中，政府投资项目重大变更，需按基本建设程序报批后方可施工。

（二）在工程设计变更确定后14天内，设计变更涉及工程价款调整的，由承包人向发包人提出，经发包人审核同意后调整合同价款。变更合同价款按下列方法进行：

（1）合同中已有适用于变更工程的价格，按合同已有的价格变更合同价款；

（2）合同中只有类似于变更工程的价格，可以参照类似价格变更合同价款；

（3）合同中没有适用或类似于变更工程的价格，由承包人或发包人提出适当的变更价格，经对方确认后执行。如双方不能达成一致的，双方可提请工程所在地工程造价管理机构进行咨询或按合同约定的争议或纠纷解决程序办理。

（三）工程设计变更确定后14天内，如承包人未提出变更工程价款报告，则发包人可根据所掌握的资料决定是否调整合同价款和调整的具体金额。重大工程变更涉及工程价款变更报告和确认的时限由发承包双方协商确定。

收到变更工程价款报告一方，应在收到之日起14天内予以确认或提出协商意见，自变更工程价款报告送达之日起14天内，对方未确认也未提出协商意见时，视为变更工程价款报告已被确认。

确认增（减）的工程变更价款作为追加（减）合同价款与工程进度款同期支付。

第三章　工程价款结算

第十一条　工程价款结算应按合同约定办理，合同未作约定或约定不明的，发、承包双方应依照下列规定与文件协商处理：

（一）国家有关法律、法规和规章制度；

（二）国务院建设行政主管部门、省、自治区、直辖市或有关部门发布的工程造价计价标准、计价办法等有关规定；

（三）建设项目的合同、补充协议、变更签证和现场签证，以及经发、承包人认可的其他有效文件；

（四）其他可依据的材料。

第十二条　工程预付款结算应符合下列规定：

（一）包工包料工程的预付款按合同约定拨付，原则上预付比例不低于合同金额的10%，不高于合同金额的30%，对重大工程项目，按年度工程计划逐年预付。计价执行《建设工程工程量清单计价规范》（GB 50500—2003）的工程，实体性消耗和非实体性消耗部分应在合同中分别约定预付款比例；

（二）在具备施工条件的前提下，发包人应在双方签订合同后的1个月内或不迟于约定的开工日期前的7天内预付工程款，发包人不按约定预付，承包人应在预付时间到期后10天内向发包人发出要求预付的通知，发包人收到通知后仍不按要求预付，承包人可在发出通知14天后停止施工，发包人应从约定应付之日起向承包人支付应付款的利息（利率按同期银行贷款利率计），并承担违约责任；

（三）预付的工程款必须在合同中约定抵扣方式，并在工程进度款中进行抵扣；

（四）凡是没有签订合同或不具备施工条件的工程，发包人不得预付工程款，不得以预付款为名转移资金。

第十三条　工程进度款结算与支付应当符合下列规定：

（一）工程进度款结算方式

（1）按月结算与支付。即实行按月支付进度款，竣工后清算的办法。合同工期在2个年度以上的工程，在年终进行工程盘点，办理年度结算；

（2）分段结算与支付。即当年开工、当年不能竣工的工程按照工程形象进度，划分不同阶段支付工程进度款。具体划分在合同中明确。

（二）工程量计算

（1）承包人应当按照合同约定的方法和时间，向发包人提交已完工程量的报告。发包人接到报告后14天内核实已完工程量,并在核实前1天通知承包人,承包人应提供条件并派人参加核实,承包人收到通知后不参加核实,以发包人核实的工程量作为工程价款支付的依据。发包人不按约定时间通知承包人,致使承包人未能参加核实,核实结果无效;

(2)发包人收到承包人报告后14天内未核实完工程量,从第15天起,承包人报告的工程量即视为被确认,作为工程价款支付的依据,双方合同另有约定的,按合同执行;

(3)对承包人超出设计图纸(含设计变更)范围和因承包人原因造成返工的工程量,发包人不予计量。

(三)工程进度款支付

(1)根据确定的工程计量结果,承包人向发包人提出支付工程进度款申请,14天内,发包人应按不低于工程价款的60%,不高于工程价款的90%向承包人支付工程进度款。按约定时间发包人应扣回的预付款,与工程进度款同期结算抵扣;

(2)发包人超过约定的支付时间不支付工程进度款,承包人应及时向发包人发出要求付款的通知,发包人收到承包人通知后仍不能按要求付款,可与承包人协商签订延期付款协议,经承包人同意后可延期支付,协议应明确延期支付的时间和从工程计量结果确认后第15天起计算应付款的利息(利率按同期银行贷款利率计);

(3)发包人不按合同约定支付工程进度款,双方又未达成延期付款协议,导致施工无法进行,承包人可停止施工,由发包人承担违约责任。

第十四条 工程完工后,双方应按照约定的合同价款及合同价款调整内容以及索赔事项,进行工程竣工结算。

(一)工程竣工结算方式

工程竣工结算分为单位工程竣工结算、单项工程竣工结算和建设项目竣工总结算。

(二)工程竣工结算编审

(1)单位工程竣工结算由承包人编制,发包人审查;实行总承包的工程,由具体承包人编制,在总包人审查的基础上,发包人审查;

(2)单项工程竣工结算或建设项目竣工总结算由总(承)包人编制,发包人可直接进行审查,也可以委托具有相应资质的工程造价咨询机构进行审查。政府投资项目,由同级财政部门审查。单项工程竣工结算或建设项目竣工总结算经发、承包人签字盖章后有效。

承包人应在合同约定期限内完成项目竣工结算编制工作,未在规定期限内完成的并且提不出正当理由延期的,责任自负。

（三）工程竣工结算审查期限

单项工程竣工后，承包人应在提交竣工验收报告的同时，向发包人递交竣工结算报告及完整的结算资料，发包人应按以下规定时限进行核对（审查）并提出审查意见。

序号	工程竣工结算报告金额	审查时间
1	500 万元以下	从接到竣工结算报告和完整的竣工结算资料之日起 20 天
2	500～2000 万元	从接到竣工结算报告和完整的竣工结算资料之日起 30 天
3	2000～5000 万元	从接到竣工结算报告和完整的竣工结算资料之日起 45 天
4	5000 万元以上	从接到竣工结算报告和完整的竣工结算资料之日起 60 天

建设项目竣工总结算在最后一个单项工程竣工结算审查确认后 15 天内汇总，送发包人后 30 天内审查完成。

（四）工程竣工价款结算

发包人收到承包人递交的竣工结算报告及完整的结算资料后，应按本办法规定的期限（合同约定有期限的，从其约定）进行核实，给予确认或者提出修改意见。发包人根据确认的竣工结算报告向承包人支付工程竣工结算价款，保留 5% 左右的质量保证（保修）金，待工程交付使用 1 年质保期到期后清算（合同另有约定的，从其约定），质保期内如有返修，发生费用应在质量保证（保修）金内扣除。

（五）索赔价款结算

发承包人未能按合同约定履行自己的各项义务或发生错误，给另一方造成经济损失的，由受损方按合同约定提出索赔，索赔金额按合同约定支付。

（六）合同以外零星项目工程价款结算

发包人要求承包人完成合同以外零星项目，承包人应在接受发包人要求的 7 天内就用工数量和单价、机械台班数量和单价、使用材料和金额等向发包人提出施工签证，发包人签证后施工，如发包人未签证，承包人施工后发生争议的，责任由承包人自负。

第十五条 发包人和承包人要加强施工现场的造价控制，及时对工程合同外的事项如实纪录并履行书面手续。凡由发、承包双方授权的现场代表签字的现场签证以及发、承包双方协商确定的索赔等费用，应在工程竣工结算中如实办理，不得因发、承包双方现场代表的中途变更改变其有效性。

第十六条 发包人收到竣工结算报告及完整的结算资料后，在本办法规定或合同约定期限内，对结算报告及资料没有提出意见，则视同认可。

承包人如未在规定时间内提供完整的工程竣工结算资料，经发包人催促后 14 天内仍未提供或没有明确答复，发包人有权根据已有资料进行审查，责任由承包人自负。

根据确认的竣工结算报告，承包人向发包人申请支付工程竣工结算款。发包人应在收到申请后 15 天内支付结算款，到期没有支付的应承担违约责任。承包人可以催告发包人支付结算价款，如达成延期支付协议，承包人应按同期银行贷款利率支付拖欠工程价款的利息。如未达成延期支付协议，承包人可以与发包人协商将该工程折价，或申请人民法院将该工程依法拍卖，承包人就该工程折价或者拍卖的价款优先受偿。

第十七条 工程竣工结算以合同工期为准，实际施工工期比合同工期提前或延后，发、承包双方应按合同约定的奖惩办法执行。

第四章 工程价款结算争议处理

第十八条 工程造价咨询机构接受发包人或承包人委托，编审工程竣工结算，应按合同约定和实际履约事项认真办理，出具的竣工结算报告经发、承包双方签字后生效。当事人一方对报告有异议的，可对工程结算中有异议部分，向有关部门申请咨询后协商处理，若不能达成一致的，双方可按合同约定的争议或纠纷解决程序办理。

第十九条 发包人对工程质量有异议，已竣工验收或已竣工未验收但实际投入使用的工程，其质量争议按该工程保修合同执行；已竣工未验收且未实际投入使用的工程以及停工、停建工程的质量争议，应当就有争议部分的竣工结算暂缓办理，双方可就有争议的工程委托有资质的检测鉴定机构进行检测，根据检测结果确定解决方案，或按工程质量监督机构的处理决定执行，其余部分的竣工结算依照约定办理。

第二十条 当事人对工程造价发生合同纠纷时，可通过下列办法解决：

（一）双方协商确定；

（二）按合同条款约定的办法提请调解；

（三）向有关仲裁机构申请仲裁或向人民法院起诉。

第五章 工程价款结算管理

第二十一条 工程竣工后，发、承包双方应及时办清工程竣工结算，否则，工程不得交付使用，有关部门不予办理权属登记。

第二十二条 发包人与中标的承包人不按照招标文件和中标的承包人的投标文件订立合同的，或者发包人、中标的承包人背离合同实质性内容另行订立协议，造成工程价款结算纠纷的，另行订立的协议无效，由建设行政主管部门责令改正，并按《中华人民共和国招标投标法》第五十九条进行处罚。

第二十三条 接受委托承接有关工程结算咨询业务的工程造价咨询机构应

具有工程造价咨询单位资质,其出具的办理拨付工程价款和工程结算的文件,应当由造价工程师签字,并应加盖执业专用章和单位公章。

第六章 附 则

第二十四条 建设工程施工专业分包或劳务分包,总(承)包人与分包人必须依法订立专业分包或劳务分包合同,按照本办法的规定在合同中约定工程价款及其结算办法。

第二十五条 政府投资项目除执行本办法有关规定外,地方政府或地方政府财政部门对政府投资项目合同价款约定与调整、工程价款结算、工程价款结算争议处理等事项,如另有特殊规定的,从其规定。

第二十六条 凡实行监理的工程项目,工程价款结算过程中涉及监理工程师签证事项,应按工程监理合同约定执行。

第二十七条 有关主管部门、地方政府财政部门和地方政府建设行政主管部门可参照本办法,结合本部门、本地区实际情况,另行制订具体办法,并报财政部、建设部备案。

第二十八条 合同示范文本内容如与本办法不一致,以本办法为准。

第二十九条 本办法自公布之日起施行。

2.《最高人民法院关于审理建设工程施工合同纠纷案件适用法律问题的解释》

中华人民共和国最高人民法院公告

(2004年9月29日最高人民法
院审判委员会第1327次会议通过)

法释〔2004〕14号

《最高人民法院关于审理建设工程施工合同纠纷案件适用法律问题的解释》已于2004年9月29日由最高人民法院审判委员会第1327次会议通过,现予公布,自2005年1月1日起施行。

二○○四年十月二十五日

根据《中华人民共和国民法通则》、《中华人民共和国合同法》、《中华人民共和国招标投标法》、《中华人民共和国民事诉讼法》等法律规定，结合民事审判实际，就审理建设工程施工合同纠纷案件适用法律的问题，制定本解释。

第一条 建设工程施工合同具有下列情形之一的，应当根据合同法第五十二条第（五）项的规定，认定无效：

（一）承包人未取得建筑施工企业资质或者超越资质等级的；

（二）没有资质的实际施工人借用有资质的建筑施工企业名义的；

（三）建设工程必须进行招标而未招标或者中标无效的。

第二条 建设工程施工合同无效，但建设工程经竣工验收合格，承包人请求参照合同约定支付工程价款的，应予支持。

第三条 建设工程施工合同无效，且建设工程经竣工验收不合格的，按照以下情形分别处理：

（一）修复后的建设工程经竣工验收合格，发包人请求承包人承担修复费用的，应予支持；

（二）修复后的建设工程经竣工验收不合格，承包人请求支付工程价款的，不予支持。

因建设工程不合格造成的损失，发包人有过错的，也应承担相应的民事责任。

第四条 承包人非法转包、违法分包建设工程或者没有资质的实际施工人借用有资质的建筑施工企业名义与他人签订建设工程施工合同的行为无效。人民法院可以根据民法通则第一百三十四条规定，收缴当事人已经取得的非法所得。

第五条 承包人超越资质等级许可的业务范围签订建设工程施工合同，在建设工程竣工前取得相应资质等级，当事人请求按照无效合同处理的，不予支持。

第六条 当事人对垫资和垫资利息有约定，承包人请求按照约定返还垫资及其利息的，应予支持，但是约定的利息计算标准高于中国人民银行发布的同期同类贷款利率的部分除外。

当事人对垫资没有约定的，按照工程欠款处理。

当事人对垫资利息没有约定，承包人请求支付利息的，不予支持。

第七条 具有劳务作业法定资质的承包人与总承包人、分包人签订的劳务分包合同，当事人以转包建设工程违反法律规定为由请求确认无效的，不予支持。

第八条 承包人具有下列情形之一，发包人请求解除建设工程施工合同的，应予支持：

（一）明确表示或者以行为表明不履行合同主要义务的；

（二）合同约定的期限内没有完工，且在发包人催告的合理期限内仍未完工的；

（三）已经完成的建设工程质量不合格，并拒绝修复的；

（四）将承包的建设工程非法转包、违法分包的。

第九条 发包人具有下列情形之一，致使承包人无法施工，且在催告的合理期限内仍未履行相应义务，承包人请求解除建设工程施工合同的，应予支持：

（一）未按约定支付工程价款的；

（二）提供的主要建筑材料、建筑构配件和设备不符合强制性标准的；

（三）不履行合同约定的协助义务的。

第十条 建设工程施工合同解除后，已经完成的建设工程质量合格的，发包人应当按照约定支付相应的工程价款；已经完成的建设工程质量不合格的，参照本解释第三条规定处理。

因一方违约导致合同解除的，违约方应当赔偿因此而给对方造成的损失。

第十一条 因承包人的过错造成建设工程质量不符合约定，承包人拒绝修理、返工或者改建，发包人请求减少支付工程价款的，应予支持。

第十二条 发包人具有下列情形之一，造成建设工程质量缺陷，应当承担过错责任：

（一）提供的设计有缺陷；

（二）提供或者指定购买的建筑材料、建筑构配件、设备不符合强制性标准；

（三）直接指定分包人分包专业工程。

承包人有过错的，也应当承担相应的过错责任。

第十三条 建设工程未经竣工验收，发包人擅自使用后，又以使用部分质量不符合约定为由主张权利的，不予支持；但是承包人应当在建设工程的合理使用寿命内对地基基础工程和主体结构质量承担民事责任。

第十四条 当事人对建设工程实际竣工日期有争议的，按照以下情形分别处理：

（一）建设工程经竣工验收合格的，以竣工验收合格之日为竣工日期；

（二）承包人已经提交竣工验收报告，发包人拖延验收的，以承包人提交验收报告之日为竣工日期；

（三）建设工程未经竣工验收，发包人擅自使用的，以转移占有建设工程之日为竣工日期。

第十五条 建设工程竣工前，当事人对工程质量发生争议，工程质量经鉴定合格的，鉴定期间为顺延工期期间。

第十六条 当事人对建设工程的计价标准或者计价方法有约定的，按照约定结算工程价款。

因设计变更导致建设工程的工程量或者质量标准发生变化，当事人对该部分工程价款不能协商一致的，可以参照签订建设工程施工合同时当地建设行政主管部门发布的计价方法或者计价标准结算工程价款。

建设工程施工合同有效，但建设工程经竣工验收不合格的，工程价款结算参照本解释第三条规定处理。

第十七条 当事人对欠付工程价款利息计付标准有约定的，按照约定处理；没有约定的，按照中国人民银行发布的同期同类贷款利率计息。

第十八条 利息从应付工程价款之日计付。当事人对付款时间没有约定或者约定不明的，下列时间视为应付款时间：

（一）建设工程已实际交付的，为交付之日；

（二）建设工程没有交付的，为提交竣工结算文件之日；

（三）建设工程未交付，工程价款也未结算的，为当事人起诉之日。

第十九条 当事人对工程量有争议的，按照施工过程中形成的签证等书面文件确认。承包人能够证明发包人同意其施工，但未能提供签证文件证明工程量发生的，可以按照当事人提供的其他证据确认实际发生的工程量。

第二十条 当事人约定，发包人收到竣工结算文件后，在约定期限内不予答复，视为认可竣工结算文件的，按照约定处理。承包人请求按照竣工结算文件结算工程价款的，应予支持。

第二十一条 当事人就同一建设工程另行订立的建设工程施工合同与经过备案的中标合同实质性内容不一致的，应当以备案的中标合同作为结算工程价款的根据。

第二十二条 当事人约定按照固定价结算工程价款，一方当事人请求对建设工程造价进行鉴定的，不予支持。

第二十三条 当事人对部分案件事实有争议的，仅对有争议的事实进行鉴定，但争议事实范围不能确定，或者双方当事人请求对全部事实鉴定的除外。

第二十四条 建设工程施工合同纠纷以施工行为地为合同履行地。

第二十五条 因建设工程质量发生争议的，发包人可以以总承包人、分包人和实际施工人为共同被告提起诉讼。

第二十六条 实际施工人以转包人、违法分包人为被告起诉的，人民法院应当依法受理。

实际施工人以发包人为被告主张权利的，人民法院可以追加转包人或者违法分包人为本案当事人。发包人只在欠付工程价款范围内对实际施工人承担责任。

第二十七条 因保修人未及时履行保修义务，导致建筑物毁损或者造成人身、财产损害的，保修人应当承担赔偿责任。

保修人与建筑物所有人或者发包人对建筑物毁损均有过错的，各自承担相应的责任。

第二十八条 本解释自二〇〇五年一月一日起施行。

施行后受理的第一审案件适用本解释。

施行前最高人民法院发布的司法解释与本解释相抵触的，以本解释为准。

主要参考文献

1 中华人民共和国住房和城乡建设部编. 建设工程工程量清单计价规范（GB 50500—2008）. 第1版. 北京：中国计划出版社，2008.
2 田永复主编. 预算员手册. 第1版. 北京：中国建筑工业出版社，1991.
3 北京广联达慧中软件技术有限公司工程量清单专家顾问委员会编. 工程量清单的编制与投标报价. 第1版. 北京：中国建材工业出版社，2003.
4 王立信主编. 建筑工程施工技术文件编制实例. 第1版. 北京：中国建筑工业出版社，2004.
5 斯蒂芬·P·罗宾斯著，孙健敏、李原译. 组织行为学. 第1版. 北京：中国人民大学出版社，2005.
6 中国建设工程造价管理协会编.《建设项目工程结算编审规程》（CECA/GC3—2007）. 第1版. 北京：中国计划出版社，2007.